···

3판

넓게 보는
주거학

3판

넓게 보는
주거학

주거학연구회 지음

BROAD PERSPECTIVE ON HOUSING

교문사

현대인에게 집이란 무엇인가? 사람들이 품고 있는 집에 대한 생각은 각기 다를 것이다. 사람들이 집에 대해 가지는 이상과 화두는 문화, 환경, 그리고 시대의 영향을 직접적으로 반영한다. 비록 인간생활을 담는 주거로서의 의미는 동일하지만 하루가 다르게 급변하는 현대사회에서 주거를 바라보고 해석하며 이를 이용하는 방법은 오래전의 그것과는 크게 다름을 부인할 수 없다. 세계의 어느 나라보다도 더욱 빠르게 사회·인구학적 변화를 경험하고 있는 한국 사회에서 국민 모두의 삶의 질 향상을 위하여 주거의 질에 대하여 논의하는 일은 이제 매우 중요한 화두가 되었다.

종전의 한국 사회는 대부분의 사람들이 성인이 되면 결혼하고 아이를 낳아 기르며 살다가 노년이 되면 기혼자녀와 동거하며 부양을 받으며 살아왔다. 그러나 이제는 결혼이 필수가 아니고 선택인 사회, 여러 가지 이유에서 아이를 낳지 않고 부부끼리만 사는 사회, 어린 자녀를 양육하며 맞벌이를 하며 생활하는 사회, 대부분의 노년층들이 자녀의 부양을 받지 않고 건강하게 독립적으로 살아가는 사회로 변화한지도 이미 오래되었다. 이러한 인식의 변화는 비혼의 젊은 1인 가구, 아이가 없는 청·장년 부부 가구, 자녀가 있는 핵가족 가구, 자녀와 노부모를 모시고 사는 3대 동거 가구, 노부부끼리만 사는 노년 가구, 배우자와 사별하거나 이혼, 별거 등으로 홀로 사는 1인 가구 등의 매우 다양한 가구형태를 유발시켰다. 이처럼 종전과는 크게, 변화한 다양한 사회·인구학적 환경에 대응할 수 있는 주거는 과연 무엇일까? 이것은 주거학자들이 고민해야 할 풀기 힘든 과제가 되었다.

최근에 신문, 잡지, 방송 등의 대중매체에서도 공동체 주택 즉 코하우징(cohousing), 시니어 코하우징(senior cohousing), 1인 가구를 위한 셰어 하우스(share house)를 비롯하여, 대지를 절약하면서 이웃과 마당을 나누어 쓰는 땅콩집 등의 대안주거가 소개되고 있다. 그리고 노년층에게는 세대 간 통합과 수익을, 청년층에게는 주택부족 현상을 해결하기 위한 대안으로 지방자치단체에서 실험적으로 시행하고 있는 고령자-청년층 간의 홈셰어(home-share) 등을 주제로 다루기도 한다. 이러한 사실은 일반인들이 주택을 단지 '재산증식의 수단'으로서만이 아니라 '삶의 질 향상을 위한 도구'로 인식하기 시작했다는 바람직한 현상으로 보여 주거학자들로서는 반가운 일이다. 이러한 사회적 인식의 개선이 앞으로도 꾸준히 이어지기를 바라는 마음이다.

대학교에서 주거학 입문도서의 목적으로 《넓게 보는 주거학》을 처음 출간한 후, 2판을 낸지도 어느 덧 5년이 흘렀다. 2판을 출판했을 당시와 현재는 우리 사회에 또 다른 많은 변화가 있었기 때문에 본 저자들은 급속한 사회적 변화와 집 안에서 거주하는 사람들의 다양한 요구를 반영하기 위하여 이번에 또 다시 3판을 출판하기로 결정하였다. 3판을 출간함에 있어서 저자들은 여러 가지로 고심한 끝에 주거학의 입문도서라는 이 책의 특성을 살리기 위하여 3부의 주제는 그대로 유지하되 각 부별 세부 장을 간소화하면서도 사회적 변화에 대응할 수 있도록 좀 더 유용한 최신 정보를 담아보고자 노력하였다.

이 책은 1부 인간과 주거, 2부 디자인과 주거, 3부 사회와 주거의 영역으로 나뉘며 각 부마다 1~5장의 세부 장으로 구성하였다. 특히 복지사회 구현이 새 정부에서 추구하는 주요 정책 중의 하나인 점을 감안하여 가족특성과 주거, 주택 정책, 주거복지, 주거관리와 서비스 부분에는 많은 최신 정보를 추가하여 대대적인 수정이 이루어졌다. 그럼에도 불구하고 저자들이 놓친 부분이 많이 있으리라 생각하고 부족한 부분에는 앞으로 독자들의 많은 조언이 있기를 기대한다.

이 책이 나오기까지 저자들은 수 년간에 걸쳐 많은 고민을 나누고 열띤 회의를 진행하였으며 자료를 아낌없이 공유하고 집필 내용에 대하여 서로의 조언과 충고를 교환하였음에 감사한다. 그리고 무엇보다도 유난히 추웠던 지난해 겨울, 이 책의 출판을 위하여 물심양면으로 변함없는 지원과 노고를 아끼지 않으신 교문사의 류제동 회장님을 비롯하여 편집부의 성혜진 과장님, 영업부의 정용섭 부장님, 그 외 편집부 직원들께 심심한 감사의 말씀을 전한다.

2018년 3월
주거학연구회 집필진 일동

3

사회와 주거

1

인간과 주거

1장
주거의 의미

대부분의 가족은 결혼과 더불어 새로운 집을 찾아 가정생활을 시작한다. 가족구성원들은 가족생활주기를 거치면서 전통적 혹은 비전통적인 가치, 흥미, 태도, 목표를 나타내며 주변환경에 자아이미지를 심어 나간다. 우리는 이를 통해 주거의 의미가 무엇인지를 확인할 수 있다. 개성이 강하거나 창의적인 사람들은 선구적이고 독특한 생활양식 때문에 일반인들과는 다른 주택에 사는 경우도 있는데 그들의 주거 의미도 시간이 흐르고 환경이 변하면서 일반 사람들에게 바람직한 것으로 받아들여지는 경향이 있다.

이 장에서는 주거의 의미를 심리적·철학적·사회적·경제적 측면에서 검토해보고, 그 의미를 더욱 명확히 하는 데 도움이 되는 몇 가지 개념들을 알아본 후, 주거의 학문적 접근에 대해 개괄적으로 살펴본다.

1
주거의 개념과 의미

주택house이 물리적인 것을 의미하는 반면, 주거home는 주택에서 일어나는 경험적인 측면과 정서적인 측면을 포함한 개념이다.

심리적으로 주거의 의미는 자아이미지의 확장으로 이해된다. 어린이의 자아이미지는 신체와 감각에 밀접하게 관련되는데, 어린 아기가 울면 젖을 주는 보상작용을 통해 성공적으로 환경에 대처하는 감각이 길러진다. 자아이미지를 확인하는 로샤Rorschach 검사에서 보면, 그림을 보고 외부세계로부터 분리되지 못한 신체이미지로 인식했을 때는 심리적으로 미성숙한 단계로 보지만 신체와 분리되어 정확한 한계와 경계를 인식한 이미지로 인식했을 때는 정상적으로 자아이미지가 구축된 것으로 본다. 이러한 검사를 통해 주택은 자아이미지 그 자체라기보다는 자아와 분리된 객체로서 확장된 자아이미지임을 알 수 있다.

심리적 자아는 우선 신체적 감각을 이용하여 환경과 구분 짓고, 성장하면서 의미 있는 대상이나 사람과의 상호작용을 통해 자아의 일부가 된다. 이때 물리적 상황은 자아 정체감의 요소로 내재화되는데 '내 방', '우리 집', '우리 동네' 등은 자기 자신을 확인하는 요소이다.

주거가 자아이미지의 확장이라는 생각은 주거환경구성 과정에서 잘 나타난다. 사람들은 보통 자신이 거주하는 주거 내에 자아 정체감에 대한 느낌이 포함된 내부생활을 펼쳐 놓는다. 화초, 사진, 가구, 그림 등의 형태로 거주환경에 펼쳐 놓기 때문에 주거의 모습은 타인에게 우리 자신을 무언중에 표현하는 자아이미지인 것이다.

실존철학의 관점에서 주거는 내면세계와 외부세계의 교두보橋頭堡로서의 의미를 갖는다. 즉, 인간이 처한 주변세계(환경)는 불안한 곳이며 긴장감을 느끼게 하는데, 외로운 사람이 삶의 세계에 착실히 적응하기 위해서는 우선 주거가 필요하다. 외부세계는 낯선 세계일 뿐만 아니라, 마음대로 지배할 수 없는 숙명적인 세계이고 위협적인 세계이다. 사람은 그의 내면세계에서 절대적이고 최종적인 피난처를 구하므로, 주거는 사람에게 낯선 곳이 아니며 숙명적인 위협의 세계도 아니고, 친숙하고 안정된 보금자리로서 삶의 근거지로 인식되어야 한다.

주거는 삶의 구체적인 현상 중의 하나이고, 삶의 질서를 형성하고 나타내는 가장 단순하고 뚜렷한 상징이다. 주변세계와 인간은 서로 의존하는 관계이며 외부세계는 개인의 자유로운 활동을 제한하기 때문에 내면세계와 외부세계의 단절된 대립은 삶을 불가능하게 한다. 그러나 주거는 이러한 내면세계와 외부세계의 대립을 극복하게 하는 삶의 교두보로서의 의미를 갖는다.

사회가 복잡해지면서 주거의 사회적 의미도 점점 더 복잡해졌다. 주택이 한 가족의 사회적 지위를 나타냈던 시절이 있었다. 우리나라에서는 사회적 신분에 따라 가사家舍와 가대家垈를 규제했던 전통 때문에 사람들은 주거수준과 사회적 지위와의 연관성을 중요하게 느끼는 경향이 있다. 주거환경 속에서 개인의 불편이 적고 행복할 때 그 가족이 행복하고, 가족이 행복해야 그 사회가 건전하고 행복할 수 있다는 믿음을 공유하는 사회에서는 주택 자체와 지역사회 환경을 포함하는 주거환경의 질은 사회적으로 공감되는 함축된 의미를 갖는다. 따라서 주거는 사회적·문화적으로 타당하고, 충분한 경제성과 거주자의 건강 유지를 보장하며, 건물의 내구연한 동안 유지 관리가 잘 되어야 한다.

경제적 측면에서 주거는 주택이라는 생산품으로 취급된다. 그러나 주택은 매우 복잡한 제품으로서 반영구적이며, 규모가 크고 정해진 대지가 필요하다. 또한 위치가 정해져 있으므로 쉽게 옮길 수 없고, 많은 자재가 필요하며, 다른 제품에 비해 표준화가 덜된 제품이다. 최근 집합주택이 많이 보급되어 소비자는 모델하우스를 방문하여 둘러본 후 앞으로 공급될 주택의 질을 연상할 수 있게 되었으며, 선택 전에 비교 검토해 볼 여지가 많아졌다. 그러나 각 주택은 여전히 다른 공산품에 비해 다양한 여건(고유한 위치확보, 주변환경, 내부시설의 질, 일조, 통풍, 조망 등)을 고려해야 하는 특성 때문에 똑같은 조건의 주택은 존재할 수가 없다. 주택은 한 국가의 산업 및 국가 전체의 부와 많은 부분이 밀접하게 관련되므로 중요하고, 부동산 경기는 국가경제 활력에서 빼놓을 수 없는 중요한 부분을 차지하고 있다. 또한 주택건설은 자재 생산과 고용기회를 늘려 사회경제에서 큰 역할을 담당하므로 국가적으로 중요한 경제적 의미가 있다. 개인과 가족으로서도 재산의 상당 부분이 주거서비스의 선택과 유지에 이용되며, 주택의 자산가치에 관심을 두므로 소비경제적으로 중요한 의미가 있다.

이러한 주거의 의미가 어떻게 형성되고 변화하는가를 알아보는 것은 현대 사회에서 주거학을 공부하는 목표가 된다.

2
주거욕구와 주거가치

개인과 가족이 부여하는 주거의 의미는 주거행동이나 주거현상에 반영되는데 이를 이해하기 위한 기본적인 개념으로 주거욕구와 주거가치가 있다. 주거욕구는 아래 단계가 달성되어야 다음 단계의 욕구가 동기화되므로 위계적인 반면, 주거가치는 사람마다 가치있게 생각하는 측면이 상이하므로 차원적dimensional이다.

1) 주거욕구

주거의 의미를 실현하기 위해 어떤 집을 선택하는가를 이해하는 데 도움이 되는 몇 가지 개념 중에서 가장 기초적인 개념이 주거욕구이다. 개인과 가족은 주거욕구 달성을 위해 주거행동을 한다. 이 주거욕구housig need 개념을 이해하는 데 도움이 되는 것이 매슬로우Maslow의 인간 동기이론이다. 매슬로우는 위계에 따라 5개 수준으로 분류하였으며, 낮은 수준의 욕구가 합리적으로 충족되어야 그 다음 단계의 욕구를 추구하려는 동기가 생긴다고 보았으므로 위계적이다.

첫 번째 단계인 생리적 욕구는 생존을 하려는 모든 인류에게 공통적인 욕구이다. 인간의 가장 기본적인 욕구로서 먹고 숨 쉬고 움직이고, 쉬고 잠자고 체온을 유지하며 일

그림 1-1 주거욕구 위계

정한 상태로 신체를 유지하고자 하는, 즉 신체의 건강에 필수적인 항상성homeostasis 상태에 대한 욕구이다. 최소한의 생리적 욕구가 충족되지 않는 한 인간은 생존할 수 없다.

모든 인류가 숨 쉴 만한 거주환경을 가져야 하지만 문화권에 따라 '숨 쉴 만하다'고 여기는 정도에는 일치된 견해를 보이지 않는다. 서구문화에서는 신선한 공기, 풍부한 빛, 계속적인 환기가 신체적 건강을 위해 기본적이지만, 에스키모나 인디언들은 연기가 자욱한 실내에서도 잘 견디고 동양인들은 서구인보다 냄새에 비교적 덜 민감하다. 또 아프리카인들은 의식을 치르기 위해서 집안이 어두운 것을 좋아한다. 전통문화는 이처럼 차이가 있지만, 현대 사회에서 사람들은 채광, 보온, 환기, 위생을 합리적으로 통제할 수 있도록 집을 설계한다.

기본적인 생리적 욕구가 충족되면 다음 단계인 '안전의 욕구' 수준으로 올라간다. 사람은 자기 소유물을 보호하길 원하고, 자기 주변에서 무슨 일이 일어날지 예측할 수 있을 때 지속성과 안전성을 유지할 수 있으므로, 위험으로부터 안전하다는 사실을 알고자 한다. 이러한 맥락에서 안전하다는 것은 식품의 공급, 인간관계의 형성, 일상적인 일의 예상을 포함하는 것이다. 그리하여 의식ceremony을 통해서 일상생활의 안전함을 기원하게 된다. 예를 들면 집을 지을 때 상량식을 하는 것, 봄맞이를 위해 입춘대길立春大吉 등의 글귀를 써 붙이는 것, 동지에 팥죽을 쑤어 문에 뿌리는 것도 안전을 기원하는 의식이라고 볼 수 있다. 이는 인간 생존이 걸린 사건을 가능한 한 통제함으로써 무사 안전하다는 느낌을 갖는 데 도움이 된다고 믿었던 전통사회부터 지금까지 관습이 되고 있다.

또한 주택은 시민으로서 안전하게 지낼 수 있는 기본적인 권리가 보장되어야 하는 곳이다. 그렇게 하려면 튼튼한 담과 구조로 지어야 할 뿐 아니라 방범기능까지 수행할 수 있는 방어적 공간defensible space이어야 하고 이러한 장치가 침범을 당했을 때는 시민으로서의 권리에 따라 처리를 보장받는다. 현대 도시생활에서 주택의 방어적 기능은 특히 중요하게 인식되며, 아파트에 경비실을 둔다거나 독립주택도 단지화하여 공동으로 관리하는 것, 경비회사에서 비상시에 출동하도록 하는 장치를 설치하거나 CCTV를 설치해 감시하는 것 등은 바로 이러한 안전에 대한 욕구 충족을 위한 것이다.

세 번째 수준은 '사회적 욕구'로서 소속감, 수용됨, 사랑받음 등의 감정을 포함한다. 사람은 사랑을 필요로 하고, 서로 접촉하고 관계를 맺으며 인간적이기를 원한다. 또한 사회적 집단을 이루고 살며, 집의 형태나 공간구성, 설비 및 가구배치를 통해 내부에서 일어나는 활동의 성격을 조정한다. 예를 들면, 식사공간 형태와 거실의 관계에서 다이닝 키친인가, 식당이 독립되어 있는가, 다이닝 알코브dining alcove가 있는가에 따라 가족단란 유형이 달라질 수도 있다. 현대 가족생활에 있어서 가족 간의 친밀한 활동을 위한 사회적 욕구는 만족스러운 주택을 획득하고 유지하는 방향을 결정하는 데 중요한 역할을 한다. 독신가구가 많아지면서 개인의 고립을 조장하는 것보다는 공유공간이 있어 서로 교류할 수 있는 세어하우스share house라는 주거유형이 나타나고, 공동으로 살 집을 계획하고 공유공간을 운영하는 공동체주택이 선호되며, 질 좋은 커뮤니티센터가 있는 아파트단지가 주거 선택의 기준이 되기도 하는 것은 바로 이 사회적 욕구 충족을 위해서라고 볼 수 있다.

네 번째 수준은 '자아존중 욕구'이다. 이것은 소속감, 그룹활동 참여로 충족되며 이로부터 무사하다는 느낌도 유도된다. 문화에 따라 사람들이 어떻게 살아야 한다고 생각하는 이미지가 있으며 거의 모든 문화권에서 주거는 지위를 부여하는 기능이 있다. 그 사회의 규범에서 주거에 어느 정도의 지위를 부여하는가에 따라 집을 통해 달성되는 자아존중의 수준은 달라진다. 우리 사회에서 성공과 성취의 느낌은 자아존중의 중요한 요소이므로 거주하는 집이 동료집단의 기대에 충족될 때 자아존중감은 더욱 강화된다. 이는 자아확신감, 성취감, 경쟁력, 독립심 등의 개인적인 느낌이 포함되므로, 주거 내에 자기만의 공간이 주어진다는 것은 자아존중감의 확보에 도움이 된다.

주거욕구의 가장 높은 수준은 '자아실현 욕구'이다. 개인은 잠재력과 고유한 능력 및 재능을 가지고 태어난다. 하위 욕구가 잘 충족되지 않는 한 자아실현욕구는 동기화되지 않는다. 질서, 아름다움, 창의성은 가치나 목표의 맥락에서 볼 때 상당히 높은 수준으로서 특정 사람이나 가족에게는 아주 중요하게 생각되기도 한다. 즉, 자아실현을 추구하는 개인이나 가족에게 있어서 주거는 단순히 살아가는 장소 이상의 자아실현 욕구를 충족시키기 위한 수단이 될 수도 있다. 자아실현 욕구의 표현 방식은 다양하다. 심미적인 집을 짓는 것으로 나타내기도 하고, 자연과 동화되어 환경친화적 삶을 실천하기도 한다. 중요한 것은 그것이 질서와 아름다움을 내포하고, 모방이 아니라 창의적인 가치에 기인한다는 점이다.

매슬로우의 인간 동기이론에서 보면, 위로 올라갈수록 주거욕구가 개별화되고 개인화된다. 취미, 공부, 여가시간은 모두 자아실현에 공헌하는데, 이러한 욕구의 충족 여부는 주거 및 가정환경의 어떤 요인들이 각 가족원의 진정한 자아발달에 공헌할 것이라고 여기는가 하는 아주 주관적인 평가에 달려 있다. 주거가 구조적으로 튼튼하기만 하면 된다고 생각하는 사람도 있지만 아름다운 집에 사는 것으로 자아실현의 욕구를 충족시키고자 할 때, "어떤 집이 아름다운 집인가?"하는 것은 매우 주관적이라는 것이다. 이러한 맥락에서 주거는 자아이미지의 표현과 자아실현 욕구의 반영이며 상징이라고 할 수 있다.

인간의 기본적인 욕구는 문화가 다르면 충족되는 방법이 다르다. 전통적으로 볼 때 자신들의 욕구 충족을 위해 문화권마다 다양하고 복잡한 방법으로 주택을 고안해왔다. 예를 들면 우리나라 사람들은 쉬고 잠자는 데 온돌과 이불, 요를 사용해 왔다. 전통 한옥의 방은 밤에 취침하던 이불을 개어 얹고 낮 동안에는 손님접대와 작업, 식사를 하는 데 사용하므로 '침실'이라는 개념의 독립된 의미의 방이 없었다. 그런가 하면 일본인들은 공중목욕을 즐겼으므로 1인용 샤워기를 좁은 욕실에 붙이는 것이 관습에 맞지 않는다. 중국인들은 전통적으로 식사시간을 가족행사로 여겼고, 인도에서 여자는 남자를 위해서 요리하고 남자와 아이들이 식사를 끝낸 후 식사를 한다. 이러한 전통문화는 식당의 설치와 식사공간의 디자인이 문화에 따라 달라질 수밖에 없는 조건을 형성한다.

2) 주거가치

주거가치는 여러 다양한 요인으로부터 나오고 행동의 동기가 되는데, 개인마다 각기 다른 비중으로 나타날 뿐만 아니라 무엇이 더 중요한가를 객관적으로 가늠하기는 어렵기 때문에 차원적인 특징을 가지고 있다.

개인의 가치는 부부가 공동으로 추구하는 가치와는 다를 수 있다. 예를 들어 결혼 초에 '지위'에 높은 가치를 두었던 부부라 할지라도 나중에는 자녀 및 가족구성원의 정신건강 및 신체건강 쪽으로 가치가 변할 수도 있다. 가족생활주기의 처음 단계에서 개인적 가치를 발현할 기회를 가졌던 부부는 단계가 진전됨에 따라 새로운 가치가 어떻게 우세하게 부각되는지를 경험한다. 여러 가지 가치 중에서도 주거 선택에 영향을 준다고 알려진 프라이버시, 경제성, 지위, 가족중심주의, 신체적·정신적 건강, 심미성, 여가, 평등, 자유, 이타주의 등에 대해 좀 더 살펴보기로 한다.

주거에서 프라이버시는 공간을 구분하기 위한 칸막이, 분리된 방, 울타리에 이르기까지 하나의 연속선상에서 측정된다. 방해를 차단하는 가리개, 바라지 않는 사람과의 접촉을 차단하기 위한 공간 분리, 외부로부터 방어하기 위한 높은 울타리로 프라이버시를 보호하기 위한 장치가 강력해진다. 프라이버시는 개인적 관심의 유지나 작업과 공부를 위해서도 필요하고, 소속된 사람들끼리의 만남을 위해서도 필요한데 어느 정도의 프라이버시가 필요한가 하는 것은 문화적으로 결정된다.

주거에서 프라이버시가 달성되는 정도는 아주 중요하지만 어떤 종류의 프라이버시가 얼마만큼 중요한가는 개인이나 가족에 따라 다르다.

어떤 사람에게는 즐거운 소리가 다른 사람에게는 소음이 될 수도 있다. 같이 있고 싶으나 때로는 사적인 세계로 숨고 싶어 하는 기본적인 욕구가 있음을 인정해야 한다. 아이들도 취미·공부·공상을 하기 위해 프라이버시가 필요하고, 부모의 간섭으로부터도 프

그림 1-2 프라이버시 보호보다 경계를 위해 설치한 대문 디자인(한국, 서울)

라이버시가 필요함을 인정해야 한다.

이러한 프라이버시는 우연히 얻어지는 것이 아니고 의도적으로 계획되어야만 한다. 최근에는 '보호'보다는 '조절'의 관점으로 프라이버시를 이해하려는 경향이 뚜렷하다. 즉, 필요할 때 참여하고 불필요할 때 차단할 수 있는 개념으로 이해되고 있으며, 개인·가족·집단 등으로 확대됨에 따라 다양한 차원의 프라이버시가 있음을 알 수 있다.

경제성이란 화폐가치뿐 아니라 공급 부족 상태에서 한 종목의 가치를 일컫는다. 주택은 개인이 평생 획득할 수 있는 가장 큰 재산이기 때문에 주거와 관련된 의사결정을 할 때 주택의 투자가치를 최고 우위에 두는 가족이 많다. 경제적 가치에 근거를 둔 결정을 할 때는 총비용·투자이득·주거서비스의 질 등을 모두 고려한다. 그러나 경제성에만 너무 치중하기보다는 가족의 발달을 충분히 배려하여 주거의 생산성과 거주성을 염두에 둔 최선의 결정인가를 고려할 필요가 있다.

주거가치에 있어서 지위를 가치 있게 생각한다는 것은 타인으로부터 좋은 대접을 받고자 하는 욕구에서 나오며, 어떤 사람들에게 이것은 '적절한 장소'에 거주하는 것을 의미한다. 여기서 '적절한 장소'라는 것은 공원 주변을 의미하기도 하고 해변·테니스 코트·교회 주변 또는 개인이나 가족에게 중요한 의미를 부여하는 특정 장소를 의미하기도 한다. 지위를 고려하는 사람들은 동네의 평판, 설비, 가구 또는 실내장식 선택에 신경을 쓴다. 그러나 주거가 상징하는 지위의 중요성을 가치로 인정하지 않기 때문에 집을 소유하거나 가꾸기보다는 여행과 교육에 더 많은 투자를 하는 사람들도 있다.

가족 간의 친밀감이 얼마나 중요한가는 문화에 따라 다르게 나타나는 가치이다. 어떤 가족은 가족 간에 유대가 긴밀해야 한다고 생각하지만, 다른 가족은 그렇게 생각하지 않을 수 있다. 어떤 가족은 가족중심주의를 계속적인 상호작용으로 표현하지만, 다른 가족은 똑같은 강도로 가족중심주의를 중요시하더라도 편지나 전화로 접촉하고 물리적 접촉은 덜 빈번해도 만족할 수 있다. 또한, 가족의 성장에 따라서도 어떤 단계에서는 가족 중심적 활동을 강조하나 다른 단계에서는 직접적인 접촉은 덜 빈번해도 만족하게 된다. 예를 들면 성장기, 확대기에는 모든 휴일을 같이 보낸 가족이라 해도 축소기에는 아주 의미가 있는 휴일만을 같이 보낼 수도 있다. 사람들마다 가족 간의 유대를 표현하는 방법이 다르지만, 가족중심주의는 우선순위가 높은 가치임에는 틀림없다. 주택에 이러한 것을 반영해서 때로는 넓고 큰 식사 공간이나 가족실을 마련하기도 하고 또는 옥외공간을 중요하게 여겨 주거선택을 하기도 한다.

신체적 건강을 주거가치로 생각하는 사람들은 주거 안에 운동공간을 만들거나 햇볕이 잘 드는 남향을 주거 선택의 기준으로 삼는다. 또는 공기가 좋은 지역, 소음이 적은 지역을 선택할 수도 있고 주변에 신체적 건강을 도모하는 데 도움이 되는 헬스센터, 공원이 있는 지역을 선택할 수도 있다.

정신적 건강이란 프라이버시의 달성 또는 이완된 신체적 활동 등으로 증진되고 측정될 수 있다. 정신건강은 주관적인 것이므로 어떤 사람에게는 은둔 정도로 표현되고, 어떤 사람에게는 지역사회 활동에 참여하는 기회 또는 타인과의 접촉 기회로 표현된다. 또 어떤 사람에게는 안전하고 예측이 가능한 단조로운 환경이 정신건강에 도움이 되는가 하면, 다른 사람에게는 활동적이고 자발적이고 신기한 사건을 경험하는 것이 도움이 되기도 한다. 어떤 사람에게는 마음의 평화에 도움이 되는 일이 다른 사람에게는 쓸데없고 지나치게 경직된 것으로 느껴질 수도 있다. 일반적으로 좌절, 걱정과 내적 갈등을 줄여주는 생활환경이 정신건강에 기여할 수 있다.

가족생활환경에서 질서, 조화, 미와 같은 심미성의 기준은 시대가 바뀜에 따라 변화한다. 심미성에 대한 가치가 높을 때는 시각, 청각, 후각, 촉각에 대한 감각도 중요하게 취급된다. 환경에 대한 심미적 반응은 분석적이라기보다는 직접적이고 개인적이다. 스타일, 디자인, 색채, 장인 정신에 대한 인식이 개발되면, 심미적 가치는 일반적으로 '좋은 취미'라고 묘사되는 신뢰감 있는 선택감각으로 표현된다. 일반적으로 디자인 원리에 해당하는 심미성 표현기술이 있지만 '좋은 취미'를 나타내는 방법이 반드시 디자인 원리에 들어맞는 것은 아니다. 황금분할이 가장 아름다운 비례로 알려져 있고 안전한 느낌을 주는 것은 사실이지만, 때로는 창의적이고 충격적인 비례에 더 큰 감동과 아름다움을 느끼기도 한다.

자유로운 시간을 다양하게 사용함으로써 기쁨을 얻을 수 있는 정도에 따라 주택의 잠재력이 평가된다. 소일거리, 취미, 여가 등에 가치를 두는 사람은 이러한 여가를 위한 생활공간을 주거공간 계획에 포함한다. 예를 들면 어떤 사람들은 정원 가꾸기, 운동하기, 카드놀이, 자전거 타기 등으로 여가를 보내고, 또 다른 사람들은 독서, 음악감상 등으로 시간을 보내는 등 여가를 즐기는 방법이 다양한데, 그에 따라 공간 사용방식도 달라진다. 조그마한 뒤뜰에 어떤 사람은 정원을 꾸미고, 어떤 사람은 채소밭을 만들며, 어떤 사람은 탁구대를 갖춰놓고자 한다면 이는 모두 여가에 대한 가치를 여러 방식으로 다양하게 표현한 것이다.

평등이라는 것을 다른 가치보다 우위에 두고 자발적으로 밀고 나가려는 사람은 다른 사람이 피하는 지역 재개발 같은 문제 상황도 스스로 선택해서 참여할 것이다. 그렇게 하지 않으면 죄의식과 부끄러움으로 고통을 느끼기 때문이다. 주거 내에서도 가족구성원의 평등에 관심을 갖는 것은 권위주의와는 반대되는 생활양식을 갖는 것으로 표면화된다. 부모가 제일 큰 방을 안방으로 사용한다 해도 이것이 부모 활동의 다양성, 가족단란의 장소로서 실용성에 입각한 것이라면 권위주의의 표현이라기보다는 평등주의가 적용되었다고 볼 수 있다.

생활환경에서 자유에 가치를 두는 사람의 특징은 개방성과 실행으로 나타난다. 남의 집에 세를 사는 것보다 어떻게 해서든지 내 집에 살고 싶은 것도 자유의 표현이라 볼 수 있다. 자기 집에서 마음대로 할 수 있는 자유, 내 방에서 내 마음대로 할 수 있는 자유는 중요한 것이 사실이지만 사회규범에 어긋나게 행동할 수는 없다. 내 집이더라도 증·개축을 하려면 이웃관계를 고려하여 건축법규가 허용하는 한도에서 해야 하며, 큰 소리로 음악을 듣고 싶으면 방음장치를 하는 것이 더불어 살아가는 지혜이기 때문이다.

이타주의는 자기를 희생함으로써 타인의 행복과 복리증진을 위해 개인의 욕구와 바램을 종속시키는 능력이다. 예를 들면 젊은 시절에는 주거에 있어서 지위, 심미, 여가, 자유 등을 중요시했던 부부라도 자녀의 정신 건강, 신체 건강, 프라이버시를 증진하기 위해 생활환경을 바꾸는 것들이 여기에 속한다. 때로는 부부가 즐겼던 좋은 가구, 장식품을 어린아이들의 손이 닿지 않게 치우는 것도 이타주의에 따른 행동이다. 이 이타주의와 관련된 사심 없는 행동은 가족생활주기를 거치면서 생활환경에서 자주 발견된다.

주거가치 개념은 주거욕구와 혼동되어 나타날 때도 있고 모호한 경우도 있다. 욕구는 보다 일반적인 개념이고 인간 행동의 동기가 되는 것이며, 가치는 욕구가 어떻게 충족될 것인가의 결정에 도움이 되는 개념이다. 즉, 문화적 배경이 특정 가치의 형성에 영향을 주지만 욕구는 문화적 배경의 한계에 영향을 받지 않는다. 예를 들면, 안전에 대한 욕구는 기본적인 것이지만, 한국인은 울타리와 대문을 튼튼히 하려는 가치관이 형성된 반면 서구인은 잔디나 낮은 울타리로 구획된 영역이더라도 현관문이 튼튼하고 안전하면 된다는 가치의식을 가지고 있어서 행동은 다르게 나타난다. 이처럼, 주거욕구의 개념은 주거가치의 개념을 통해 표현되고, 가치라는 것은 그 사회의 일반적인 문화 양상의 이해에 도움이 되는 개념으로서 한 사회의 주거 전반에서 일어나는 행동의 판단에 이용될 수 있다. 또한, 어떤 면에서 가족의 주거욕구는 주거에 대한 문화 규범과 같다고 볼 수 있다. 가족의 주거욕구에 따라 나타나는 주거행동은 최소의 은신처 욕구, 최소의 건강, 최소의 안전기준으로부터 유도된다기보다는 실제 주거조건이 판단되는 사회의 문화적 기준으로부터 유도되기 때문이다.

3
주거선호와 주거규범

주거욕구의 성취단계에서 주거가치에 따라 주거에 대한 즉각적인 선택이 필요할 때 나타나는 개념이 주거선호이다. 즉, 주거선호는 실제 선택이나 사용까지는 생각하지 않은 즉각적 반응이며, 주거규범은 한 문화권의 사람들이 공유하는 주거에 대한 기준이다.

1) 주거선호

주어진 상황에서 한 가족의 규범과 선호 유형이 달라지는데 상황의 차이에 따라 규범의 이탈이 허용된다. 주거선호preference는 가족이 이것이냐 저것이냐를 선택하는 것으로 가족이 처한 상황이라는 제약의 영향을 받는다. 이처럼 주거선호가 상황에 따른 산물이라면 주거규범은 사회화의 산물로서 오랜 기간의 선호가 규범을 변화시킬 수도 있다. 규범의 변화를 유도하는 주거선호는 공식적인 법의 변화, 현재의 문제상황, 경제적·기술적 수준의 상승, 가족발달적 변화 등에 기인하며, 단기적으로는 가치변화가 주거선호를 유도하고 오랜 기간 이것이 정착되면서 주거규범의 변화로 나타난다.

"당신은 단독주택에 살고 싶으세요? 아니면 아파트에 살고 싶으세요?"라는 질문에 대답하는 사람은 살아온 경험과 자신의 상황을 고려하여 즉각적으로 자신이 선호하는 주거유형은 무엇이라고 대답할 것이다. 그러나 이러한 대답은 실제로 주거선택과정에서 시장상황, 가족상황, 재정상태 등에 따라 달라질 수 있다. 주거선호에 따른 주택을 선택할 가능성이 높기는 하지만 실제로 꼭 그에 따라 행동한다는 보장은 없다.

2) 주거규범

한 문화권에 속한 사람들이 바람직하다고 생각하는 주거에 대한 기준은 주거규범이며, 사회적 규범(즉, 문화규범)과 가족규범이 합쳐 나타난다. 즉, 주거규범은 크게 문화규범과 가족규범으로 나눌 수 있는데, 문화규범을 따르려는 가족의 경우는 문화규범이 주거규범이 되며, 문화규범을 무시하고 가족규범에 따라 행동하려는 가족은 가족규범이 주거규범과 동일시된다. 일반적으로 주거규범의 속성은 공간space, 소유권ownership, 주거유형structure type, 주거의 질quality, 주거비expenditure, 근린환경neighborhood으로 구성된다.

주거욕구가 실제 주거행동으로 나타날 때, 최소한의 은신처, 건강, 안전의 절대적 기준보다는 문화적 기준에서 생겨나기 때문에 사회화에 의해 문화적으로 유도된 주거욕구는 주거에 관한 문화규범과 같다. 가족규범이 문화규범과 다른 경우는 가족이나 가족원이 사회 대부분의 사람들이 거치는 사회화 과정과 다른 경험을 했거나 고립되었기 때문이다. 지역사회규범은 각기 다른 하위 문화에 속한 사람들이 갖는 규범이기 때문에 가족에게는 문화규범과 같이 작용한다. 그러나 대부분의 가족은 가족규범과 절충하면서 사회화를 통해 문화규범을 고려한 주거규범을 갖게 되고, 이들 기준에 가까워지려는 방향으로 주거불만족을 해결하기 위해 주거조절행동을 하게 된다.

기존의 연구들을 보면 문화규범은 계층 간에 차이가 없다고 전제한 연구들과 차이가 있다고 주장하는 연구들이 있다. 계층 간에 차이가 없다고 전제한 경우도 오랜 기간 문화규범과 괴리가 큰 주거환경에서 살게 되면 가문화규범pseudo-cultural norm을 진정한 문화규범과 혼동하게 된다. 예를 들면 모든 조건을 초월하여 살고 싶은 집을 질문했을 때

'조용한 곳에 뜰이 있는 단독주택'이라고 대답했더라도 실제 주거선택행동에서는 방범문제, 생활의 편리성, 투자가치를 고려하여 '도심의 아파트'를 선택하는 것으로 나타났다면 이는 가문화규범에 따른 주거행동의 결과로 볼 수 있고, 이러한 선택현상이 지속적으로 관찰되면 이는 문화규범으로 정착되었다고 볼 수 있다.

주거의 의미를 이해하기 위해서는 주거욕구, 주거가치, 주거선호, 주거규범이라는 개념 이외에도 주거목표라는 개념을 이해할 필요가 있다.

주거목표housing goal란 '나는 아파트에 사는 것이 목표이다', '나는 30평대에 사는 것이 목표이다' 등 길어도 몇 년 이내에 달성할 수 있는 구체적인 대상이 있는 것을 말하며, 사람들은 막연한 것이 아니라 그 목표를 달성하기 위해 적금이나 주택청약예금에 가입한다든가 하는 등의 구체적인 행동을 통해 주거목표를 달성한다.

4
주거의 의미에 영향을 미치는 요인

주거의 의미에 영향을 미치는 요인들은 시대 변화에 따라 달라지고 있으며, 그에 따라 가족의 주거선택은 달라진다. 일반적으로 한 문화권 내 많은 사람들의 주거행동을 보면, 낮은 단계의 주거욕구 수준에 머물러 있어 상위단계의 주거욕구 수준에는 미치지 못하면서 평생을 보내는 경우도 많다. 또한 뚜렷하게 주거에 대한 가치의식 없이 남들 하는 대로 문화규범을 따라가는 사람도 있고, 독자적인 주거가치를 가지고 가족규범에 따라 독자적인 주거의 의미를 추구하며 사는 가족도 있다. 대부분의 가족은 궁극적인 주거열망을 달성하기 위해 중장기 주거목표를 세우고 소비계획을 세워야 어느 정도의 주거가치 실현을 위한 주택을 장만할 수 있다. 그러한 과정에서 가족이 느끼는 규범적인 주거결함은 구체적인 주거목표에 대한 주거기대를 활용하여 극복할 수 있다. 다시 말하면, 현재 공간부족에 대한 불만족이 있더라도 몇 년 후 입주할 더 넓은 주거공간에 대한 기대를 통해 완화시키고 극복할 수 있게 된다는 것이다.

주거의 의미는 이처럼 다양하게 나타나고, 주거행동을 이해하기 위해 활용하는 개념이다. 복잡한 현대사회에서 집합적으로 목격이 되거나 앞으로의 환경변화에 따라 중요시될 주거의 의미를 살펴보면 다음과 같은 몇 가지 특징에 영향받고 있음을 알 수 있다. 예를 들어 지불능력은 가족의 주거규범 달성에 제약이 되고 전통주의, 환경주의, 건강우선주의, 사회화 등은 주거가치가 되어 주거선호로 나타나며, 개인과 가족의 자원에 따라 주거행동으로 연결된다.

1) 지불능력

내 집 짓기를 하는 경우, 지불능력을 초과하는 집을 마련하는 것은 바람직하지 않다. 초기 예산보다 각종 비용이 증가되고 인건비가 증가됨으로써 비용이 더 높아지는 경우가 많으므로 각 가구는 주택금융을 지혜롭게 활용하는 능력이 필요하다. 지불능력을 증가시키는 중요한 방법은 공간 활용도를 높여 설계함으로써 작은 주택으로도 만족할 수 있게 하는 것이다. 단독주택을 한 채 지을 수 있는 필지에 벽을 공유하거나 천장을 공유하여 2세대가 살 수 있는 소위 땅콩주택을 짓는 것도 지불능력을 고려한 집짓기 방식이다. 이처럼 사람들이 지불능력을 고려하여 건축비를 절감하면서도 유지 관리가 편리하고 주거욕구를 충족시키는 방향으로 집 마련과 선택을 위한 주거가치가 변화되고 있다.

최근 들어 소형아파트가 선호되는 것은, 가구원 수가 줄어든 인구학적 배경 이외에도 발전된 설계방식, 발코니 확장과 효용성 높은 공간설계로 진화된 것이 원인이라고 볼 수 있다. 또한, 외부활동이 많아지고 여행이 일상화됨에 따라 소형주택에서 짜임새 있는 삶을 영위하려는 라이프스타일의 변화에서도 그 원인을 찾을 수 있다.

2) 전통주의

산업사회에서 모더니즘 가치관이 팽배했던 시기에는 지역성보다는 기능적인 면을 추구하는 경향이 강하여 불특정 다수를 위해 지은 아파트에 거주하는 사람들이 많았고, 개성과 고유성보다는 기능성과 편리성 추구가 우선시되어 나만의 고유한 주거가 사라지고

그림 1-3 한옥의 개념을 적용한 우물마루, 한지 느낌의 창문 처리, 한옥 창살을 적용한 벽 조명이 서양의 고전가구와 조화를 이루고 있다.(한국, 서울)

똑같이 양산된 주택에 살게 됨으로써 주거상실의 문제가 대두되었다. 그러나 후기 산업사회의 탈모더니즘 시대에 들어서면서 지역주의나 전통주의를 다시 조명하여 주택 디자인에 적용하는 경향이 나타나고 있다.

우리나라에서도 한옥을 건축문화의 원형으로 보고, 장소성의 의미가 풍부한 집, 역사성을 표출하는 집, 도시구조에 순응하는 도시 한옥의 개념을 조명하게 되었다. 마을 개념을 도입한 단지형 단독주택이나 소규모 집합주택이 타운하우스라는 이름으로 다시 인기를 얻고, 중정형 단독주택, 고샅의 개념을 도입한 발코니 진입형 아파트, 한실을 만들고 미닫이문을 달거나 거실문을 안마당으로 들어 올릴 수 있는 분합문으로 만들며, 걸터 앉을 수 있도록 툇마루를 만들어 마당과의 관련성을 회복하는 등 한옥 개념을 설계에 다양하게 도입하는 것이 그러한 예이다.

마을 개념을 도입하는 것은 지역공동체 활성화를 도모하는 주택단지 계획 개념으로 바람직하다. 작은 마을이 갖는 전통적인 호혜 개념을 고려하여 설계한 주택단지는 커뮤니티센터를 중심으로 주민생활을 지원하고 공동체활동을 지원하면서 지역공동체로 관심이 확대되어 바람직한 지역사회 형성에 도움이 된다.

3) 환경주의

지속가능한 환경에 대한 관심이 계속 증가함으로써 친환경적 주택건축재료를 사용하고, 자원의 재활용, 재사용 및 폐기물관리가 주거에 있어서 중요한 목표가 되고 있다. 주거 계획을 할 때 신문, 병, 알루미늄 캔과 같은 재활용품과 생활쓰레기를 분리 수납할 공간도 고려해야 한다. 물의 재사용 개념을 도입한 변기 디자인, 물을 적절히 사용하도록 하는 물 조절장치, 우수 사용의 효용성을 높이는 배수설계도 중요하다. 녹지공간은 거주자들의 심신을 편안하게 해주고 활용도가 높기 때문에 거주밀도가 높은 공동주택에서 녹지공간의 구성과 관리는 아주 중요하다. 원자력을 이용한 전기 생산에 반대하는 목소리가 높아지고 화석연료를 이용하는 난방방식은 대기오염의 문제를 일으키므로, 지열을 이용한 난방, 유리온실, 지붕연못, 축열벽을 만들어 수동적으로 태양열을 이용하는 방식, 집열판을 지붕에 설치하여 전기를 생산하는 태양광 주택도 점차 늘릴 필요가 있다.

환경문제와 도시생산성을 고려한 도시농업이 최근 각광을 받고 있다. 도시의 옥상을 이용하여 식재를 함은 물론, 식용작물을 키우기도 하고, 지역사회의 자투리 공간에 농사를 지어 공기 정화 효과와 도시공동체 활성화 효과를 기하는 지역이 늘고 있다. 이는 근거리 농산물을 활용하여 신선한 먹거리를 공급하게 되므로 그 중요성이 점차 주목받고 있다.

4) 건강우선주의

경제발전으로 물자가 풍부해졌으나 사람들은 각종 스트레스에 시달리고 있다. 따라서, 주거공간 내에서 부엌과 욕실공간이 중요해지고 있다. 좋은 음식을 먹으려면 음식을 마련하고 먹고 저장하는 장소에서 더 많은 시간을 보내게 되고, 욕실을 쾌적하게 하려면 필요공간과 시설 설비가 많아지고 그곳에서 보내는 시간이 길어진다. 따라서 건강우선주의에 따라 더 좋은 시설과 설비를 부엌과 욕실에 갖추려는 사람들도 늘고 있다. 앞으로는 단순히 식사 마련보다는 사교와 단란을 겸한 부엌을 갖는 것, 휴식과 수세, 오락을 겸한 욕실이 더 중요해질 가능성도 있다. 이러한 것을 개인적으로 갖출 수도 있지만 공동체가 공유하도록 계획할 수도 있다.

최근 분양된 공동주택 단지에서는 커뮤니티센터에서 저렴하게 이용할 수 있는 카페나 레스토랑을 운영하기도 하고 휘트니스 센터, 수영장, 골프연습장, 독서실, 에어로빅실, 사우나실 등의 공유공간을 많이 제공하므로 단지에 따라서는 오히려 개별 주거의 부엌과 욕실공간의 중요성이 덜 해질 수도 있을 것이다.

거주자는 유아부터 청소년, 장년, 노년에 이르기까지 다양한데, 주택은 한 번 지어지면 30~40년 이상의 수명을 가지므로 거주자의 생활주기에 따른 변화를 적절히 감당하지 못한다. 유아기에는 안전을 우선시해야 하고, 청소년기에는 자아존중 및 프라이버시 공간이 확보되어야 하며, 자녀가 모두 떠나고 나면 남는 공간의 활용을 고려해야 하고,

그림 1-4 노년기에 맞게 리모델링한 사례 (한국, 서울)
1 상부수납장을 없애고, 전기레인지로 교체한 부엌
2 안전손잡이를 달아 안전성을 보완한 층계
3 안전손잡이를 추가한 욕조
4 복도와 욕실바닥 차이를 없애고 자동수세식 변기로 교체한 화장실

노년기에는 또다시 허약해진 신체를 보완할 수 있는 안전장치가 중요해진다. 이사를 하여 새로운 주택을 택함으로써 문제를 해결할 수도 있지만, 대부분의 주택은 불특정 다수를 위해 지어지므로 개별 가구의 요구가 적절히 반영되지 않은 주거를 선택할 수밖에 없다. 거주성을 높이기 위해서는 난방, 환기, 채광, 소음차단 등이 적절히 이루어지고 공간계획이 가족에 맞는 주택을 선택하는 것이 기본이다.

또한, 거주자의 생활주기에 맞는 것이 중요하므로 노년기에는 턱을 없애거나 안전손잡이 등 각종 안전장치를 설치하여 주택에서 일어나는 사고를 미연에 방지함으로써 초고령화 사회에서 노인들이 스스로의 건강을 지키고 사회적 비용을 줄이도록 유도할 필요가 있다.

5) 사회화

개별 주택은 지역사회에 속하지만 완결성이 있는 주택일수록 지역사회로부터 고립되기 쉽다. 최근 들어 스마트, 인텔리전트, 유비쿼터스를 표방하는 아파트는 더욱 편리해지고, 쇼핑이나 개인적인 은행거래마저도 컴퓨터나 휴대폰으로 이루어진다. 의료진료, 교육 등 여러 서비스도 재택 내지 택배 시스템으로 대체됨으로써 우리 사회는 점점 더 고립감을 느끼게 되었다. 그리하여 사회적 인간의 욕구가 결핍되어 나타나는 여러 사회현상을 완화하기 위해 커뮤니티 활성화를 위한 많은 노력들이 민간과 공공에서 일어나게 되었다. 가정과 지역사회가 균형을 이룰 수 있는 공간 환경과 커뮤니티 프로그램이 만들어져야 현대사회의 소외감을 극복하고 사회적인 인간의 삶을 영위할 수 있다는 믿음에서 외국에서는 코하우징cohousing과 같은 주거환경이 많이 운영되고 있다. 우리나라에서도 비슷한 개념의 단지형 타운하우스, 계획단계부터 같이 참여하여 공동으로 짓는 공동체 주택이 늘어나고 있고, 개별 공간이 있고 부엌과 거실을 공유하는 독신자 거주용 셰어하우스가 국내에서도 점차 확산되고 있다.

그림 1-5 좌 : 도시형 생활주택 외관인데 개별공간을 강조하여 디자인하였다.
　　　　　우 : 도시형 생활주택 입구에 공유공간을 마련하였고, 택배보관함도 설치되어 있다.(한국, 서울)

5
주거에 대한 학문적 접근

주거의 의미를 탐구하는 데 도움이 되고 주거 현상에 영향을 미치는 내적·외적 요인을 연구하며, 과거부터 현재까지 주거 현상이 어떻게 변해 왔고 이러한 것이 개인과 가족의 삶의 질에 어떠한 영향을 미치는지를 학문적으로 접근하는 것이 주거학이다.

　이러한 주거학의 학문적 구성과 내용을 화이트White의 모형으로 살펴본다.

　그림 1-5의 개념구조에서 보는 것처럼 주거학의 연구 대상은 주택product, 환경 environment, 서비스service, 과정process이다. 주택은 사람들에게 물리적인 피호처와 상징적인 의미를 제공하기 위하여 생산되는 제품이면서 이웃과 지역에 소속되지 않을 수 없는 생산품이다. 인간을 둘러싸고 있는 근접한 환경으로서 주택이 위치한 대지, 이웃, 지

역사회의 각종 시설과 교통 등의 환경은 대단히 중요하다. 주택 내의 미세환경을 구성하는 빛, 공기, 열, 소음, 색채가 적절하여 계절에 맞는 냉난방, 적절한 빛과 공기, 습도, 방음 등의 서비스를 제공해야 인간이 항상성을 유지하며 살아갈 수 있는 공간환경이 될 수 있다. 이 밖에도 주거는 계획, 개발, 금융 문제 해결, 건설, 매매, 조정하는 과정 없이는 사회재로서 존재할 수 없다. 과정이란 주거에 관련된 계획, 생산, 분배 과정을 의미하며, 이 과정은 주택이 생산되고, 이용되며, 소멸되는 전 과정에 걸쳐 있다.

이러한 4가지 주거학의 연구 대상은 개인·가족·지역사회와 상호 연결되어 삶의 질에 영향을 미치므로 관련성을 연구하기 위해서는 총체적인 접근이 요구된다. 그림 1-6의 왼쪽과 오른쪽 사각형 안의 내용은 주거에 영향을 미치는 가족 내적 요인과 외적 요인을 나타낸다. 과거·현재·미래의 시간적인 차원은 역사적인 변천을 이해해야만 현재를 올바르게 파악할 수 있고 미래를 예측할 수 있음을 나타내며, 주거 현상은 과거부터 미래까지 연결된 현상으로 이해해야 함을 나타낸다. 주거학은 개인·가족·지역사회의 복지에 초점을 맞추고 있으며, 관련된 기초학문의 분야가 다양하기 때문에 주거 현상을 제

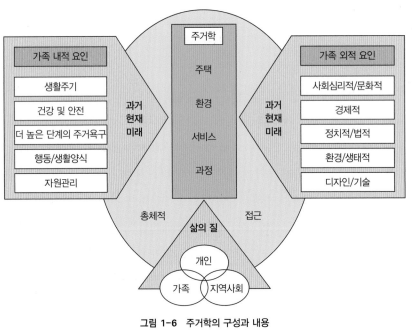

그림 1-6 주거학의 구성과 내용
자료 : White(1986), p.193.

대로 이해하기 위해서는 학제적인 연구가 필요하고, 그에 따라 다양하고 총체적인 접근방법이 요구된다. 각각의 접근방법은 각기 다른 기본 가정으로 전개되며 동일한 연구대상을 다른 시각에서 설명하기도 하고 때로는 내용에 있어서 서로 일치하기도 한다. 그러므로 주거학을 연구하기 위해서는 접근방법 각각의 특징을 이해하고 적합한 접근방법을 취하게 되지만 문제해결을 위해서는 여러 접근방법을 병행하여 상호보완적으로 적용할 필요가 있다.

최근 들어, 주거학에 지속가능sustainability 관점을 적용하는 것, 개인적인 복지wellbeing와 사회적 복지welfare를 상호보완적으로 파악하는 것, 주거학의 연구대상 4가지(주택, 환경, 과정, 서비스)에 관리management를 추가하여 유지관리 관점을 강조하는 것, 인류사회에 공헌하는 학문으로서의 고유한 효용가치를 분명히 하여 복지와 관리를 통합한 주거서비스 기능을 중시함으로써 주거학의 학문적 고유성과 가치, 사회적 기여를 확대하려는 노력이 이루어지고 있다.

생각해 보기

1. 트렌드 코리아를 연구한 각종 서적을 읽고 앞으로 어떠한 트렌드가 주거에 영향을 미치게 될지 생각해 보자.

2. 아파트 모델하우스를 방문하여 10명에게 주거욕구와 주거가치, 주거선호와 주거규범, 주거목표에 대해 질문하고 그 응답을 정리해 보자.

3. 우리 가족은 어떠한 주거의 의미를 구현한 집에 살고 있는지 생각해 보고 과거의 어떠한 경험, 미래의 어떠한 구상이 가장 많은 영향을 미쳤는지 생각해 보자.

2장
주거환경심리

사람들은 일상생활을 할 때 왜 일정한 거리를 유지하며, 주택 내 가족들이 사용하는 방은 왜 벽을 사이에 두고 구분되는가? 붐비는 전철 안에서 사람들은 왜 불쾌감을 가지며 이러한 느낌은 왜 일어나는가? 수십 층의 고밀도 아파트나 소음이 진동하는 교통량이 많은 도시에 사는 사람들은 심리적으로 어떠한 경험을 하는가?

이러한 질문에 답을 얻기 위해서는 환경이 인간에게 미치는 심리적인 영향에 대한 이해가 있어야 한다. 환경을 인간의 경험과 행동에 영향을 주는 외적 요인으로 보는 것은 인간의 심리를 연구하는 데 필수적인 것이다.

본 장에서는 사람들이 일상생활을 하며 다양한 공간에서 경험하는 심리적 측면을 심층적으로 알아보기 위하여 환경심리학적 접근으로 인간의 공간 경험에 대하여 알아보고자 한다.

구체적인 내용으로는 환경에 대한 지각 및 인지적인 표현, 환경에 대한 반응 및 평가, 인간의 공간적인 행동과 태도, 인간의 영역성과 개인공간 및 주변의 밀도가 인간의 행동과 태도에 미치는 영향 등을 들 수 있으며, 이러한 연구들은 주거 및 상업, 공공기관의 환경계획 및 설계 등에 적용할 수 있다.

1
환경 인지

환경에 대한 인지는 인간의 행동이나 의사결정을 위한 기초가 된다. 개인 또는 가족을 목표 달성을 추구하는 유기체로 본다면 이를 성취하기 위한 기본 능력은 인지 과정을 통하여 가능하게 된다.

한 가족이 새로운 주택으로 이주하려 한다면 그들의 보유자산이 이를 실행에 옮길 수 있는 정도인가, 그들이 현재 거주하는 주거 환경에 대하여 어떻게 생각하는가, 그들은 앞으로의 변화를 예측할 수 있으며 이에 적응할 수 있는가 하는 것을 정확히 인지할 필요가 있다.

환경으로부터의 자극을 지각하는 것은 각 개인의 상대적인 자율성에 영향을 받으며 사람들은 각기 다른 욕구와 인성에 따라 같은 자극을 다르게 받아들인다. 또한 다른 상황에 처한 사람들은 자극들을 각기 다른 형태로 받아들이게 된다. 이와 같은 상이성은 각기 다른 문화권에서도 볼 수 있다.

1) 환경인지의 과정

인간의 지각·인지 과정은 매우 복합적인 경험으로, 감각적인 도입뿐만 아니라 행동과 조직을 포함하는 개념이기도 하다. 즉 환경을 인지한다는 것은 매일의 생활에서 경험하는 현상에 대한 정보를 취득하고 암호화하여 축적하고 이를 회상하여 암호를 해독하는 실제적인 변화의 연속으로 구성되는 과정으로 설명되기도 한다.

환경인지의 복합적인 과정에서 볼 수 있듯이 자극은 지각을 위한 하나의 원천이 되기는 하지만 지각은 자극에 의해 전적으로 결정되는 것은 아니다. 지각하는 데도 각 개인의 상대적인 자율성이 중요하여 각자의 인성과 욕구에 따라 자극을 상이하게 받아들인다. 즉, 지각하는 사람에 따라 무엇을 지각하는가에 영향을 미치며 자극이 발생하는 시간이나 공간적인 환경이 매우 중요하다. 또한 지각이란 환경에 대한 정보화 과정이므로 특정 감각기관에 대한 독립적인 영향보다 통합과 과정 자체의 기능이 중요하다.

개인의 환경인지가 환경에 대한 의사결정이나 행동의 기초가 되는 것과 마찬가지로 가족의 환경인지도 그들의 목표달성을 추구하는 데 중요한 근거를 제공한다. 따라서 최근 주거계획을 위한 기초연구에서 가족들의 환경인지에 대하여 심층적으로 이해해야 한다는 점이 강조되고 있다. 즉 미적 또는 경제적인 디자인에 주력하는 것이 계획자의 목표일지라도 만일 그 주택을 사용하는 가족들이 그러한 측면에 가치나 목표를 두고 있지 않다면 이러한 계획은 의미가 없을 것이다.

2) 환경인지의 개인적 차이

환경에 대한 인지는 개인마다 다르다. 서로 상이한 과거의 경험과 욕구를 가지고 있는 각 개인이나 가족은 동일한 외적 자극을 경험한다고 해도 서로 다르게 이를 인지할 수 있다. 똑같은 도시의 광경을 보고도 어린이, 남자, 여자는 각각 다르게 인지한다. 보편적으로 어린이의 영상은 세밀하지 못하고 정확하지 않으며, 여자는 가까운 사물이나 특정인 등에 더욱 관심을 가지고, 남자는 시각의 범위가 넓고 깊으며 서로 다른 사물, 사람 등을 포괄적으로 파악한다고 알려져 있다. 개인의 특성에 따라 환경인지에 차이가 있다는 것은 여러 연구에서 검증되었다.

콤프턴Compton은 각 개인은 자극의 적정 수준에 차이가 있어 적은 자극으로부터 충분한 효과를 얻는 사람이 있는 반면 많은 자극이 있어도 이들 중 소수의 효과만을 받아들이는 유형이 있다고 하였다. 즉 각 개인은 자극에 대해 확장자augmenters가 되는 경우와 축소자reducers가 되는 경우가 있다는 것이다. 또한 비슷한 수준의 자극들을 동일한 수준으로 받아들이는 사람이 있는 반면 조그만 차이도 세밀하게 구분할 수 있는 사람도 있다. 또한 자극에 대한 반응에 있어서도 스스로의 내적인 판단에 의해 인지하는 사람과 외부의 요인에 영향을 크게 받으며 이에 의존하는 사람도 있다. 즉 환경으로부터의 많은 자극에 대하여 각 개인은 지각적인 정보의 필요량에 있어서 차이를 보이며 또한 판단을 위해 유용한 정보의 종류도 각각 다르다.

또한 각 개인의 환경에 대한 통제력의 근원을 어디에 두느냐에 따라 개인의 성격을 내적·외적 통제성격으로 구분할 수 있다. 이것은 한 개인이 생을 살아가면서 자신에게 일어나는 여러 사건들이 자신의 행동에 따라 일어난다고 지각하여 자신이 사건들을 조정할 수 있다고 믿는 경우와 그 사건들이 자신의 행동과는 무관하며 운명·운세·우연 그리고 사람의 개인적 통제와 이해력을 넘어선 외적인 힘에 달려 있다고 믿는 경우에 따라 개인의 성격을 구분하여 전자를 내적 통제성격이라 하고 후자를 외적 통제성격이라 한다.

이러한 개인의 통제성격들은 환경을 통제하려는 동기나 행동, 환경에 대한 인지에도 영향을 미친다. 일반적으로 내적 통제성격자가 외적 통제성격자보다 활동적이고 즉각적인 만족보다는 지속적이고 가치 있는 보상을 선택하며 적응능력이 높고 성취동기가 높다고 본다. 예를 들어 단독가구 노인들의 주거에 대한 만족도를 측정한 연구에서도 이러한 차이점이 발견되었는데 어떤 일에 대해서 운이나 운명보다는 자신의 의지를 믿는 노인일수록 주거만족도가 높게 나타났다(장온정, 1990).

환경에 대한 인지 또는 경험은 실제로 매우 복합적인 요인들에 의해 형성되며 이에 대한 각 개인이나 가족과 같은 유기체는 항상 일정한 투입과 산출이라는 간단한 모형으로 반응하지 않는다. 더구나 개인이나 가족은 단순히 물리적이거나 화학적인 물체가 아니며, 그의 주변환경에 직접적·수동적으로 반응하는 비역사적·비사회적인 경험적 변인들의 총체도 아니다. 환경에 대한 대처 방법은 사회적인 존재로서 또한 역사적인 존재로서,

목적이나 가치를 향하여 추구하는 객체로서, 목표를 실현시키거나 욕구를 만족시키려는 의지에 의해 근본적으로 지배되고 있다.

3) 문화와 환경인지

사람들은 일반적으로 개인적 특성에 따라 느끼며 학습과 동화된 견해에 따라 말하고 행동하지만 특히 문화적 배경은 환경에 대한 이해와 행동반응에 크게 영향을 미치고 있다.

문화라는 개념을 구성하는 요소들로는 신념이나 지각, 즉 진실이 무엇인가에 대한 생각과 가치나 규범, 즉 무엇이 좋고 나쁜가에 관한 것, 그리고 관습이나 행동들이 있으며 이는 인간의 인지, 가치, 적절한 행동양식 등이 함축된 특성들의 집합이다. 한 인간의 가치나 신념 또는 행동은 정신적·행동적 과정으로 그치지 않고 사물이나 물리적 환경으로 구체화된다. 주택이나 도시의 형태, 공공건물, 광장, 마을의 구성 등은 문화적인 가치나 신념을 표현하고 있다.

여러 종족의 문화적 특성에 관심을 갖는 인류학자들은 각기 다른 문화권 내에서 인간 또는 가족들이 환경을 어떻게 이해하는가에 많은 관심을 기울여 왔다.

전 세계의 다양한 민족들의 주택은 각기 다른 형태를 취하고 있다. 일본식 전통주택이나 한옥의 종이 한 장으로 구성되는 벽체는 소음이나 청각적 프라이버시에 대한 배려가 거의 되어 있지 않아, 벽체가 두꺼운 독일식이나 영국식 주택에 익숙한 사람들에게는 문제가 된다. 반면 그들은 일본인이나 한국인이 느끼는 시각적인 미에 대해서는 이해하지 못하며 그 속에서 생활하는 데 요구되는 생활상의 규범도 알지 못할 것이다. 프라이버시에 대한 상이한 개념은 서양과 동양을 구분하기도 한다.

서양 사람들은 청각적 프라이버시를 중요시하는 반면 동양 사람들은 시각적 프라이버시를 중요시하여 이는 주택구조에서도 나타난다.

문화에 따른 환경에 대한 이해의 상이함은 물리적 환경을 대하는 면뿐 아니라 그들이 사용하는 도구나 사회적 조직·언어·가족관계나 자녀양육 등에서도 나타난다. 따라서 오늘날 주거환경뿐만 아니라 인간 또는 가족의 생활과 관계된 모든 학문 분야들에 있어서 문화에 대한 이해와 관심이 필수적으로 요구되고 있다.

그림 2-1 　베트남 주택의 대문은 사람들의 출입구이며, 동시에 조상들의 제사를 지내는 중요한 장소이기도 하다.

그림 2-2 　캄보디아 촌락은 주거 공간의 영역 구분이 느슨하고 외부와 내부의 구분도 뚜렷하지 않다.

2
프라이버시

인간은 일상생활을 영위하며 다른 사람으로부터 떨어져서 사색하거나 자신을 돌아보고 자유로운 행위를 할 수 있는 시간과 공간을 원한다. 또한 동질감을 느끼는 일정한 집단과 사적인 대화를 나누거나 특별한 감정을 나눌 수 있는 안전한 장소를 원한다.

주거공간은 가족생활을 사회로부터 보호하며 독립성을 갖도록 하고 주택 내에서는 공간 구분을 통하여 가족 구성원들의 개인생활을 보장하고 자유를 부여하며 동시에 원하는 사회적인 관계를 형성하는 데 중요한 역할을 한다.

오늘날과 같은 도시화된 사회에서 개인생활을 보장받으며 또한 사회적인 유대를 유지하는 일은 점차 어려워지고 있으며 이러한 기능을 돕는 물리적 환경 조성은 건축가들이나 도시 계획가들의 관심사이다.

1) 프라이버시의 개념

프라이버시는 일상적으로 사생활의 보장, 상호접촉의 회피 등 배타적인 성격을 나타내고 있으나 알트만Altman은 프라이버시란 개인이나 집단이 타인과의 상호작용을 선택적으로 통제하는 것으로 정의하였다. 즉 프라이버시란 선택적 경계조정 과정으로 개인이나 집단이 타인 또는 환경의 여러 자극들과의 상호작용을 조절하는 것을 의미하며 이러한 과정에서 때에 따라 개방적일 수도 있고 폐쇄적일 수도 있다.

개인이나 가족은 개인 공간, 영역성, 사회적인 행동조절을 통하여 프라이버시를 성취하고자 하며 이러한 노력이 성공적으로 이루어지면 원하는 정도의 프라이버시를 확보할 수 있다. 그러나 원하는 정도보다 많은 사회적 접촉을 하게 되면 과밀하게 느끼며 이와 반대로 원하는 프라이버시만큼 타인과의 상호관계를 하지 않을 경우에는 고립감을 느끼게 된다.

프라이버시의 범주는 그 요구하는 내용에 따라 다르지만 보이지 않는 프라이버시, 보이지만 들리지 않는 프라이버시, 보이지도 들리지도 않는 프라이버시 등으로 구분하기도 한다. 이러한 관점에서 보면 서구인들은 청각적 프라이버시에 민감하며 동양인들은 청각적 프라이버시보다 시각적 프라이버시에 민감한 경향을 보이는데 이러한 특징은 주택의 공간 형태에도 나타난다.

프라이버시의 권리나 욕구를 성취하기 위하여 개인이나 집단은 개방성 또는 폐쇄성을 조절하는 데 유용한 방법들을 사용하게 되며 이러한 행동기제는 언어행동, 비언어행동, 사물이나 물리적인 구조의 설치, 또는 문화적인 관습이나 규범에 따른 행동을 보인다. 사람들은 차갑거나 온화한 대화방법을 선택하여 상대방에게 감정을 전달하기도 하며 얼굴의 표정이나 몸짓을 통하여 감정을 전하고 문을 열고 닫거나 벽을 설치하는 등의 물리적인 구조물로써 타인과의 상호관계를 조절하기도 한다. 또는 문화권 내에 보편화된 관습이나 규범에 따른 행동을 통하여 이를 조절하기도 하는데 예를 들어 노크를 하거나 헛기침을 하는 행동에서 볼 수 있다. 프라이버시를 성취하기 위한 조절과정은 모든 문화권에 존재하며 조절이 가능하지 못할 경우에는 심리적·신체적으로 건강한 생활을 유지하기 어렵다.

한편 프라이버시를 조절하는 개방성과 폐쇄성은 범죄를 방지하는 디자인 방법과도 관련이 있다. 지나친 프라이버시의 확보를 위하여 만든 높은 담은 범죄 예방을 위하여 바람직하지 않다고 알려져 있다.

2) 프라이버시의 기능

프라이버시는 인성 발달에 긍정적인 기능을 하는 중요한 요소이다. 집단 또는 외부의 자극으로부터의 분리 기회는 사회생활에 다시 참여할 때 더욱 바람직한 관계를 유지하는 데 도움을 준다. 즉 프라이버시가 결여될 때에는 집단과의 관계에서 조화로운 관계 유지가 위협받게 된다. 프로이드Freud는 인간관계에서 지나친 접촉이 사랑과 증오의 반대감정을 병존하게 하므로 이에 대한 위험을 경고하였다. 다시 말해, 프라이버시의 통제는 대인관계를 적절하게 조절할 수 있게 하여 사회적 관계를 성공적으로 유지하는 데 도움을 준다.

부모와 자녀의 관계에 있어서도 프라이버시의 침해를 무한정 허용할 경우 무분별한 관계를 유도하므로 이를 조절하기 위해서는 물리적인 조절이 필요하다. 주거 공간 내에서 가족의 관계는 문으로 조절하게 되는데, 유아기에는 침실의 문을 열어두나 아동기에 자아개념이 발달하게 되면 반쯤 닫고, 사춘기가 되면 아주 닫는 것이다. 한편 프라이버시의 성공적인 조절은 자신의 존재에 대한 이해를 도와주며, 조절이 실패했을 경우에는 비정상적인 사회관계와 정신분열이나 언어장애 또는 망상 등을 일으키기도 한다.

오늘날 일상생활에서 언제나 완벽한 프라이버시를 유지하는 것은 거의 불가능하다. 또한 아무리 폐쇄적인 사람일지라도 어느 정도의 상호관계는 필요하며 외부로부터 정보나 지식을 얻게 된다. 그러므로 사회적인 관계를 유지하는 한편 자신의 프라이버시의 희생을 치르는 매일의 생활은 이 두 상황의 갈등 속에서 이루어진다. 특히 주거공간 내에서 가족구성원들은 상호 간에 어느 정도의 프라이버시를 요구하며, 이를 성취하기 위하여 벽체·문·창문을 어떻게 조절하며, 이러한 노력이 잘 이루어지지 못했을 경우에 어떠한 현상이 나타나는가 하는 문제는 최근 이 분야의 관심이기도 하다.

3
개인공간

개인공간을 유지하고자 하는 인간의 공간적 욕구는 거의 모든 사람들의 경험에서 발견할 수 있다. 예를 들어 복잡한 지하철 속에서 사람들은 다른 사람과의 접촉을 피하기 위하여 조심한다. 심하게 충돌하게 되면, 즉 본의 아니게 개인적 공간을 침범하게 되면 이에 대한 의례적인 사과를 한다. 인간이 개인적 공간을 유지하려는 기본적인 이유는 각 개인들이 스트레스로부터 자유로운 최소의 공간을 소유하기 위하여 적정 공간을 배분하는 기능과 관련이 있다. 개인 공간의 유지는 인간의 개체성을 느끼는 데 필수적이며 정신건강을 해치는 인간 상호 간의 위협을 방지하는 데 도움을 준다.

1) 개인공간의 범위

사람들은 자신의 신체를 둘러싸고 있는 독립적이며 개인적인 거품과 같은 공간을 항상 유지하며 생활하고 있다. 이 개인적 공간은 일정하고 고정된 것이 아니라 신체가 움직이는 대로 움직이며 상황에 따라 범위가 변화하기도 한다. 어린아이들은 자라면서 보다 많은 공간을 이용하게 되고 12세 정도가 되면 개인 공간의 규범이 완전히 형성된다고 본다.

그림 2-3 사람들은 일정한 개인적인 공간을 두고자 하며 이러한 공간은 그들과 친밀한 정도에 따라 차이를 보인다.

개인 공간에 관한 기초 이론은 인성학자인 헤디거Hedigger가 동물의 행태에 관한 연구를 통하여 제시하였다. 그는 동물들이 한 집단 내에서 생활하며 일정한 간격을 유지하고 있음에 주목하고 이러한 특정 거리를 개인적 거리라는 용어로 표현하였다. 동물들이 적정한 거리를 유지하는 예는 새들이 일정한 거리를 두고 전깃줄에 앉아 있는 것에서도 볼 수 있다. 동물의 경우와 마찬

그림 2-4 새들도 특정 장소에 앉아 있을 경우 일정한 간격을 둔다.

가지로 인간들의 일상생활 속에서도 개인을 둘러싼 공간의 범위는 일정한 규범을 갖고 있으며 이러한 규범을 지키기 위하여 실제로 다양한 행동기제나 도구를 사용하기도 한다.

2) 사회적 공간

인류학자인 홀Hall은 사람들이 사용하는 사회적 공간을 대상과의 사회적 관계에 따라 네 가지로 구분하였다. 첫째, 친밀한 공간으로 45cm의 범위이며 매우 가까운 친구나 가족 또는 사랑하는 사람들 같이 특별히 가까운 관계에 있어서만 접근이 허용되는 공간을 의미한다. 둘째, 개인구역으로 45~120cm까지이며 대화가 가능한 거리이다. 이 구역에서 사람들은 상대방의 섬세한 부분까지 잘 볼 수 있고 정상적인 접촉을 유지하며 원한다면 접촉도 가능한 범위이다. 셋째, 사회적인 구역으로 120~360cm의 범위를 나타내며 다양한 행동을 위한 환경이나 여러 명이 담화를 나눌 수 있는 공간의 범위이다. 접촉은 거의 가능하지 않지만 대부분의 신체 운동이나 자세를 관찰할 수 있다. 넷째, 공적인 구역으로 360cm 이상의 거리이며, 극장이나 강의실에서와 같이 형식적이고 공적인 관계가 형성된다.

이 네 가지 구역 구분은 실제 상황에 따라 또는 개인의 특성이나 문화적 차이에 따라 영향을 받게 된다. 한 개인이 대화를 하는 거리에 영향을 미치는 요소에는 방의 밀도, 대화하는 사람과의 친밀한 정도, 화제의 내용, 문화적 배경, 개인적 특성 등이 있다. 일반적으로 내향적인 사람이 외향적인 사람보다 두 사람 사이의 공간을 멀리 두게 되며, 친분이 있는 사람들 사이에는 낯선 사람들과의 공간보다 짧은 거리를 둔다.

한편 개인 공간에 대한 연구에서 관심을 끄는 주제는 이러한 개인 공간이 침해되었을 경우 어떠한 반응을 하는 가이다. 개인 공간 침해에 대한 반응으로는 언어로 대응하는 경우는 많지 않고 주로 위치를 변경하거나 장애물을 설치하며, 침해의 정도가 심할 경우에는 다른 장소로 이동하게 된다. 이에 대한 연구들은 주로 병원의 대기실이나 대학의 도서관 열람실에서 개인공간을 침해당했을 경우 다른 곳으로 이동하는 경향이 높음을 발견하였다.

주거 공간에서도 개인 공간의 범위와 개인 공간 침해에 관한 사례들을 살펴볼 수 있다. 일반적으로 가족 내에서 부부는 좀 더 근접한 간격을 유지하며 이에 비하여 성인 자녀와는 거리를 두게 된다. 또한 거실 내부의 의자들은 적정 거리를 띠우고 배치되며 아무리 큰 방이 있다고 해도 이러한 간격은 크게 변하지 않는다. 즉 거실 내에서 의자를 배치할 때는 2.4m 이내에 사람들이 앉을 수 있도록 하는 것이 바람직하다고 보고 있다.

개인 공간 개념에 관한 이해는 작은 규모의 공간계획에 유용하게 적용될 수 있다. 거실의 담화장소, 식당 또는 기숙사나 병실의 가구 배치를 적절히 하기 위해서는 이러한 개인공간에 대한 충분한 이해가 필요하다.

그림 2-5 친밀한 정도에 따라 공간의 간격을 유지하는 사회적인 공간

4
영역성

인성학자들에 의해 본거지라고 알려진 영역은 이동성을 나타내는 개인공간과는 달리 때때로 재배치되기도 하나 일반적으로 정적인 성격을 가지고 있다. 헤디거Hedigger는 영역을 '첫째, 그 소유자에게는 특별한 방법으로 구별되고, 둘째, 소유자에 의해 방위되는 지역'으로 정의하였다. 영역이란 고정된 구역으로 개인이 물리적으로 존재한다고 인식하지 못할지라도 존재할 수 있다.

도서관이나 기차를 기다리는 대합실과 같이 공적인 공간에서도 개인이 그 자리를 차지하거나 소유물을 둠으로써 영역성이 주장된다. 이러한 영역성은 가족들과 함께 생활하는 주거에 있어서도 나타나며 각 가족 구성원들은 스스로의 영역을 가지고 생활하게 된다. 아동들이 거주하는 침실 책상의 서랍은 아동 고유의 영역으로 이를 열어보거나 엿보는 것은 부모나 형제들 사이에 있어서도 금하고 있는 것이 일반적이다. 가족 구성원들은 각기 앉는 의자나 쉬는 장소, 일하는 곳 등을 일정하게 사용하며 각 개인들은 이를 인식하고 있다. 따라서 영역은 개인 또는 집단의 욕구의 표현으로 그들이 소유하는 특정 지리적 구역을 주장하는 것을 의미한다. 모든 생존하는 유기체는 각기 영역에 대한 감각을 가지고 있으며 이러한 영역성은 본능적이기도 하고 학습되기도 한다.

그림 2-6   사무실 내에서도 각자의 영역을 구분 짓고 있다.

1) 영역의 유형

스콧Scott과 라이먼Lyman은 현대 사회에서 인간이 경험하는 영역을 공공영역, 주거영역, 상호작용영역, 신체영역의 네 가지로 구분하고 있다.

① 공공영역(public territories)

공공영역은 모든 사람의 자유로운 출입이 가능한 영역이다. 그러나 그 공간을 사용할 경우 적절한 행동에 대한 기대가 있으며 때로는 제한을 받기도 한다. 공원이나 도로 등 대부분의 공적인 공간은 누구나 사용하고 접근할 수 있다. 그러나 장소에 따라 출입 시간이나 연령 등을 제한하기도 한다.

② 주거영역(home territories)

주거영역은 정해진 구성원들이 행동의 상대적인 자유를 누리며 친밀감을 가지고 영역에 대한 조절능력을 가지는 상태를 의미한다. 때때로 주거영역은 공공영역과 혼동되기도 하는데 공공영역으로 사용되는 공간이 특정의 사람들에게 주거영역으로 이용되기도 한다. 예를 들어 도로 공간의 일부를 개인적인 용도로 사용하는 경우 이러한 모습을 보게 된다.

③ 상호작용영역(interactional territories)

사회적인 모임이 일어나는 영역을 의미하며 묵계적인 경계를 유지한다. 대부분의 경우 이러한 경계는 공식적인 형태는 아니지만 하나의 규범으로 이해되므로 들어오고 나가는 행동을 규제한다. 종교적인 모임이나 잔치 등은 이러한 상호작용 공간을 형성하며 다른 공간보다는 가변적이다.

④ 신체영역(body territories)

인체를 둘러싸고 있는 영역으로 개인에게 속한 가장 독립적인 공간이다. 접촉이나 시선에 의한 접근 권리는 신성한 성격을 가지며 개인에 따라 제한을 받게 된다. 신체영역은 창의적이며 개성적인 표현의 대상이 되기도 하며 화장이나 장식 등은 이러한 구체적인 표현의 사례이다.

2) 영역의 기능

영역 중에서 주거영역은 가족생활의 본거지로서 인간에게 안전성, 개체성 그리고 적절한 자극을 제공해 주는 장소이기도 하다. 주거영역의 안전성은 수면·자녀양육·몸치장·자녀 생산 활동에 필수적이며 이 모든 것은 외부의 위협으로부터 보호받아야 할 필요가 있다. 주거의 경계 설정과 초인종, 방범장치 등이 주거영역의 안전성을 위하여 고안되고 있다. 라포포트Rapoport는 주거영역의 안전성이 출입구의 신성함에 대한 인식과 관련이 있음을 제시하였다. 경계에 대한 인식은 문화적 규범에 따라 다르게 나타난다.

　외부 사람들의 접근이 통제되는 주거영역의 범위는 문화에 따라 차이를 보인다. 인도의 주거영역에서 경계는 높은 담장 밖을 의미하며, 전형적인 영국의 주택에서는 낮은 울타리의 안쪽까지 확대되고, 북미의 주거영역은 개방된 마당의 안까지 침투되고 있다. 이렇게 주거영역을 나타내는 경계는 주거영역 내에서의 안전감을 보장하는 주요한 기능을

범죄를 줄이기 위한 환경 디자인 : 셉테드(CPTED, Crime Prevention Through Environmental Design)

환경의 특성들이 인간의 심리적인 반응과 행동에 영향을 미친다는 다양한 연구 결과들은 범죄 예방에 활용할 수 있다.

깨진 유리창 이론(Broken Windows Theory)은 미국의 켈링(Kelling)과 콜즈(Coles)가 소개한 사회 무질서에 관한 이론이다. 깨진 유리창 하나를 방치해 두면, 그 지점을 중심으로 범죄가 확산되기 시작한다는 이론으로, 사소한 무질서를 방치하면 큰 문제로 이어질 가능성이 높다는 의미를 담고 있다.

최근 미국과 영국 등 선진국에서는 셉테드의 효과를 증명하는 연구보고서가 쏟아져 나오고 있다. 이러한 범죄를 줄이기 위한 공간 디자인은 실제 범죄 발생률을 떨어뜨릴 뿐만 아니라 시민들의 범죄에 대한 불안감도 크게 줄여 주어 삶의 질 향상으로 이어진다는 것이다.

즉, 어둡고 구석져 범죄가 빈번하게 발생했던 곳에 잔디를 심고 벤치와 가로등을 설치하면 지역 주민들이 이 새로운 공간을 즐겨 이용하게 돼 범죄 발생을 억제하는 효과를 거둔다는 것이다. 실제로 뉴캐슬 시(市)는 도심의 상업지구 환경을 정비하자 2002년 범죄율이 1999년 대비 26% 감소하는 성과를 거뒀다. 지저분한 상가를 깨끗하게 하고, 조명을 밝게 하며, 건물의 내부가 보이도록 만들고, CCTV를 설치하고, 쾌적한 보행자 보도를 만들자 상권이 살아나면서 범죄가 줄어드는 일석이조의 효과를 거둔 것이다.

하고 있다.

주거영역 내에서 각 개인은 경우에 따라 독립된 영역을 요구하며 이러한 요구는 개인의 침실 소유로 나타난다. 열악한 주거에 거주하는 가족들 사이에 침실이 공유되는 경우가 많으며 이러한 상황하에서도 한 공간 내에 눈에 보이지 않는 영역 구분이 생겨난다. 이러한 독립된 개인영역에서 각 개인은 장식이나 소유물로 개인의 특성이나 취향을 표현하게 된다. 또한 주택 자체는 외관을 통하여 개체성을 나타내는 주요한 매개물이다. 쿠퍼Cooper는 주택을 자아의 상징으로 보았으며 이러한 견지에서 개개인의 주택은 자신을 어떻게 이해하는가를 반영한다고 볼 수 있다. 주거영역을 개체성 또는 자아 정체감의 표현으로 볼 때, 주택의 여러 형태는 각 개인이나 가족, 사회와의 관계에서 나타나는 상징으로 이해할 수 있다. 즉 자신을 위하여 구축한 주택은 정신적 총체의 상징으로 볼 수 있다(Holahan, 1989).

그림 2-7 충남 아산시 송악면 외암리에 있는 초가집 전경. 낮은 돌담은 외부와의 경계를 구분하고 영역성을 부여한다.

이 밖에 주거영역은 개인 또는 가족이 이를 형성하고 조절하며, 방어하는 과정에 적절한 자극을 제공한다. 예를 들어 어린아이들에게 주거는 안전하고 친밀한 장소이면서 또한 낯설며 위험성을 함께 경험하는 곳이기도 하다. 인류학자인 미드Mead는 이러한 자극요소들의 중요성에 대하여 언급하고 그 자극을 통하여 어린이들이 각 발달단계에서 필요한 자율성을 성취할 수 있다고 하였다.

5
과 밀

인간과 환경의 관계에서 나타나는 과밀에 대한 체계적인 연구는 산업혁명 이후 서구의 대도시에서 인구과밀에 따른 제반 문제에 대한 각성에서 시작되어 이론의 개발과 함께 실증적인 연구가 이루어졌다. 이러한 연구내용들은 인간이 어떠한 경우에 과밀을 느끼며 과밀은 인간에게 어떠한 영향을 미치는가, 또는 과밀은 사회체계 내에서 인간관계에 어떠한 영향을 미치는가에 대하여 상당한 정보들을 제공하고 있다.

1) 과밀의 개념

과밀에 대하여는 학자들에 따라 여러 가지로 상이한 정의를 적용하고 있으므로 과밀의 성격을 포괄적으로 이해하기 위해서는 다양한 견해에 대하여 구체적으로 살펴볼 필요가 있다.

우선 과밀에 대한 경험적인 연구에서는 과밀crowding이란 개념과 고밀도high density에 대한 개념을 구분해야 한다는 지적이 있다.

물리적 고밀도의 개념은 주거 관련 센서스 자료에서 흔히 이용되는데 일반적으로 1인당 주거면적, 가구당 주거면적 또는 방당 사람 수 등으로 물리적 밀도를 나타낸다. 한편 물리적 밀도를 내부밀도와 외부밀도로 구분하기도 하며 외부밀도는 보다 넓게 구획된 공간 범위 내에 있는 주거 수, 혹은 km²당 주거 수 등으로 표현되고, 내부밀도는 주거단위 내에서의 방 당 거주인수, 1인당 주거면적 또는 주택당 면적 등으로 나타내게 된다. 구체적인 지수로서 나타낸 물리적 밀도를 기준으로 삼아 과밀현상을 규명하려는 연구에서는 이 지수의 기준을 설정하고 이를 초과한 고밀도 상태를 과밀 현상으로 본다.

그러나 과밀의 주관적인 측면을 강조하는 연구에서는 과밀과 고밀도를 차원이 다른 별개의 개념으로 본다. 즉 과밀이란 객관적인 여건과 주관적인 경험의 두 가지 측면으로 구성된다고 보는 견해로, 밀도란 물리적 개념으로 주어진 공간에 있어서의 사람 수로 나타내고, 과밀이란 그 결과 경험되는 심리적 상태로 설명하고 측정되는 개념으로 본다.

인지적인 과밀에 초점을 맞추어 과밀의 개념을 정리하면, 과밀이란 인간이 공간을 사용하는 데 있어서 개인이 지각한 공간 욕구가 이용 가능한 범위를 초과하거나 특정 공간 내에서의 사회적 관계가 원하는 수준보다 높을 경우에 나타나는 심리적·주관적 경

그림 2-8 주거밀도가 높은 대도시의 주거지역

험으로 볼 수 있다. 결국 이러한 경험은 개인적·사회적·공간적 요소들 간의 상호작용에 의한 결과로 파악할 수 있다.

2) 주거과밀의 영향

주거환경의 양적 수준과 주택에 살고 있는 가족구성원 간의 조합에 의해 형성되는 것은 주거밀도 수준이며 이는 주거와 거주자의 관계를 입체적으로 나타내므로 가구들의 주거 생활의 질을 예시하는 객관적 지표로서 유용하다. 이를 측정하는 구체적인 지표로는 방 당 거주인 수, 1인당 주거면적, 주택당 가구 수, 가구당 시설수준 등이 사용되고 있다.

주거과밀에 관한 실증적인 연구들은 주거과밀이 다양한 부정적인 영향을 초래하게 된 다고 밝히고 있다. 즉 서구의 사회심리학자와 도시사회학자들은 도시에서의 과밀이 사 회적인 문제로서 사회병리를 유발하며 신체적, 정신적 건강에 부정적인 영향을 미치고 있음을 주장하였다. 우리나라의 연구에서도 주거과밀이 자녀보호와 부부관계에 부정적 영향을 미치고 있다고 하였으며, 이경희(1987)는 주거과밀이 가족관계 및 가정관리행동 수행에 부정적인 영향을 준다고 보고하였다. 이들의 연구내용을 세 영역, 즉 개인 및 가 족관계, 건강, 아동의 성장발달 측면으로 구분하여 보면 다음과 같다.

첫째, 주거과밀은 개인의 정서적인 불안감, 도피적 행동, 공격적 행동에 영향을 미치고 개인의 임무수행 능력에서 부정적인 영향을 미치고 있음을 밝혔다. 또한 가족관계에 미 치는 영향으로는 부부간의 대화나 결혼만족도에 부정적 영향을 미치고 자녀에 대한 무 관심을 조장한다.

둘째, 과밀한 주거환경은 거주자에게 지나친 자극이나 방해를 초래한 결과 비생산적인 에너지 소모를 유발하게 되어 피로를 가중시키는 요인으로 작용하기도 한다. 또한 휴식 이나 수면 시간에 방해를 받게 되어 건강에도 영향을 미칠 수 있다. 그러나 과밀현상하 에서의 인간의 질병 여부는 각 개인이, 그리고 특정의 사회조직이 과밀에 얼마나 잘 대 처하는가에 따라 영향을 받게 된다고 본다.

셋째, 과밀한 주거환경이 아동의 성장발달에 어떠한 영향을 미치는가 하는 문제는 아 동의 성장 요구에 환경적 조건의 중요함이 강조되고 있음에 비추어 관심을 기울일 필요가 있다. 즉 아동은 그 자신이 미숙하고 불완전하므로 주변의 물리적 환경에 무의식적으로 반응하며 이에 따라 행동과 정서적 반응이 습관화되기 쉽다. 또한 아동은 주어진 환경에 적응하면서 자신의 공간을 적극적으로 형성하지 못한다는 약점을 가지고 있으므로 많은 시간을 보내는 주거환경의 영향은 지대하다.

주거과밀 문제는 이와 같이 개인의 생활과 가족관계에 부정적인 영향을 주게 되나 이에 따른 영향은 개인적인 차이나 가족의 특성에 따라 달라지기도 한다.

생각해 보기

1. 주거공간에서 가족원 각각의 개인영역이 어떻게 나타나는지 살펴보고 영역의 특성을 비교해 보자.

2. 과밀한 주거환경에서 장기간 생활할 경우 일상생활에 어떠한 영향을 받을 수 있는지 생각해 보자.

BROAD
PERSPECTIVE
ON HOUSING

3장
가족특성과 주거

결혼을 거부하고 한부모로 살거나 합법적으로 결혼하고 자녀를 입양하는 동성애자들의 이야기는 이제 더 이상 놀라운 일이 아니다. 우리나라에서도 부부와 미혼자녀로 구성된 전형적인 핵가족 비율은 줄어든 반면 미혼으로 자신의 일에 몰두하며 사는 독신자, 결혼하고도 아이를 낳지 않고 각자의 직업과 생활을 즐기며 사는 부부가족, 자녀와 살지 않는 노인부부들이 급속도로 증가하고 있으며, 소수이나 공동체가족, 네트워크 가족도 나타나고 있다.

다양한 가족들은 자신들이 추구하는 가치관에 따라 그들만이 지향하는 독특한 생활방식을 유지하기 위하여 주택과 근린환경에 대한 다양한 요구가 있다. 일반적인 핵가족은 시간이 경과함에 따라 자녀의 출생과 성장, 결혼, 배우자의 죽음 등의 과정을 거치면서 주거에 대한 요구도 변화한다. 따라서 다양한 가족들이 가족기능을 만족스럽게 수행하기 위하여 각 가족에게 맞는 주거는 어떠해야 하는지에 대한 접근이 필요하다.

이 장에서는 가족구조 변화에 따른 다양한 가족들이 원하는 주거와 주생활양식을 살펴보고, 가족생활주기에 따라 주거에 대한 요구가 어떻게 변화하는지 알아본다.

1
다양한 가족유형

1) 가족구조의 변화

우리나라는 1960년대 이래 급속한 산업화·도시화·서구화의 진행에 따라 가족구조에 커다란 변화를 겪어 왔다. 개인주의 가치관이 일반화되고, 여성의 경제활동이 늘어나면서 초혼연령의 상승 및 성역할의 변화로 핵가족화가 가속화되고 가족세대가 분화되는 가족구조의 변화를 겪고 있으며 사회변화에 대처하기 위한 다양한 가족유형이 나타나고 있다. 가족의 변화에 영향을 미치는 요인은 그림 3-1과 같이 크게 사회적 요인, 인구학적 요인, 가족가치관적 요인으로 분류되는데 이러한 요인들은 상호 간에 영향을 주고받으면서 가족구조를 변화시킨다(김정석, 2002).

(1) 사회적 요인
산업화는 도시화를 수반하며, 이에 따라 경제활동장소, 도시기반시설 및 편의시설 등이

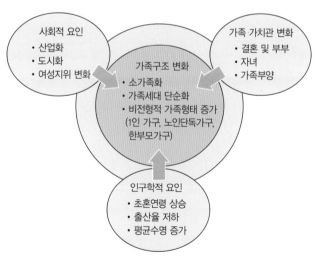

그림 3-1 가족구조 변화와 요인들 간의 관계
자료 : 김정석(2002). p.250.

도시에 집중되면서 농촌이나 소도시의 젊은 연령층은 교육과 취업의 기회를 찾아 1인 혹은 핵가족 형태로 도시로 이주하여 핵가족화와 가족세대 분화를 가속화시킨다.

산업사회에 접어들면서 여성에 대한 고등교육기회가 확대되고 사회활동도 활발해졌으며 성역할에 대한 의식도 변화하면서 여성의 지위도 높아졌다. 여성의 교육수준은 짧은 기간에 남성에 비해 놀랍게 상승하였다. 25세 이상 인구 중 대학 이상의 학력을 가진 여성 인구는 1975년 2.4%에 불과하였으나 2010년 30.6%로 급상승하였으며 남성 41.4%와 비교해 보면 격차를 빠르게 줄여가고 있다. 대학 진학률은 2009년 이후부터 여자의 진학률이 남자를 앞지르게 되었으며, 2016년[1] 여자 73.5%, 남자 66.3%에 이르렀다. 여성의 취업률은 증가하였으며 삶의 질에 대한 요구가 높아져 기혼여성의 취업률도 꾸준히 증가하여 전체 여성의 고용률은 2016년 50.2%로 서서히 높아지고 있으나 결혼, 출산, 육아 등으로 30대에서 낮고 40대에 상승한다.

(2) 인구학적 요인

개인의 고등교육, 취업, 자아성취 등의 욕구 증대뿐만 아니라 2008년 세계 경제위기 이후 청년층의 낮은 취업률로 인해 초혼연령은 높아지고 있다. 여성의 초혼연령은 2015년 30대에 진입하여 2016년 30.1세, 남자 32.8세이었다. 또한 이전에 비해 결혼을 선택으로 인식하여 독신가구를 형성하는 비율이 증가되어 전반적인 혼인율도 감소하였다.

혼인 연령이 높아짐은 물론 결혼 후의 출산은 더욱 지연되는 경향을 보인다. 가정생활과 직업생활을 병행하려는 욕구가 커졌지만 가사노동 및 자녀양육에 대한 부담을 지원하는 사회적 지지체계가 부족하기 때문에 결혼한 여성들은 경제적 안정과 직장 내에서 안정된 지위에 오르기 전까지 출산을 지연시키거나 소小자녀 출산 또는 무無출산을 택하고 있다. 여성 1인의 가임기간 동안 평균 출생아 수를 의미하는 합계출산율은 2016년 1.17명으로 OECD 국가 중 최하위이다.

기대수명은 영양수준과 의료수준의 향상 등으로 크게 높아져 2015년[2] 남자 79.0세, 여자 85.2세로 노인인구의 증가를 가져왔다. 이는 핵가족화가 심화되고 노인에 대한 부

---

1 2016년 통계는 통계청(2017.8.30)의 2016 인구주택총조사 등록센서스 방식 집계결과.
2 2015년 통계는 통계청(2016.9.7)의 2015 인구주택총조사 등록센서스 방식 집계결과.

양의식이 약화된 상황에서는 노인 단독가구의 증가를 의미하며, 특히 75세 이상의 후기 여성노인 단독가구의 증가로 이어지고 있다.

(3) 가족가치관적 요인

가족가치관은 가족에 대해 바람직성을 판단하는 조직화된 관념체로서 가족에 대한 태도로 나타나며 결혼, 부부, 자녀, 부모에 대한 가치관 등의 하위영역으로 구성된다. 젊은 연령층은 결혼을 선택으로 여기는 의식이 높아졌고 결혼생활에 문제가 발생하면 이혼에 대한 의식도 자유로워졌다. 결혼생활에서 부부 중심 생활을 우선시하고 자녀양육에 대한 경제적·심리적 부담으로 자녀에 대한 가치관도 변화하여 소수 자녀를 원하게 되었으며 부모에 대한 부양의식도 희박해졌다.

이와 같은 요인들로 가족구조상 가족규모는 작아지며 가족세대는 단순화되는 방향으로 지속적인 변화를 겪어 왔다. 1인 가구, 노인단독가구, 한부모가구, 여성가구주가구, 다문화가구 등의 가구형태가 확산되고 있으며, 앞으로도 사회변화에 적응하기 위한 다양한 가족유형이 나타날 것으로 예측하고 있다.

(4) 가족구조 변화의 특징

① 소가족화, 가족세대 단순화

저출산율, 소가족화, 가구 분화 등으로 가구증가율이 인구증가율보다 높으나, 증가폭은 둔화하는 추세이다. 평균 가구원 수는 1980년의 4.5명에서 2016년 2.51명으로 감소하였다. 가구 규모 면에서 1인 가구는 1980년 4.8%에서 2016년 27.9%로 급격히 증가하여 가구의 세분화가 빠르게 진전되고 있다. 1인 가구의 증가는 선진국의 일반적인 경향이나 (표 3-1) 우리나라에서는 속도가 빠르게 진행되고 있다(그림 3-2). 1인 가구의 증가는

표 3-1 주요 국가의 1인 가구 비율 (단위 : %)

구 분	한국(2015^{R})	미국(2015)	영국(2015)	일본(2015)	노르웨이(2014)
1인 가구 비율	27.2	28.0	28.5	32.7	37.9

자료 : 미국 Census Bureau, 영국 Office of National Statistics(ONS), 일본 Statistics Bureau, 노르웨이 Statistics Norway, 통계청(2016.9.7), p.61 재인용.

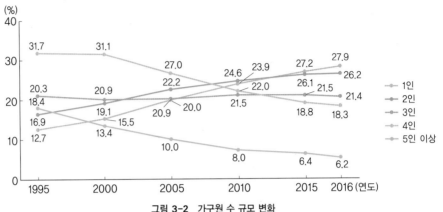

그림 3-2 가구원 수 규모 변화
자료 : 통계청(2017.8.30). p.39.

노인 1인 가구뿐만 아니라 젊은 층의 미혼가구 증가에 의한 영향이 크다. 1990년부터 2005년까지 가장 주된 가구유형은 4인 가구였으며, 2010년은 2인 가구(24.6%)가, 2016년에는 1인 가구(27.9%)가 가장 주된 가구유형으로 나타났다(그림 3-2).

세대世代별 구성에서도 혈연가구(일반가구에서 비혈연가구와 1인 가구를 제외한 가구) 중 1세대 가구 비율은 1980년 8.8%에서 2015년 24.3%로 증가하였고, 부부와 자녀로 구성되는 보편적인 2세대 가구와 그 이상의 3세대 가구는 감소하는 현상을 보이는데(그림 3-3), 가구세분화로 장년, 노인부부 가구가 증가한 것도 영향을 주었다.

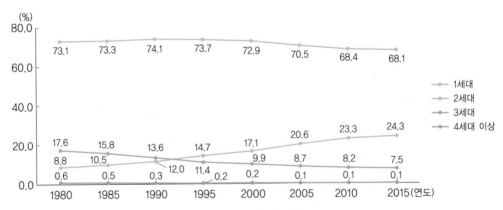

그림 3-3 세대별 구성비
자료 : 통계청(2017.3.22). p.4.

표 3-2 연도별 65세 이상 인구의 연령분포 (단위 : %)

연령 \ 연도		1980	1990	2000	2005	2010	2015
전기	65~69세	42.9	41.6	40.8	38.5	33.4	32.2
	70~74세	29.4	27.5	27.2	28.7	28.9	26.8
후기	75~79세	15.9	17.4	17.8	17.6	20.0	20.6
	80~84세	8.2	9.0	9.0	9.9	11.0	12.4
	85세 이상	3.6	4.4	5.1	5.3	6.7	8.0
	계	100.0	100.0	100.0	100.0	100.0	100.0

주) KOSIS 국가통계포털(kosis.kr/index/index.jsp)의 인구수를 %로 환산함.

② 비전형적 가족형태 증가

전통적인 부부와 자녀로 구성되는 핵가족 외에 1인 가구, 노인단독가구, 한부모가족 등
비전형적인 가족의 비율이 점차 증가하고 있다. 1인 가구 중 노인단독가구는 2016년
24.0%를 차지하며 65세 이상 노인의 비율(2016년 13.6%)이 증가함에 따라 노인단독가
구 비율도 증가하고 있다.

　65세 이상 노인 집단은 74세 이하의 전기노인young-old이 다수이나 점차 전기노인의 비
율이 감소하는 반면, 75세 이상의 후기노인old-old 비율이 증가하고 있다. 2015년 전기노
인의 비율은 59.0%이며, 후기노인의 비율은 41.0%이다(표 3-2). 노인은 성비에 있어 여
성의 비율이 높은 특징이 있으나 점차 남녀 비율의 차이도 줄어들고 있다.

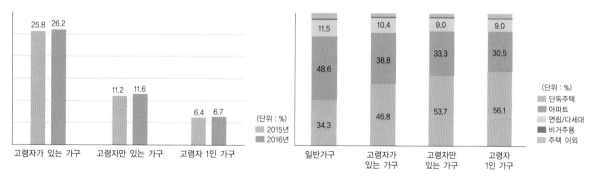

그림 3-4　노인가구 구성
자료 : 통계청(2017.8.30). p.4.

그림 3-5　거처유형별 가구
자료 : 통계청(2017.8.30). p.4.

일반가구 중 65세 이상 노인이 자녀 없이 1인 가구로 사는 비율은 2016년 6.7%이며, 자녀 없이 부부가구로 사는 비율은 11.6%로 매년 증가하고 있다(그림 3-4). 이것은 자녀들의 부모 부양에 대한 의식이 약해졌기 때문이기도 하지만 부모 입장에서도 건강과 경제력이 허락하는 한 자녀와 독립적으로 살기를 원하는 의식이 높기 때문이다. 노인가구의 거처 특성은 일반가구에 비해 단독주택에 거주하는 비율이 높은 것이며(그림 3-5), 이는 공동주택이 적은 농촌지역에 노인가구가 많기 때문이다.

2) 가족유형의 특성과 주거

산업사회에서 지식·정보사회로 이동하면서 가족구조는 다수를 차지했던 핵가족 형태에서 분화하거나 수정된 형태로 다양하게 나타났다. 가족형태는 여러 가지로 분류되지만 혈연적인 관계로 분류할 때 널리 쓰이는 것이 핵가족과 확대가족이다. 핵가족은 부부와 그들의 미혼 직계자녀로 구성된 가족이며, 확대가족은 핵가족이 종적·횡적으로 연결되어 형성된 것으로 자녀가 결혼 후에 부모와 동거하는 것을 말한다. 가족이 종적으로 확대된 것을 직계가족이라 하며, 이때는 원칙적으로 맏아들만이 본가에 남아 부모를 모시고 가계를 계승하는 것으로 우리나라의 전통적인 가족이 여기에 속한다. 한편, 현대사회에서 가족의 구조와 기능 면에서 새롭게 나타나는 가족형태는 동거가족, 한부모가족, 자발적 무자녀가족, 공동체가족, 동성애가족 등이 있다. 이러한 가족유형은 핵가족과 다른 생활상의 특징을 보이며 때로는 가족기능 수행에 어려움을 겪기도 한다.

그 밖에 부부가 경제활동을 함께 하기 때문에 남편 혼자 경제활동을 하는 가족과는 가족관계가 다르게 이루어지는 맞벌이가족, 자녀의 노부모 부양의식이 약화되면서 고려해야 할 노인단독가구나 노부부가족의 주거문제도 중요하게 다루어야 한다. 핵가족의 주거는 가족생활주기와 연관시켜 다루기로 하고, 여기에서는 핵가족 이외의 다양한 가족유형을 중심으로 생활의 특징과 요구되는 주거환경에 대해 알아보기로 한다.

(1) 직계가족
직계가족은 조부모와 함께 사는 장년의 직계가족인 경우 3세대 가족이라고 부른다. 또한 자녀의 소수화로 장녀, 장남세대가 많아지게 되어 부계 쪽의 3세대뿐만 아니라 모계 쪽의 3세대인 경우도 있다.

노인과 같이 동거하게 되면 노인의 심리적 안정감에 도움을 주며, 경제적인 효과가 있는 반면 세대 간 가치관과 사고방식, 생활방식의 차이로 의견 충돌과 갈등이 일어날 가능성이 높다. 3세대 가족이 한 주택에서 동거할 경우, 노부모세대나 자녀세대 모두 예전과 달리 세대 간 독립적인 생활을 원하므로, 세대 간 공간 분리와 아울러 공동으로 이용하는 공간을 배치함으로써 마찰과 불편을 최소화한다. 3세대 주택은 동일 주호 내에 두 세대가 동거하면서 거실을 공유하고 노부모는 전용침실과 화장실을 따로 두는 동거형, 노부모가 사용하는 공간에 추가적으로 부엌과 거실까지 따로 두면서 출입구도 별도로 사용하는 인거隣居형, 2층 주택을 세대별로 1·2층으로 나누어 사용하면서 내부연결 통로를 갖는 수직 동거형으로 계획할 수 있다. 동일한 주거동이나 단지에 노인세대와 자녀세대가 서로 별도의 생활공간을 갖는 근거형을 택할 수도 있다.

국내에서는 1987년 대한주택공사가 최초로 서울 상계동 신시가지에 3세대 동거주택으로 건설하였는데 수평인거형과 수평동거형, 수직동거형을 각각 1개 평형씩 공급하였다. 최근에는 직계가족의 3세대용(그림 3-6) 또는 임대를 위한 세대구분형으로 공급된다. 단지 내에 3세대 동거용 공동주택을 지을 경우 거주만족도를 높이기 위해 공동공간에 노인을 위한 부대복리시설을 설치하며, 이와 더불어 노인활동 프로그램도 운영하는 것이 필요하다.

그림 3-6 수평인거형(84m²)의 평면
자료 : LH(2017.4.28).

(2) 한부모가족

한부모가족은 배우자의 사망, 실종과 이혼, 사생아 출산 미혼모 등의 이유로 부모 중 한 쪽이 부재하는 가족형태를 말하며, 결합형태에 따라 부자가족, 모자가족으로 구분한다.

한부모가족의 증가 추세는 세계적인 현상으로 우리나라도 이혼 증가로 한부모가족이 늘어나고 있다. 한부모가족은 모자가족 또는 경제적 어려움을 겪고 있는 경우가 많으며, 부자가족의 경우는 모자가족에 비해 일상적인 가사문제를 비롯한 가정관리의 문제에 더 많은 어려움을 겪는다. 이들 가족은 공적인 주거복지지원이 필요한 경우가 많으므로, 가정생활 서비스가 제공되고 보육시설, 여가 및 복지시설이 있는 주거환경이 있는 곳을 선택해야 한다.

(3) 무자녀가족

무자녀가족은 부부가 합의하여 부부 중심의 생활을 즐기기 위하여 자발적으로 무자녀를 선택한 가족형태를 말하며 아이가 없는 신세대 맞벌이 가족을 딩크DINK, Double Income No Kids족이라 부른다. 무자녀가족은 의례적인 공간보다는 부엌과 식사공간이 개방된 공간을 원하며, 취미·여가공간을 충분히 확보하고 싶어 한다. 40대 이상의 무자녀가족은 의례적인 공간도 필요로 한다.

(4) 독신가족

독신가족은 1인 가구로 결혼을 하지 않고 혼자 사는 비혼가구와 노인단독가구로 구분된다. 이러한 가구 중 젊은 세대는 결혼보다는 자신의 직업과 일을 중시하고, 자유로운 생활, 친밀한 친구관계를 유지하고 싶어 하며, 가정을 갖는 것에 대한 경제적·심리적 부담으로 결혼을 하지 않는 것으로 더욱 증가할 전망이다. 통계청은 독신가족을 포함한 사회경제활동의 광역화로 혼자 거주하는 1인 가구 수는 2025년에 부부가구나 부부 + 자녀가구보다 가장 많은 전체 가구의 31.9%(통계청, 2017.8.21)에 달할 것으로 전망하고 있다.

미혼 청년층은 경제적 능력을 갖추고 있어 부모로부터 독립하여 1인 가구를 형성하며, 일 중심으로 생활하고 직장과 외부에서의 사교와 취미생활을 즐기므로 소규모의 주택을 원한다. 가사활동을 최소화하여 주택 주변에 세탁, 식사, 쇼핑, 오락 등을 통합한 24시간 서비스 업체들이 활성화된 환경을 선호한다. 도시를 중심으로 이들의 주택수요를 충족시켜줄 수 있는 원룸 형태의 다세대주택, 도시형 생활주택, 오피스텔이 증가하고 있다. 독신가구를 위한 주택으로는 단기거주로 이사 편의를 위해 가구가 부착된 유형,

도로로 출입하는 자전거 수리공간(일본, 도쿄)

정원과 연결된 로비 휴게공간(일본, 도쿄)

다용도 북 카페(한국, 경기도 고양시 삼송행복주택)

부엌·식당을 공유하는 셰어 하우징(한국, 서울)

그림 3-7 임대주택의 다양한 공유공간

고급스럽고 프런트 서비스front service가 되는 호텔형 주택, 넓은 거실과 부엌과 같은 공적 공간을 공유하고 개인 방을 독립적으로 쓰는 셰어 하우징shared housing 등이 있다. 특히 청년층의 높은 주거비 부담을 해결하기 위한 셰어 하우징이 공공, 사회적 경제조직, 민간 등에서 임대 형태로 다양하게 공급되고 있다.

노인단독가구는 자녀세대의 부모 부양에 대한 의식 변화와 더불어 노인들의 교육수준과 경제수준이 향상되어 자녀와 함께 동거하기보다는 독립적인 세대를 구성하고 살다가 노인부부의 한쪽 배우자가 사망하여 이루어지는 경우가 많다. 특히 남성보다 여성의 평균수명이 길고 일상적인 가사가 가능하여 건강이 허락하는 한 단독가구를 유지하려고 하여 여성 노인의 단독가구가 많다. 노인단독가구는 개별주택에 거주하는 경우와 유료양로시설이나 유료요양시설에 거주하는 경우가 있다. 노인들은 주택에 머무는 시간이 길므로, 노인의 신체적·생리적 욕구를 고려하여 모든 실에 단차를 만들지 않고 안전하며 장애가 없는barrier free 주택이 필요하다. 따라서 노인주택이나 노인요양시설에 가지 않고 살던 주택에서 계속해서 살 수 있는aging in place 건강한 노인을 위해 기존의 주택을 유니버설 디자인universal design을 적용해서 개조할 수 있는 국가의 지원책이 마련되어야 한다.

(5) 공동체가족

공동체가족은 독신가족, 한부모가족, 노인가족, 자녀가 초등교육기 이전에 속해 있어 자녀 양육에 어려움을 겪는 가족 등 전통적인 가족 기능을 수행하기 힘든 가족들이 공동체에서 경제적 문제, 육아문제 등을 해결하기 위한 대안으로 만들어진 가족이다. 현대사회에서 종교적 신념이나 생활철학, 가치관, 취미가 같은 이유로 계획공동체를 이루며 소득과 소비까지 공유하는 경우도 있다.

공동체가족의 주거형태로는 1970년대 덴마크에서 시작된 현대적 공동체주거인 코하우징co-housing(컬렉티브하우스, collective house)이 있다. 국내에서는 공동체주택[3], 공유주택 등 다양한 용어로 사용되며 2010년 이후 건설이 증가하였다. 여러 가구가 택지 구입부터 단지, 공유공간, 개인주택의 계획에 참여하며 입주 후 관리까지 책임진다. 공유공간common space에는 부엌과 식당, 거실, 보육공간 등이 입주자의 요구에 따라 배치되며 공동취사를 원칙으로 한다. 이 주거형태에서는 가구 간 생활에 대한 협조를 얻을 수 있는 반면, 사생활 존중, 가사노동의 분담, 공동생활의 참여 등에 갈등이 생길 수 있으므로 서로 합의하여 공동규약을 정해서 생활한다.

(6) 맞벌이가족

맞벌이가족은 부부가 직업을 가진 형태이다. 전통적인 핵가족은 가족부양책임자로서 아버지와 전업주부인 어머니, 미혼자녀로 구성되었으나 자본주의 사회의 시장경제원리가 심화되면서 전업주부도 생계를 위해 혹은 경제적 여유를 위해 경제활동에 참여하기 시작하였다.

맞벌이가족에서 여성은 가족의 수입 증가에 기여하게 되어 가족의 의사결정에 강한

---

3 서울특별시 공동체주택 활성화 지원 등에 관한 조례[시행 2017. 7. 13.] 제2조 정의에서는 "1. 공동체주택이란 주택법 제2조에 따른 주택 및 준주택으로서 입주자들이 공동체공간과 공동체규약을 갖추고, 입주자 간 공동 관심사를 상시적으로 해결하여 공동체 활동을 생활화하는 주택을 말한다." 로 정의하였다.

외관

공동카페

공동식당

공동체마을 내 주택 배치

좌우 4가구가 중앙의 부엌·거실을 공유하는 공동체주택

공동체마을 입구에 위치하여 지역주민과 공유하는 도서관

그림 3-8 **도심 공동체주택(한국, 서울 은혜공동체협동조합 주택)**
중좌·하우 : 농촌 공동체마을(한국, 제주 오시리가름협동조합주택)
하좌 : 농촌 공동체주택(한국, 강원 평창)
자료 : 상좌, 상중앙 사진제공 기송주.

그림 3-9 부엌, 거실 겸 식당이 통합된 평면
자료 : 사진 제공 기송주.

그림 3-10 독립적으로 계획된 가족실

결정권을 갖게 되었다. 반면 가사를 위한 시간과 가족 간 대화시간의 부족을 겪게 된다. 생활시간조사에 의하면 주부취업과 관계없이 남편의 가사노동 참여시간 차이는 크지 않아서, 맞벌이가구의 주부는 남편 이외의 사람에게 가사에 대한 도움을 받고 있는 것이다. 따라서 맞벌이가족의 주부는 가사노동을 줄일 수 있거나 가족들의 참여가 자연스럽게 이루어질 수 있는 주택평면에 대한 요구가 커진다. 이들에게는 공적 공간으로서 거실과 부엌이 개방되고 통합된 형태가 적당하다. 특히 가족생활주기 초기 단계에서는 자녀 출산 및 양육과 관련된 문제를 해결하기 위하여 거실을 자녀의 놀이공간이나 학습공간으로 통합하여 항상 부모의 시선이 자녀에게 닿도록 한다.

(7) 다문화가족

다문화가족은 다문화가족지원법에 의해 한국인과 혼인관계로 인한 결혼이민자·혼인귀화자, 재외동포로 부모세대의 국적회복 등으로 인한 특별귀화자, 영주자격에 의한 일반귀화자 등으로 구성된 가구이다. 2015년에 일반가구의 1.6%를 차지하며 서서히 증가하고 있다.

정부가 다문화가족정책을 수립하고 있으며 핵심전달체계로 다문화가족지원센터가 운영되고 있으나 세분화된 다문화가족의 특성에 따른 주거지원이 필요하다. 특히 한부모 다문화가족은 사회적 소외, 경제적 빈곤, 자녀양육문제, 교육문제 등으로 상당한 어려움을 겪고 있다. 다문화가정에는 다언어 자료의 공공주택 정보 제공, 사회적 주택 제공, 중고령층 귀화자를 위한 노인 관련 시설, 이민자·한부모가족을 위한 공동주거시설 등이 제공되어야 하며, 공동주택에는 자녀양육과 교육을 위한 지원도 함께 이루어져야 한다 (김이선·김영란·이해응, 2016).

2
가족생활주기와 주거생활주기

1) 가족생활주기

남녀가 결혼하여 가정을 이룬 후 자녀가 출생·성장함에 따라 가족은 형성, 확대, 축소, 해체되는 과정을 거치게 되는데 이를 가족생활주기라고 한다. 가족생활주기는 가족생활의 변화를 예측할 수 있는 도구로서 각 단계별로 가족의 요구 및 자원의 잉여와 결핍을 예측할 수 있다. 가족생활주기의 세대기준이나 단계별 특성은 가족발달 관점에서 결혼, 첫 자녀 출생, 막내자녀 출생, 첫 자녀 결혼, 막내자녀 결혼, 배우자 사망, 본인 사망 등을 기준으로 학자마다 6~8단계까지 제시하고 있다. 여기에서는 첫 자녀를 기준으로 6단계로 나누어 살펴본다.

가족생활주기는 결혼을 하여 첫 자녀출산 이전까지의 시기를 가정형성기, 첫 자녀가

표 3-3 기혼부인의 가족생활주기별 평균연령 (단위 : 세)

결혼 코호트	초혼연령	첫아이 출산	막내 출산	자녀 결혼 시작	자녀 결혼 완료	남편 사망	본인 사망
1979년 이전	21.6	23.1	26.9	54.8	59.5	76.1	78.1
1980~1989	23.4	24.8	28.2	56.7	60.0	85.2	88.2
1990~1999	25.0	26.6	29.8	58.2	61.5	85.6	89.4
2000~2012	27.2	28.7	31.1	59.5	63.9	85.9	90.6

자료 : 김승권 외(2012). pp.806~809. 자료를 소수점 첫째 자리로 정리함.

출생하여 초등학교에 다니기 이전까지의 기간을 자녀출산 및 양육기, 초·중·고등학교를 다니는 자녀교육기, 19세 이상의 성년이 되는 자녀성년기, 첫 자녀가 결혼하는 자녀결혼기, 자녀가 모두 결혼하여 노부부만 남게 되는 노년기로 점차 이동해간다. 우리나라 가족생활주기는 자녀 수의 감소로 자녀출산과 양육기간은 비교적 짧아진 반면, 마지막 자녀출가 후 부부의 독립이 빨라지면서 노인부부만 남게 되는 기간은 평균수명의 연장과 함께 더 길어지고 있다.

2000년대의 결혼 코호트cohort를 1970년대 이전과 비교해 보면 결혼하여 첫아이 출산에서 막내아이 출산까지의 기간은 1.4년이 짧아졌고, 자녀결혼 완료 시기는 4.4년이 길어졌으나 본인 사망이 90.6세이므로 빈둥지 기간은 26.7년으로 무려 8.1년이나 길어졌다(표 3–3).

단계별로 가족생활주기가 진행됨에 따라 자녀의 성장, 자녀 수 증가가 있게 되며 경제력도 향상되어 이에 따라 주거선택 시 중요시하는 요소와 필요로 하는 주택이 달라지므로 주택에 대한 요구도 변화하게 된다.

2) 주거생활주기

주거생활주기는 가족생활주기의 각 단계를 거치면서 가족들이 요구하는 주택과 근린환경에 대한 요구의 변화를 설명하는 용어이다. 주거생활주기는 가족의 주요구에 대한 변화를 예측하고 주거복지수준을 평가하는 데 중요한 기능을 한다.

(1) 가족생활주기에 따른 공간요구

가족생활주기에 따른 공간요구를 살펴보면, 가정형성기 초기에는 부부만 있으므로 작은 규모의 공간을 요구하지만 주거선택 시 직장과의 거리, 교통의 편리성을 우선적으로 고려하여 주택의 입지를 선택하게 된다.

자녀출산과 양육기에는 첫 자녀의 출산으로 이전보다 넓은 면적의 주거공간을 요구하게 된다. 자녀가 성장함에 따라 자녀의 놀이공간과 수납공간이 필요하고, 주부의 가사노동량이 급증하게 되어 주택 내에 능률적인 시설과 설비로 가사노동을 줄일 수 있도록 한다. 또한 이웃과 많이 접촉할 수 있고, 자녀와 함께 산책과 놀이를 할 수 있는 주변환경이 필요하고 자녀를 위한 병원, 보육시설, 놀이터 등과도 가까워야 한다.

부모와 자녀의 분리취침을 위한 자녀방도 필요해진다. 둘째 자녀가 태어나 성장하면 이성형제의 경우 분리취침을 위한 별도의 방이 필요하게 된다. 2011년 국토해양부(현 국토교통부) 고시 최저주거기준에 의하면 부부침실은 만 5세까지의 한 자녀와 사용할 수 있으며, 이성자녀는 만 8세 이상이면 침실분리를 해야 하고, 동성자녀는 연령에 상관없이 침실을 공유할 수 있는 것을 기준으로 하였다.

자녀교육기에는 공간규모에 대한 요구도 커지지만 학교의 질, 가족의 지위에 맞는 이웃환경에 관심을 갖게 된다. 자녀가 청소년기가 되면 자신의 취미생활을 위한 도구나 설비를 위한 공간, 성인과 같은 정도의 다양한 옷과 신발을 위한 공간, 친구가 찾아왔을 때 같이 있을 수 있는 충분한 크기의 공간이 필요하다. 부모들은 시간적 여유가 생기는 단계이고 사회적 활동이나 교류가 활발한 시기로, 주택 내에 정리된 접객공간이 필요하며 거실과 가사노동공간이 충분히 확보되어야 한다.

자녀성년기에는 다시 부부 중심의 생활을 할 수 있게 되어 취미나 재교육에 관심을 갖게 되고 사회적 지위에 맞는 교제시간이 많아져 주택 내부에 접객장소, 취미장소를 중시하게 된다.

자녀결혼기 이후로는 공간에 대한 요구가 감소된다. 자녀가 취업, 결혼으로 분가하게 되어 주택 내에 공간의 여유가 생기게 된다. 노년기는 부부만 남게 되어 공간규모를 줄이고 싶어 하며 주택유지관리를 최소화하고 싶어 하는 단계이다. 경제활동에서 은퇴하여 여가시간이 많으므로 문화시설이나 의료시설의 접근성이 좋은 곳으로 주거를 이동하기도 한다.

(2) 주거생활주기 단계별 주거규범과 주거상황

가족이 가족생활주기를 거치면서 각 단계별로 주택소유형태, 주택규모, 침실 수, 주택의 질, 주택유형, 지역, 근린환경에 대한 요구가 변화하며 이것을 주거규범과 비교해 볼 수 있다. 주거규범은 주거상황을 평가하는 표준으로서, 한 사회에서 보편적으로 주거에 적용되는 문화주거규범과 자신의 현재 주거상황을 비교하여 자신의 주거에 가늠해 볼 수

표 3-4 주거생활주기의 가설적 모형

주거생활주기		주거규범과 주거상황의 비교	가족생활주기
제 1 단계	주거탐색기	주거규범 > 현 주거상황	1. 가정형성기 • 결혼으로 가정 형성 또는 독신으로 분가
제 2 단계	주거변동기	주거규범 > 현 주거상황	2. 자녀 출산 및 양육기
제 3 단계	주거안정기 ① 주거규모 확대기 ② 주거의 질 향상기	주거규범 ≥ 현 주거상황 주거규범 ≥ 현 주거상황	3. 자녀 교육기
	③ 주거정착안정기	주거규범 = 현 주거상황	4. 자녀성년기
제 4 단계	주거축소기	주거규범 ≤ 현 주거상황	5. 자녀결혼기
제 5 단계	주거의존기	자녀, 친지, 유·무료 양로원	6. 노년기 • 막내자녀 결혼으로 부부 또는 독신 • 경제적·신체적·정신적으로 독립된 주거생활 불가능 • 사망으로 종결

자료 : 김대년·홍형옥(1990), p.45 재인용; 이경희·윤정숙·홍형옥(1997), p.39.

있다(주거규범에 대한 자세한 내용은 제4장을 참조할 것).

가정형성기에는 주택자금이 부족하여 작은 규모의 주택을 임대하게 되며 거주지역이 좋은 곳을 선택하는 것이 어렵다. 이 시기는 제1단계 주거탐색기로 주택에 대한 소유권이 없고 주택규모나 주거의 질 측면에서 현 주거상황이 주거규범보다 좋지 않은 단계이다.

자녀출산 및 양육기에는 공간을 넓히기 위하여 주거이동을 하게 되지만 경제적인 이유로 주택규모와 근린환경이 주거규범에 미치지 못한다. 거주기간이 길지 않고 이사를 자주 하게 되는 제2단계 주거변동기에 해당된다.

자녀교육기는 자기 집을 마련하여 소유권을 갖게 되고 그 후 주택규모를 넓혀가고, 투자가치나 사회적 지위에 맞는 지역으로 이사하게 되는 시기로 3단계 주거안정기 중 주거규모 확대기와 주거의 질 향상기에 해당된다. 이 시기에는 점차 현 주거상황과 주거규범과의 차이가 줄어들어 일치하게 된다.

자녀성년기가 되면 모든 주거특성에서 주거규범과 현재의 주거상황이 완전히 일치하게 되어 주거만족 수준이 가장 높고 주거생활이 안정적으로 정착하게 되는 시기로, 주거정착안정기에 해당된다. 주거안정기의 공통적인 특징은 주거소유규범이 확보된 상태라는 것이다. 자녀결혼기부터는 공간 요구가 줄어들어 현 주거상황이 주거규범보다 나은 상태이며, 이를 조절하기 위하여 주거이동을 하여 주택규모를 축소하는 4단계인 주거축소기에 접어든다.

마지막으로 노년기는 가족이 해체되고 경제적·신체적·정신적으로 독립된 주거생활을 할 수 없는 시기이다. 막내자녀의 결혼으로 부부가 남는 경우도 있으나 배우자 사망으로 독신이 되어 자녀와 동거하거나 노인주거시설이나 노인의료시설에 살게 되는 제5단계 주거의존기를 맞게 된다. 이때는 주거규범과 주거상황을 비교하기보다는 어떤 상황에 있는가를 판단하게 된다. 가족생활주기의 단계와 주거생활주기의 단계는 그 흐름만을 나타내는 것이며, 가족의 경제력이나 의사결정에 따라서 주거생활주기의 1~5단계까지 차례로 모두 거칠 수도 있지만, 가족의 특성상 1단계에서 3단계인 주거안정기로 넘어갈 수도 있고 결혼 초기부터 3단계에서 시작할 수도 있다. 또 주거의존기가 없거나 1단계나 2단계를 거치지 않는 경우도 있다. 경제적인 문제로 계속 1·2단계에서 머물기도 하고, 때로는 역행하기도 한다.

실제로 가족이 경험한 주거이동을 조사하여 대도시 가족의 주거생활주기 유형을 연구한 김대년(1993)은 주거생활주기를 네 가지로 분류하였다. 1단계나 2단계에서 시작하여 주거생활주기가 상승하는 상승형과 1단계, 2단계, 3단계 각각에서 시작하여 그 단계가 지속되는 무변화형, 주거생활주기의 단계가 소폭 변화하는 소폭변화형, 높은 단계 또는 낮은 단계에서 시작하였지만 기복이 많은 기복형이 있다. 대도시 가족이 선택할 확률이 가장 높은 주거생활주기 유형은 상승형이지만 가족특성과 주거특성에 따라 유형별 선택확률은 달라진다.

3
주생활양식

1) 주생활양식의 의미

생활양식은 거시적으로 보면 어떤 지역이나 사회에서 공통된 형식을 갖는 생활의 모습으로 나타난다. 생활양식은 의식주는 물론 인간행동의 본연의 상태, 삶의 방식, 생산활동 등 거의 전 생활에 걸쳐 나타나는 생활패턴 또는 생활방식을 의미한다. 개인의 생활양식은 생활하는 데 가장 관심을 갖는 것이 무엇인가에 영향을 받으며 사회인구학적 변인인 연령, 교육, 직업, 소득, 결혼상태, 지역에 따라서도 영향을 받는다. 따라서 생활양식은 가치관, 생활의식, 행동 등의 복합물로 다차원적인 개념이다. 생활양식을 주거공간적인 측면에서 본 것이 주생활양식이다.

주생활양식은 주거공간에서 개인을 포함한 가족구성원 모두에게 일어나는 총체적인 생활방식을 말한다. 주생활양식을 알아보기 위해서는 사회심리적 측면이 반영된 주거가치관, 행위적 측면의 주택평면과 관련된 행동양식, 공간사용방식, 시간이용방식, 물질적 측면의 규모별 주택구매력, 가구 및 설비의 소비성향 등을 종합적으로 살펴보아야 한다. 주생활양식에 대한 연구의 대부분은 가치, 행위, 태도에 대한 몇 개의 영역을 조합하고 있으며, 세 영역을 총체적으로 살펴보는 방법을 시도하기도 한다.

주생활양식을 분류하는데 필요한 주거가치관은 제1장에서 다루었으므로 생략하고, 주택평면과 관련된 행동양식, 공간이용방식, 시간이용방식, 주택구매력과 주택내구재 소비성향을 살펴본다.

(1) 행동양식

우리는 전통주택에서 바닥에 직접 몸을 대고 앉는 좌식 생활을 하였던 것에 반해 중국인과 서양인들은 의자에 앉는 입식 생활을 하였다. 좌식인지, 입식인지를 구분하는 것을 기거양식이라 하며 주생활양식을 구분 짓는 중요한 요소이다. 연령에 따라 기거양식의 차이를 나타내는데 자녀는 입식, 중년의 부부는 혼용식, 노부모는 좌식을 선호하는 경향이 있다. 전통적인 생활양식에서는 안방에서 취침과 식사가 병행해서 일어났지만 현대 생활에서는 각 실의 가구 도입으로 안방과 식당의 기능 및 공간이 분화된다. 기거양식의 변화는 주택평면의 규모, 실의 분화에 많은 영향을 끼친다.

기거양식과 관련지어 주택 내부에서 신발을 벗고 생활하는지, 아니면 신발을 신고 생활하는지도 중요한 관련성이 있다. 신발을 벗는 방식을 택하는 문화권에서는 주택 출입구에 내부로 올라서는 경계가 형성되며, 신발 벗는 곳에 단 차이를 두게 된다.

또한 어떤 행위를 하는 방식, 순서 등에 차이가 있는 것도 살펴보아야 하는데 대표적인 것이 입욕방식이다. 서양인은 욕조 안에서 씻고 샤워로 마무리하는 방식을 택한다면 우리는 욕조에 몸을 담그고 난 후 욕조 밖에 나와 몸을 씻는 방식을 택하고 있다. 이 때문에 서양의 욕실에는 욕조에만 배수구가 있는 반면 우리나라 욕실에는 욕조 밖에도 배수구가 있다.

의복이 한복에서 양복으로, 식사가 독상 혹은 두레상에서 식탁으로 바뀌는 등 어떤 측면의 생활양식의 변화라도 공간의 시점에서 볼 때는 주생활양식의 문제가 된다.

(2) 공간이용방식

주택 내에는 취침, 식사, 단란, 공부, 세면, 용변, 접대, 가사 등의 여러 행위가 있으며 이를 위한 공간이 필요하다. 식침분리의 거주방법의 질서도 일정의 주거계층에 공통으로 보이는 공간이용방식이다. 개인의 생활을 확보하면서 가족과 방문객의 관계도 유지하는 생활公私室型도 공적 공간의 공간이용방식이다.

행위별 공간을 독립적으로 두지 않고 유사기능끼리 묶어 공간을 만들기도 한다. 일본은 전통적으로 욕조와 변소공간을 각각 별도로 두고 있으므로 입욕, 세면, 용변의 세 행위를 별도의 공간으로 분리시켰다. 그러나 서양에서는 침실 옆에 세면 행위를 함께 하도록 공간을 배치하여 지금도 화장실 겸 욕실의 한 공간에 입욕, 세면, 용변을 같이 할 수 있도록 하고 있으며 우리나라도 서구의 영향으로 이런 방식을 따르고 있다.

부엌, 식사실, 거실의 관계는 난방방법, 가사 주체와 관련이 있다. 하인이 있고 부엌에서 취사와 방의 난방을 함께 하는 경우 부엌이 식사실과 거리를 두고 각각 독립적으로 공간을 사용하였으나, 취사와 난방이 분리되고 주부가 가사를 모두 처리해야 하는 상황에서는 부엌과 식사실이 인접하고, 점점 이 두 공간이 거실과도 개방되어 가사의 능률성을 추구하는 방향으로 변화하였다. 최근에는 정보화의 영향으로 재택근무가 활성화됨에 따라 주택 내에 생산활동이 들어오게 되었고 이 기능이 어느 공간에서 이루어지는지도 생활양식의 중요한 요소가 되었다.

(3) 시간이용방식

어떤 행위의 시간적인 순서에 의해 주생활양식이 결정되는 경우가 있다. 예를 들면 세탁을 부엌 관련 일과 같이 병행하는가 아니면 별도로 하는가에 따라 주생활양식이 결정된다. 부엌 관련 일과 세탁을 같이 하는 경우에는 부엌 옆에 세탁실을 두는 반면, 부엌일이 끝난 다음에 순차적으로 세탁을 하는 경우에는 세탁실을 부엌과 떨어진 다른 위치에 배치한다. 이와 같이 시간이용방식과 주거공간의 관계는 상호 관련되어 영향을 준다.

(4) 주택구매력과 내구재 소비성향

사회학에서는 주택소유 여부와 내구소비재(자가용, TV, 에어컨, 컴퓨터, 냉장고, 세탁기 등)의 보유 정도를 사회계층을 설명하는 주요 변인으로 보고 있다. 가족이 어떤 규모의 주택에서 사는지, 어떤 물건을 소유하는지는 경제력과 더불어 그 가족의 기호, 생활의 편리성에 대한 가치, 사회적 지위에 영향을 받는다. 특히 주택규모는 주생활양식을 결정하는 유의한 변수가 된다. 주거공간 내에서 가구는 생활을 편리하게 해주는 동시에 가구디자인의 종류, 배치방식은 가족의 주생활양식에 대한 태도와 정체감을 나타낸다.

2) 한국적 주생활양식

주생활양식은 그 나라의 기후, 풍토와 그 민족의 습관, 생활전통, 문화수준 등에 따라 각각 차이가 있다. 현대는 문화교류의 시대로 다른 나라의 생활문화도 받아들이고 있지만 각 문화권에 따라 고유하게 지켜지는 주생활양식이 있으며 합리성으로 설명할 수 없는 경우도 있다.

현대에는 가족에 따라 생활양식이 다양해졌으며 전통적인 생활양식에서 서구화된 생활양식으로 변화된 부분이 많아졌다. 그러나 의·식·가족생활이 이루어지는 주택 내에서 변화되지 않는 우리의 고유한 생활양식이 있으며 이에 대한 선호는 느리게 변화한다.

(1) 안방의 유지

주택 내에는 두 가지 성격의 공간이 존재한다. 방은 문화적 지속성이 강한 공간으로 기능과 성격이 느리게 변화하는 반면, 부엌과 화장실은 편리한 설비와 난방방식에 따라 기능적인 평면구성으로 변화하는 공간이다. 우리나라 주택에는 개인실인 '침실'이 아닌 '방'

으로서 면적이 크며 좋은 위치에 놓이는 '안방'이 존재한다.

서양에서의 방은 침실로서 사생활의 독립성이 우선시되는 곳이다. 그러나 안방은 부부 행위의 극히 일부분을 제외하면 가족구성원들에게 개방되는 방으로서의 의미가 강하게 지속되어 왔다. 방을 사용하는 면에서도 가족의 위계적 질서를 나타내기 위하여 가장 위치가 좋고 큰 방을 부부 또는 노인세대가 사용한다. 주택에는 안방이 있어야 한다는 주거관 때문에 현대주택에서도 여전히 안방이라는 호칭이 존재하고 있으며, 앞으로도 주택 내 중요한 공간으로서 안방의 위상을 어떻게 유지시킬지를 고려해야 한다.

(2) 가구식 생활과 온돌

실내에서 신발을 벗는 문화권에서는 주로 좌식 생활이 이루어진다. 우리나라 거실에서는 서구의 영향을 받아 카펫을 깔고 소파를 놓았더라도 좌식 생활을 유지한다. 바닥 난방에 대한 선호는 복사난방을 이용한 패널 히팅panel heating 방식의 진보된 온돌로 지속적으로 유지되고 있다.

거실에는 대부분 입식 가구가 배치되어 있으나 사용방식에 있어서는 바닥에 앉는 경우도 빈번하다. 명절의 가족모임, 특별한 행사, 손님을 위한 정중한 식사는 좌식으로 하는 경향이 남아 있다.

(3) 가사생활과 관련 공간

한식은 천연 비가공상태의 재료가 주를 이루므로 다듬고 준비하는 데 넓은 공간이 필요하며 때에 따라서는 가사행위가 입식 부엌의 바닥에서 좌식으로 이루어지기도 한다. 또한 음식 특성상 오랜 시간 푹 삶고 끓여야 하고, 강한 냄새를 풍기는 음식도 있다. 이러한 가사작업에 대응하기 위하여 아파트에서는 부엌 뒤 발코니에 보조주방을 배치하기도 한다.

세탁방식의 특성에 따른 공간대응의 문제도 있다. 주택이 바닥 난방식이며 바닥에 앉는 좌식 생활이 남아 있어 청

그림 3-10 주거공간과 생활의 관계
자료 : 日本家政學會編(1990), p.43 재구성.

소할 때 걸레로 바닥을 닦고 사용한 걸레는 손빨래한다. 세탁기를 사용하면서도 주물러 빨고 삶는 세탁방법도 계속 지속되고 있으므로 다용도실에 세탁기를 놓는 공간 이외에 손빨래와 삶는 빨래를 위한 공간을 마련하고 있다.

3) 주생활양식과 주택평면의 변화

사회발전에 따라 생활에 대한 요구가 변화하면 이에 맞는 주거공간이 필요하게 되어 주거공간이 변화하기도 한다. 주택생산방식의 변화, 주택 내 생활가전제품, 가구, 설비 등 기술발전이 생활의 변화보다 먼저 일어나 평면구성이 변화하기도 한다. 사회발전과 기술발전, 생활양식 변화는 서로 영향을 주고받으며 평면 변화에 영향을 준다. 따라서 주거공간 내에서 어떻게 생활하느냐를 지칭하는 주생활양식이 주거공간으로 가시적으로 나타나는 경우도 있으며, 그것은 생활양식을 투영한 공간이 된다.

　의도적으로 주택계획을 반영하여 생활양식이 변화된 첫 단계는 식침분리를 위해 부엌 옆에 식사공간을 둔 것으로 일본에서는 제2차 세계대전 이후 주택계획에 적용되어 보편화되었다. 다음 단계로는 취침분리를 의도하여 부모와 자녀, 이성형제의 취침공간을 분리하여 각자의 사적인 방을 확보하는 원리를 적용하였다. 마지막 단계로 각종 가전제품과 가구의 내구소비재가 보급되면서 텔레비전, 스테레오, 소파 등이 놓일 공간이 필요하게 되어 서구의 거실을 도입하여 이런 생활용품들을 놓을 수 있는 가족단란의 장소로 계획하게 되었다. 개인생활을 영위할 수 있는 사적 공간과 가족이 공동으로 쓸 수 있는 공적 공간을 배치하는 공사실형公私室型 평면을 구상한 것이다. 이것은 우리나라의 주택계획에도 기본적인 계획원리로 적용하는 것으로, 공사분리의 주생활양식을 반영한 것이다.

4) 주생활양식의 분류

세대별로 성장과정의 사회적 배경이 다르고 그에 따른 가치관의 차이로 사고, 행동에 독특한 특성을 나타내며 주생활양식도 서로 다르다. 따라서 주택 마케팅을 위해 세대를 분류하여 생활양식의 특성을 파악하는 조사들이 시도되고 있다. 생활양식의 특성을 알아보기 위하여 가치관, 의식주생활, 여가생활, 매체이용실태를 조사하는데, 이중 가치관에서 부부중심·가족중심 정도, 경제 부분에 대한 삶의 가치 비중, 취미·여가 욕구 정도, 대인관계 중시 정도, 주택에 대한 비중 등은 주생활양식에 직접적으로 관련된 요소들로 볼 수 있으며 세대별로 다른 주생활양식을 예측할 수 있다.

주생활양식을 분류하기 위한 연구들에서는 위에서 언급한 주거가치관, 주택평면과 관련된 행동양식, 공간사용방식, 시간이용방식, 주택구매력과 내구재, 가구 및 설비의 소비성향 등을 일부분 또는 전체적으로 종합하여 유형분류를 시도하고 있다.

각 유형들은 이러한 하위 요인들에서 나타난 경향을 기본축으로 하여 세분화된 주생활양식으로 분류할 수 있다. 각 유형들은 자신의 상황과 완전히 일치하는 것처럼 보일 수도 있으며 두 가지 이상의 생활양식이 결합된 유형일 수도 있다. 따라서 기본축이 되는 분류방식을 살펴본다.

(1) 전통형 · 과도기형 · 현대형 주생활양식

가족의 주생활양식을 분류하는 데 가장 간단한 방법은 전통형, 과도기형, 현대형으로 분류하는 방법이다. 이것은 주택에 바닥 난방을 한 공간과 의자와 침대 같은 인체 지지형 가구 도입 정도에 따라 나눌 수 있다. 모든 공간에 바닥 난방이 되면서도 의자, 침대, 소파의 도입이 많을수록 현대형에 속하는 것으로 해석한다. 전통형은 좌식 생활 공간이 많으며 공적 이용과 사적 이용이 명확히 구분되지 않는 공간도 있다.

(2) 전형적, 개인화된 주생활양식

주택공급률을 높이기 위하여 아파트를 대량공급하던 시기에는 규모에 따라 정형화된 평면이 보급되었고, 매스미디어도 전형적인 중산층의 생활양식을 집중적으로 보여주었다. 이에 대한 영향으로 표준적인 중산층의 주생활양식은 국민주택규모의 자가自家아파트에 텔레비전, 냉장고, 세탁기 등의 가전제품과 식탁, 소파, 침대, 책상 등을 배치하여 모든 실에 입식화가 진행된 생활이다.

이와 대조적으로 개인적이고 개성적인 생활양식을 영위하는 사람들은 새로운 주택형

그림 3-11 좌식 생활을 하는 거실
자료 : 사진제공 기송주.

그림 3-12 농촌으로 이주하여 생활하는 자연중심적
주생활양식(한국, 전북 남원)

태에서 자신의 취향 또는 취미를 위한 고가의 가전제품을 구입하기도 하고, 개성적인 가구들을 배치하여 사용하며 생활한다.

(3) 가족중심적 · 직업중심적 주생활양식

가족중심적인 주생활양식을 취하는 경우는 자녀가 우선이며 자녀교육과 가족단란에 대부분의 시간을 사용한다. 주택의 위치도 학군이 좋은 지역을 선택하고, 가족들이 잘 모이고 오래 머물 수 있도록 거실과 부엌 공간의 위치를 정하며, 가구배치를 비롯한 실내 디자인을 한다.

직업중심적 주생활양식은 주택 선택 시 가장의 직업을 최우선으로 고려하여 위치, 규모를 결정하고 주택 내 공간도 직업과 관련하여 꾸미는 것이다. 사업상 주택에서 접객이 많이 이루어지는 경우에는 응접실이나 서재를 따로 두거나 거실을 손님 접대 위주의 공간으로 만들어 가구와 설비에 많은 투자를 한다. 재택근무를 하는 경우에는 가족의 방해를 받지 않고 작업을 할 수 있도록 사무공간을 배치한다.

(4) 자연중심적 · 절충주의적 주생활양식

자연중심적인 소박한 주생활양식은 비물질적인 성향을 가진 사람들에게서 나타난다. 도시의 과잉물질주의를 배격하고 교외나 농촌, 산촌으로 이주하여 자연재료를 이용하여 주택을 짓고 자급자족으로 생활을 영위하는 경우가 많다. 최근에는 친환경적인 삶에 대한 관심이 높아져 자연중심적 주생활양식으로 사는 사람들이 증가하고 있으며 자신과 이념이 같은 가구들과 함께 모여 살기도 한다.

절충주의적 양식은 전통적이며 보편적인 생활에 국한되지 않고 다양한 문화나 국가에서 주생활에 관련된 요소를 도입하는 것이다. 여러 문화권의 가구, 주택재료, 실내장식품 등을 주택 내·외부에 사용함으로써 새로운 미적 감각을 만들어 내며 생활한다.

생각해 보기

1. 자신이 결혼하여 자녀양육기에 속한 맞벌이가족이 되었다면 부부가 각자 어떤 역할을 해야 하며 이때 적절한 주택과 근린환경의 조건은 무엇인지 토론해 보자.

2. 국내에 건설된 코하우징 사례를 찾아 건설과정, 가구의 주생활양식, 공동체생활은 어떻게 이루어지는지 알아보자.

3. 현재 우리 집 평면도에 각 실별로 놓인 가구, 가전제품 등의 물건을 그려보고, 각 실에서의 생활행위(취침, 식사, 가족모임, 가사, 손님접대, 제사 등)를 분석해 보자.

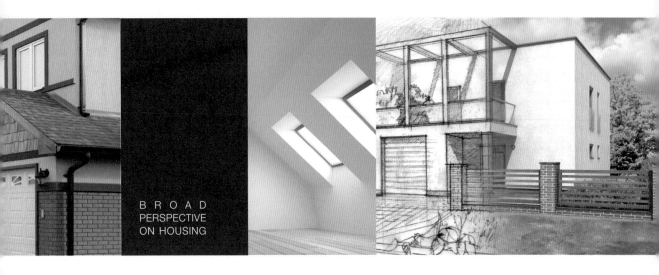

BROAD
PERSPECTIVE
ON HOUSING

4장
주거선택행동

우리는 주거를 선택할 때 어디에, 어느 비용 범위 내에서, 어떤 집을, 구매 또는 임차할 것인지를 결정하게 된다. 그런데, 살다가 왜 다시 이사하거나 집을 고치게 되는 걸까? 주거에 대한 불만은 왜 생기며 만족스러운 주거생활은 왜 오랫동안 지속되지 않는 걸까? 주택의 물리적 특성은 수명이 다하도록 거의 그대로인 반면, 그 속에서 생활하는 가족은 가족생활주기단계를 거치면서 자녀가 태어나서 자라고 부모가 노쇠해지는 등 여러 가지 변화를 겪는다. 한때 주거생활이 만족스러운 상태에 있더라도 이러한 가족특성 변화가 주거에 대한 요구를 변화시켜 가족과 주거 사이의 균형을 깨고 주거생활에 긴장 또는 불만족을 일으킨다. 가족구성원의 소득이나 사회적 지위 변화와 함께 주택시장이나 근린환경 변화도 주거생활에 변화를 초래한다.

가족은 불만족스러운 주거상황에서 벗어나 만족스러운 주거생활수준에 도달하기 위해 이사나 집 고치기 등을 통해 주거를 조절하며, 주거조절을 할 수 없는 경우에는 불가피하게 적응하면서 산다. 이러한 일련의 과정을 가족의 주거행동이라고 하며 소비자 측면에서는 주거선택행동이라고도 한다.

이 장에서는 모리스와 윈터(Morris & Winter)의 주거행동이론을 중심으로 주거상황을 평가하고 선택하는 데 기준이 되는 주거규범, 주거상황과 주거규범의 차이인 주거결함, 주거결함으로 인한 주거 만족과 불만족, 주거 불만족을 극복하고 만족스러운 주거생활에 도달하거나 복귀하려는 주거조절에 이르는 일련의 과정에 대해 알아본다.

1
주거규범

우리는 자신이 살고 있는 집이나 다른 사람의 집을 보면서 여러 가지 생각을 하게 된다. 개인주의보다 집단주의적 성향이 강한 문화권에서는 주거에 대한 타인의 평가나 시선을 더 강하게 의식한다. 주거상황을 평가하고 결정할 때 사용되는 기준이나 표준을 주거규범이라고 한다.

주거규범은 개인과 가족이 성장하고 발달하는 일상생활 환경인 주거가 갖추어야 할 필요조건이며, 가족이 달성하고자 추구하는 주거목표가 되고 동시에 가족의 일상적인 주거생활을 자극하고 주거행동을 일으키는 동기가 된다. 다른 규범들처럼 주거규범도 대부분 사회화 과정 속에서 자연스럽게 습득되어 주거규범에 기초한 주거선택행동은 사회적 맥락 안에서 이루어지게 된다. 주거규범은 일정기간 동안 비교적 고정되어 있으나 장기적으로는 서서히 변화한다.

주거규범의 예는 공공문서에서 사용하는 주택관련기준에서 찾아볼 수 있다. 지난 수십 년 동안 정부가 주택공급 확대에 주력해온 주택보급률 100% 달성이라는 주택정책

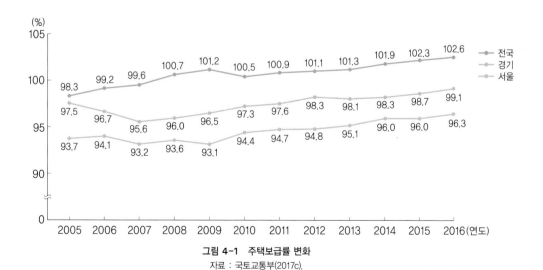

그림 4-1 주택보급률 변화
자료 : 국토교통부(2017c).

목표에는 1주택에 1가구씩 거주한다는 주거규범이 담겨 있다(그림 4-1). 2015년 현재 서울과 경기를 제외한 지역의 주택보급률이 100%가 넘어 주택부족 문제는 크게 완화되었으나, 일본(115.2%, 2008년)과 미국(111.4%, 2008년), 영국(106.1%, 2007년) 등에 비해 미흡한 수준이다(국토교통부, 2017c).

통계청이 인구주택총조사를 할 때 주택이라 함은 한 가구가 살 수 있도록 지어진 집으로 영구적 또는 준영구적 건물이어야 하며, 방 1개 이상과 부엌을 갖추고, 독립된 전용출입구가 있으며, 관습상 소유나 매매할 수 있는 한 단위이어야 한다는 요건을 갖춘 것으로 규정하고 있다. 사람이 살고 있으나 이 요건을 갖추지 못한 오피스텔, 호텔, 여관 등 숙박업소의 객실, 기숙사, 사회시설, 판잣집, 비닐하우스 등과 같은 거주공간은 주택 이외의 거처로 분류하고 있으며, 이는 주택법에서 규정하는 준주택 정의와 일부 유사하다.

국토교통부(2017a)는 주거기본법에 국민이 쾌적하고 살기 좋은 생활을 영위하는 데 필요한 주거가 갖추어야 할 최소한의 면적, 방의 수, 설비, 구조·성능·환경 등에 대한 최저주거기준을 정하고, 이 기준에 미달하는 주택에 거주하는 가구를 주거빈곤가구라 하여 정부의 우선지원 대상으로 하며 주요 정책지표로 삼고 있다. 그러나 일반적으로 정부가 규정한 인간다운 주거생활을 하는 데 필요한 최저요건에 맞는 주거생활수준에 대해 충분하다거나 알맞다고 여기지 않는다. 개인이나 가족이 추구하는 적정한 주거규범 기준은 은신처나 건강과 안전을 위해 필요한 최소한의 기준에서 비롯되기보다는 가족이 속한 사회문화에서 유도되어 형성된 규범에 따른다.

주거규범에는 한 사회에서 보편적으로 어떻게 행동하는 것이 옳고 자연스러운가를 주거에 적용하는 문화규범과 개별 가족이 자신의 주거에 적용하는 가족규범이 있다. 이론적으로 보면 이 문화규범은 문화적으로 통합된 사회에 적용되는 암묵적 합의로 보편성을 갖고 있어 대부분의 가족규범과 일치하지만, 특정 개별가족의 규범과 일치하지 않는 경우도 있다. 내 집 마련이 일반적으로 추구하는 주거규범이라 하더라도 개인과 가족에 따라서는 안정된 주거생활을 할 수만 있다면 평생 장기전세주택에 살아도 괜찮다고 보는 예와 같이, 특정 개별가족은 주택에 대한 지향이 다를 수 있다. 그러나 문화규범에 맞지 않는 주거생활을 하는 모든 가족의 주거규범이 문화규범과 다르다고 간주할 수는 없다. 문화규범과 동일한 가족규범을 갖고 있더라도 여러 제약으로 인해 문화규범에 맞는 주거에서 생활하지 못하는 경우도 있다.

주거규범은 개인이나 가족이 달성하고자 노력하는 바람직한 이상적인 주거수준을 나타내며, 그 이상적인 수준 주변에 주거선호housing preferences라고 부르는 이탈이 허용된 범위가 있다. 그 범위 안에 있는 주거상황은 사회적으로 이탈이 허용되며, 적어도 비난받지는 않는다. 신혼기나 자녀양육기에 있는 가족은 내 집에 살지 않더라도 괜찮다고 보는 예와 같이 주거선호는 현재 처한 상황을 감안하여 현실적으로 주거에 적용하는 완화된 규범relaxed norms이다. 주거규범은 주거특성과 관련하여 주거공간 규범, 주거소유 규범, 주거유형 규범, 주거의 질 규범, 주거비 규범, 근린환경 규범이 일상생활에 폭넓게 수용된다.

1) 주거공간 규범

주거공간 규범은 한 가족이 생활하는 데 필요한 주택공간의 양을 의미하는 것으로 가족원의 수, 연령, 성별, 관계 등에 따라 필요한 공간 확보가 필수적이라는 것이다. 주택공간의 규모는 주택면적, 방 수, 침실 수로 나타내며, 사용자 수를 고려한 주거밀도는 1인당 주거면적, 방당 사람 수, 침실당 사람 수로 나타낸다. 공간규범은 밀도가 높은 정도, 즉 과밀을 지양한다.

(1) 주택규모 규범

주택규모를 나타내는 용어에는 주택당 면적과 가구당 주거면적이 있다. 주택보급률이 100%에 미치지 못하고 한 주택에 두 가구 이상이 거주하는 상황에서는 주택당 평균면적이 가구당 평균주거면적을 초과한다. 가구당 주거면적을 거주인 수로 나눈 것이 1인당 주거면적이다.

통계청(2017a)이 조사한 2015년 인구주택총조사에 따르면, 전국에 있는 주택면적은 41.5%가 60m² 이하이고, 39.9%는 60m² 초과~100m² 이하이며, 18.6%는 100m²를 초과하는 규모이다. 한 가구당 사용하는 평균 주거면적을 나타내는 가구당 주거면적은(그림 4-2) 1980년에 45.8m²이었으나, 2015년에는 68.9m²로 약 50% 늘어났다. 여기에 가구당 인원수가 감소하여 1인당 주거면적은 1980년에 10.1m²에서 2015년에는 26.9m²로 2.6배

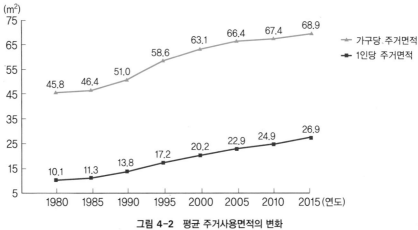

그림 4-2 평균 주거사용면적의 변화
자료 : 통계청(1993), p.219; 통계청(2017c), p.235.

이상 증가하였다.

  이와 같은 전국 평균주택 규모실태 자체가 직접적으로 공간규범을 의미하는 것은 아니지만, 주택규모를 포함한 전국 주택재고 실태는 개별 가족이 주거규범을 달성하는 데 현실적인 한계범위가 된다. 주택재고 실태 변화는 각 시점에서 가족이 선택한 주거소비 변화 전체를 총체적으로 반영하기 때문에 전국 실태를 파악하는 것은 주거규범을 이해하는 데 도움이 된다. 통계청은 매 5년마다 전국의 주택별·가구별 주거실태를 전수조사하고 매년 보완하고 있으며, 국토교통부는 매년 표본 가구의 구체적인 주거실태를 조사하여 발표하고 있다. 정부는 주거전용면적 85m²(수도권을 제외한 도시지역이 아닌 읍이나 면 지역은 100m²) 이하를 국민주택 규모로 정하여 주택정책의 면적기준으로 삼고 있다.

(2) 방당 사람 수 규범

대표적인 주거밀도 기준으로 사용되는 방당 사람 수는 방 하나에 평균 몇 사람이 거주하는가를 나타낸다. 방은 사면이 벽 또는 문으로 막혀 있고, 높이는 2.0m 이상, 넓이는 4.0m² 이상이어야 한다(통계청, 2017d). 통계청이 발표하는 방 수에는 침실이나 옷 방, 서재뿐 아니라 사면이 벽 또는 문으로 막혀 있는 대청마루를 포함한 거실, 식탁 등이 놓여 있어 식사를 할 수 있는 별도 공간인 식사용 방도 포함되어 사용 방 수가 일반적으로

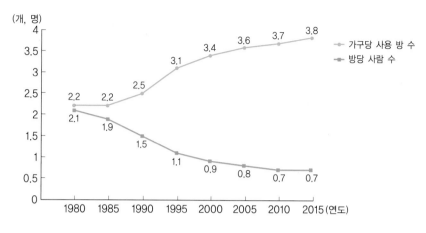

그림 4-3 평균 사용 방 수와 방당 사람 수 변화
자료 : 통계청(1993), p.219; 통계청(2017c), p.235.

생각하는 잠자는 방의 수보다 많다.

　가구원 수는 줄어드는데 가구당 평균 사용 방 수는 1980년 2.2개에서 2015년 3.8개로 늘어났으며, 방당 사람 수는 1980년에는 2.1명이었으나 2015년에는 0.7명으로 낮아졌다(그림 4-3). 이는 과밀의 객관적 기준을 방당 사람 수 1.0명으로 볼 때 평균적으로 과밀을 벗어난 상태를 뜻한다. 방당 사람 수의 분자, 분모를 거꾸로 나타낸 1인당 사용 방 수를 다른 나라와 비교해 보면(표 4-1), 우리나라는 1.4개로 OECD 평균 1.8개에 미치지 못하고 있는 실정이다.

표 4-1 여러 나라의 1인당 사용 방 수
(단위 : 개)

국 가	한 국	미 국	스웨덴	영 국	일 본	프랑스	캐나다	OECD 평균
방 수	1.4	2.4	1.8	1.9	1.9	1.8	2.5	1.8

자료 : 통계청(2017c), p.434.

(3) 필요 침실 수 규범

방당 사람 수는 방의 크기나 가족원의 성별과 연령 같은 특성을 감안하지 않고 가족이 필수적인 활동을 수행하는 데 공간이 충분한가를 개략적으로 나타낸다. 과밀상태인가,

아닌가를 판단하기 위해서는 방당 사람 수보다 어느 정도 크기의 방을 누구와 같이 쓰고 있느냐가 더 중요한데, 이것은 침실분리 규범에 근거한다. 필요 침실 수는 가족원 수와 함께 가족원의 연령, 성별, 관계 등과 같은 가족구성원을 고려하여 산출한다.

국토교통부(2011)가 최소한으로 필요한 방의 개수 산정 기준을 제시하고 있다. 이 침실분리 원칙은 다른 나라와 비교할 때 침실을 함께 사용하는 이성 또는 동성 자녀 간 연령차이나 최대인원수가 고려되지 않았고, 동성 자녀 간 동실 사용의 최대연령기준을 두지 않았다는 등의 제한점을 갖고 있지만 정부기관이 제시한 것이고 사회 전체에 적용되는 기준이라는 데 의의가 있다.

최저주거기준의 침실분리 원칙

- 부부는 동일한 침실 사용
- 만 8세 이상의 이성자녀는 상호분리
- 만 6세 이상 자녀는 부모와 분리
- 노부모는 별도 침실 사용

---

2) 주거소유 규범

국토교통부(2016)의 주거소유 의식 조사에 의하면 조사대상자의 82.0%가 내 집 마련은 꼭 필요하다고 생각하고 있는데, 같은 조사에서 2010년에는 83.7%, 2014년에는 79.1%로 나타났다. 주거소유 의식은 현 주거소유 여부, 지역, 소득계층, 연령에 따라 차이가 있어 자가거주자, 도지역 거주자, 고소득층, 가구주 연령이 높을수록 상대적으로 더 높다. 거의 대부분 주거소유가 주거안정 차원에서 꼭 필요하다고 여기고 있으며, 꼭 필요하지 않다고 한 가장 큰 이유는 소요자금 문제 때문이다.

내 집을 마련하려는 이유는 경제적인 측면과 비경제적인 측면으로 나누어 살펴볼 수 있다. 경제적인 이유를 보면, 자가소유는 분양아파트 융자금이자의 일정액에 대한 소득공제를 받고, 자가이기 때문에 임대료를 지불하지 않는 만큼 자가에서 발생하는 귀속소득imputed income을 과세소득에 포함하지 않으며, 일정 요건을 갖춘 경우 양도소득에 대한 세금을 면제받는 등 세제상 혜택이 있다. 또한 대부기관과 채권자들이 임차자보다 자가소유자를 더 신용이 높다고 여긴다. 이런 유리한 점이 자가소유자에게 강제저축효과를 줌과 동시에 물가 상승에 대응하여 안전하게 투자하는 방법이 되고 나아가 집값 상승으로 자산을 늘릴 수 있게 되어 장기적으로 임차자보다 자가소유자의 재정상태가 우월해진다. 비경제적인 이유로는 내 집에 거주함으로써 심리적 안정, 자아만족, 자유로움, 원하는 생활양식, 사회적 지위와 위신과 같은 정서적 목표를 달성할 수 있다.

주거소유 의식이 높음에도 불구하고 실제 주택을 소유하고 있는 자가가구비율(국토교통부, 2016)은 60% 내외로 큰 변화가 없으며, 2016년 현재 59.9%이다. 자가보유율은 도지역이 광역시보다, 광역시는 수도권보다 높다. 현재 거주하고 있는 집이 자가인 경우를 나타내는 자가점유율은 56.8%이고, 15.5%는 전세, 23.7%는 월세 형태인 보증부월세·사글세·무보증월세, 4%는 무상으로 살고 있다(그림 4-4). 자가에 거주하는 비율은 소득이 높을수록, 연령이 높을수록, 아파트나 연립주택거주자가 단독주택거주자보다 도지역에서 상대적으로 더 높다. 전세는 우리나라에만 있는 셋집 형태인데 2008년 이후 월세비율이 늘어나는 추세에 따라 2016년에는 임차가구 중 월세 형태(60.5%)가 전세(39.9%)보다 일반적인 상황이다.

2016년 기준(국토교통부, 2016), 내 집을 마련한 가구 가운데 결혼한 이후 3년 안에 내 집을 마련한 경우는 43.0%이고, 결혼 이후 최초 내 집을 마련하는 데 소요된 기간은 평

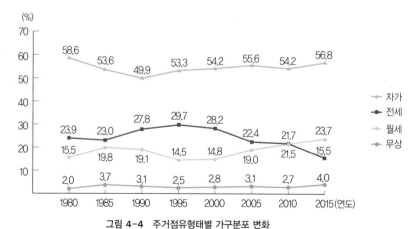

그림 4-4 주거점유형태별 가구분포 변화
자료 : 통계청(2017c), p.234.

균 6.7년이다. 내 집 마련은 신축주택을 분양받거나 구입(18.1%)하기보다는 기존 주택을 구입한 경우(63.0%)가 일반적이다. 현 임차가구와 무상가구의 무주택기간은 11.6년째이다. 내 집 마련을 위한 첫 걸음인 주택청약통장 가입자가 2,000만 명이 넘는다는 사실에서 내 집 마련을 위한 잠재적 수요 규모를 짐작할 수 있다.

3) 주거유형규범

통계청이나 국토교통부 주거통계에서는 주거유형을 단독주택, 아파트, 연립주택, 다세대주택, 기타 비거주용 건물 내 주택으로 구분하고 있다. 단독주택은 일반단독주택, 다가구단독주택, 영업겸용단독주택으로 세분하기도 한다. 주택법에서는 아파트, 연립주택, 다세대주택을 공동주택으로 분류하고 있다. 주거유형에서 나타난 가장 뚜렷한 변화는 단독주택 거주비율이 크게 낮아진 반면, 아파트 거주비율이 급증한 것이다(그림 4-5). 1980년에는 단독주택에 거주하는 가구비율이 89.2%이었고 아파트 거주비율은 4.9%이었던 것이 2015년에는 아파트 거주비율이 48.1%로 단독주택 거주비율 35.3%를 앞서고 있다.

1980년대 초 아파트 건설물량이 단독주택 건설물량을 초과하기 시작한 이래 신규주택 건설이 더욱 아파트 위주로 편중됨에 따라 2015년 현재 전국의 주택재고 중 아파트

그림 4-5 주택유형별 가구분포 변화
자료 : 통계청(2011), p.182; 국토교통부(2016), p.62.

(59.8%)가 단독주택(24.3%)을 2.5배 가까이 추월하여 일반화되면서 '아파트공화국'이라 불리기도 한다(통계청, 2017c). 신규분양아파트의 질과 가격을 차별화하면서 고소득층일수록 아파트 거주비율이 높다.

향후 거주하고 싶은 주택유형(국토교통부, 2016)은 일반단독주택(35.1%)이 많고, 그 다음은 저밀도 아파트(28.3%), 고밀도 아파트(25.0%) 순으로 아파트 거주를 원하는 경향은 서구사회의 주거규범의 핵심이 단독주택과 소유권이 결합된 단독주택 소유인 것과 매우 다르다. 우리나라에서 아파트 거주와 소유가 정착되는 현상은 신규분양주택이 아파트 위주로 공급됨과 동시에 단독주택은 재고가 감소하는 한편 일반단독주택과 다가구단독주택으로 양극화하는 시장제약에 의해 현실적으로 아파트를 선택할 수밖에 없고, 여기에 아파트 거주경험이 축적되면서 장기적으로 주거유형규범에 변화가 나타나는 것으로 볼 수 있다.

4) 주거의 질 규범

앞에서 살펴본 공간 규범, 주거소유 규범, 주거유형 규범은 가족구성원에 알맞은 침실 수를 가진 아파트를 소유하는 것으로 달성할 수 있다. 이와 다르게 주거의 질 규범과, 주거비 규범, 근린환경 규범은 소득과 생활양식, 사회적 지위와 더욱 밀접하게 관련되어 있어 개인과 가족에 따른 다양성의 폭이 넓다.

주거의 질 규범은 주거가 가족의 사회적 지위에 합당한 질적 수준을 갖춰야 한다는 것을 규정한다. 주거의 질은 주거의 객관적 속성attributes에 대해 가족이 주관적으로 반응하는 것으로, 개별 가족이 반응하는 주거속성은 무수히 많다. 이 가운데 소비자의 선호를 발달시키고 구매의사결정에 관계하는 속성을 특성characteristics이라고 구별하기도 한다. 결국 주거의 질은 가족이 문화규범과 가족규범에 기초하여 가치를 높게 두고 중요하게 여기는 주거특성들의 조합combination of characteristics이다.

주거의 질을 측정하는 일반적인 방법은 소비자가 주거 특성들의 조합에 지불하려는 주택가격으로 산출하거나, 어떤 주거특성이 있는지 없는지 혹은 주거특성의 상태가 양호한지 아닌지를 합하여 질 지표를 만드는 것이다. 가족은 주택규모, 평면구성, 주거유형,

표 4-2 주거시설 변화

(단위 : %)

연 도	부엌시설			화장실			목욕시설		
	재래식	입 식	없 음	재래식	수세식	공동(없음)	온 수	비온수	없 음
1980	81.8	18.2	–	80.0	18.4	1.6	10.0	12.1	77.9
1985	65.4	34.6	–	66.9	33.1	–	20.0	14.0	66.0
1990	46.9	52.4	0.7	48.3	51.3	0.4	34.1	10.0	55.9
1995	15.2	84.1	0.7	24.4	75.11	0.65	74.8	3.2	22.0
2000	5.7	93.9	0.4	12.8	87.0	0.2	87.4	1.7	10.9
2005	1.7	97.9	0.4	5.8	94.0	0.2	95.8	0.3	3.8
2010	1.2	98.4	0.3	3.0	97.0	0.0	97.6	0.7	1.6

자료 : 통계청(2017c). p.234.

층수, 전망, 건축경과연수, 방위, 위치 등 중요하게 고려하는 특성에 대해 값을 더 치르려고 하기 때문에 특정 주택에 지불하려는 가격은 곧 그 주택에서 파악한 여러 특성의 가치를 합한 것이 된다. 주택의 시장가격은 해당 주택이 질적으로 바람직한 정도를 나타내지만, 여기에는 주거 자체의 질뿐만 아니라 전망, 학교, 공원, 교통편의와 같은 근린환경의 질도 포함되어 있다.

통계청이 전국의 가구별 기본 주거시설인 부엌, 화장실, 목욕 시설형태를 전수 조사한 결과(표 4-2)에서 주거의 질적 수준 변화를 확인할 수 있다. 국토교통부(2016)가 현재 거주하는 주택의 질 9개 항목에 대한 불량 또는 양호 정도를 4점 리커트 척도로 알아본 결과에서는 방음상태를 제외하고 평균 3점 이상으로 양호하게 인식하는 것으로 나타났다(표 4-3). 가장 양호도가 낮은 항목은 방음상태(2.79)로 공동주택거주가 늘어나면서

표 4-3 현 주택의 양호상태

(단위 : 점)

구 분	집의 구조물	방수 상태	난방 상태	환기 상태	채광 상태	방음 상태	재난, 재해 안전성	화재로 부터의 안전성	주택 방범 상태
상 태	3.12	3.08	3.19	3.22	3.17	2.79	3.20	3.16	3.16

주) 주거상태는 4점 척도(1점 불량, 2점 조금 불량, 3점 조금 양호, 4점 양호로 4에 가까울수록 양호함을 의미함).
자료 : 국토교통부(2016). p.72.

층간소음 등 주택 내에서 느끼는 소음문제가 주원인이다. 주거상태는 지역별로는 수도권이, 소득계층별로는 고소득층이, 점유형태별로는 자가가, 주거유형으로는 아파트가 상대적으로 더 좋은 것으로 나타났다.

5) 주거비 규범

주거비 규범에서는 가족의 주거비 지출수준이 소득과 지불능력을 고려하여 감당 가능해야 한다는 것을 전제한다. 방당 사람 수나 1인당 방 수가 공간결함을 알아보는 개략적인 지표로 쓰이듯이 주거비 지출기준도 객관적으로 주거비 결함을 측정하는 주요 지표로 쓰인다.

　미국에서는 주택구입과 관련하여 개략적으로 주택가격이 연소득의 2.5배 정도 하는 주택을 구입하고, 모기지는 연소득의 2배 이하로 하며, 주택 관련 지출은 모기지 원리금상환액·재산세·주택보험료 등을 포함하여 월소득의 28%를 초과하지 말고, 이와 함께 다른 할부금이나 학자금 상환금 등을 포함한 총 지출금액이 월소득의 36%를 초과하지 말라는 지침을 기준으로 삼고 있다(Crull, Bruin, & Hinnant-Brenard, 2006). 이 주거비 지출기준은 개인과 가족은 물론 임대업자와 대출기관의 재정건전성을 지킬 수 있는 최고한도이다.

　자녀 유무나 가구주 성별, 결혼상태와 상관없이 소득에 따라 주거비 지출을 늘려 질 높은 주거에서 살고 싶어 하지만 자가나 임차에 소요되는 비용은 초기비용뿐만 아니라 대출상환원리금, 임차료, 주거관리비(난방비, 전기료, 가스비, 상하수도료, 연료비, 일상적인 주택수선·유지비, 일반관리비, 화재보험료 등) 등을 포함하여 장기적으로도 감당 가능해야 한다. 국내 주택시장은 주택가격이 경기활성화 등 주택 외적 요인에 대해 영향을 크게 그리고 자주 받고, 지역과 위치에 따라 주택가격 차이가 크며, 주택가격 상승이 실질 가계소득 증가율을 크게 웃도는 경우가 종종 발생하여 외국과 같은 상식적인 주거비 지출기준이 형성되기 어렵다. 주택가격이 연간소득의 6배 정도 하는 주택을 마련한다는 대략적인 기준이 만들어져 있다 하더라도 이를 실제 의미 있게 적용할 수 있는 시기나 지역, 대상 주택이 제한적이기 쉽다.

　국토교통부(2016)의 주거실태조사에 따르면, 2016년 현재 전국 평균주택가격은 2억

표 4-4 2016년 지역별·소득계층별 평균주택가격 및 임대료

표 4-4 2016년 지역별·소득계층별 평균주택가격 및 임대료   (단위 : 천 원)

구 분		주택가격	전 세	보증금 있는 월세		월 세
				보증금	월 세	
전 국		24,353.3	12,798.4	2,074.8	31.9	24.2
지 역	수도권	33,397.8	15,049.9	2,773.4	37.3	28.1
	광역시	22,889.7	8,611.3	1,325.6	25.9	19.4
	도지역	14,764.6	7,180.1	1,235.1	25.8	22.8
소득 계층	저소득층	16,082.5	6,607.6	1,225.0	26.9	23.0
	중소득층	23,888.3	12,176.7	2,416.1	35.6	27.3
	고소득층	35,671.1	24,748.4	7,230.4	54.2	36.0

자료 : 국토교통부(2016). p.89 재구성.

4,353만3천 원으로 2014년에 비하여 높아졌고, 평균전세가격은 1억2,798만4천 원으로 2006년 이후 상승하는 추세이다(표 4-4). 연소득 대비 주택가격PIR, Price Income Ratio은 중위수 기준으로 전국은 5.6배이고 서울은 8.3배이다. 지역별로는 수도권이 6.7배, 소득계층별로는 저소득층이 9.3배로 상대적으로 높다. 월소득 대비 임대료RIR, Rent Income Ratio는 중위수 기준으로 전국이 18.1%인 데 비해 서울은 22.2%, 저소득층은 23.1%로 높다. 전체 가구 중 82.0%가 임대료나 대출금 상환을 하고 있으며, 이들 중 80.1%가 임대료나 대출금 상환에 매우(31.6%) 내지 어느 정도(49.5%) 부담을 느끼고 있다. 부담 정도는 상대적으로 수도권 거주, 저소득층, 월세 가구에게 더 높다.

6) 근린환경 규범

근린환경 규범은 가족의 사회경제적 지위에 적합한 근린환경에 살아야 한다는 것을 규정한다. 어느 동네나 무슨 동, 무슨 단지에 있느냐 하는 주택의 위치와 주변 지역 환경은 자녀 교육의 질이나 자녀의 사회경제적 안정에 대한 전망 등과 같이 주거 자체 이외의 비주거목표를 달성하는 가족능력을 나타내는 주요 요소이다.

주거의 위치는 입지, 물리적 환경, 사회적 환경과 관련되어 있다. 입지로서의 위치는 주거를 직장, 학교, 구매 장소, 여가시설, 대중교통, 친척과 친지의 집 위치 등과의 관계로

고려한다. 물리적 환경으로서의 위치는 밀도, 일조, 공기, 조망, 녹지, 주변 주택상태 등과 같은 물리적 환경특성과 아울러 학교, 도서관, 상점 같은 지역사회시설의 질, 소방서, 파출소, 상하수도, 쓰레기 처리, 주차시설 같은 공공서비스의 질을 나타낸다. 사회적 환경으로서의 위치는 그 지역에 거주하는 사람들의 소득이나 직업 같은 특성을 의미한다. 물리적 환경과 사회적 환경은 서로 밀접하게 연관되어 있다. 직장과 지역사회시설을 고려하여 최적입지를 선택하는 범위는 교통수단과 정보통신기술의 발달로 확장되고 있다.

국토교통부(2016)는 주거실태조사에서 14개 항목의 주거환경에 대한 만족수준으로 실태를 파악하고 있는데(그림 4-6), 2016년 현재 전반적인 주거환경 만족도는 4점 리커트 척도에서 2.93점으로 대체로 만족하는 편이며, 이전에 비해 약간 상승하고 있다. 만족도가 높은 항목은 지역유대(3.08점), 주변청결(3.01), 대중교통(3.00)이며, 만족도가 낮은 항목은 문화시설(2.72점), 주차시설(2.77점), 소음문제(2.82) 등이다. 주거환경 만족도는 대체로 지역별보다 소득계층별 차이가 두드러지게 나타나고 있다.

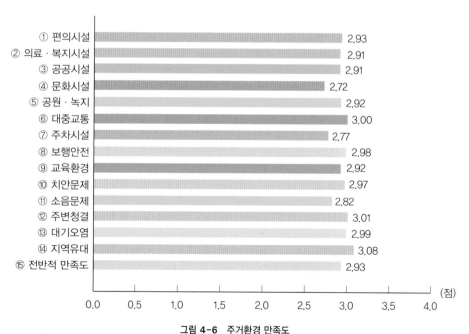

그림 4-6 주거환경 만족도
주) 주거환경 만족도는 4점 척도(1점 불량, 2점 조금 불량, 3점 조금 양호, 4점 양호로 4에 가까울수록 양호함을 의미함)
자료 : 국토교통부(2016), p.75 재구성.

2
주거결함

주거결함은 규범과 비교하여 주거의 상태가 주관적으로 바람직하지 않다고 판단할 때 발생한다. 대표적인 주거규범인 문화규범과 가족규범으로 주거상태를 평가하는데, 이 두 규범의 상대적 중요성은 가족에 따라 다르게 작용한다. 문화규범과 가족규범이 일치하지 않는 가족은 주거상태와 문화규범의 차이를 가족규범으로 완화하거나 혹은 강화한다.

가족과 주거 사이에 이루어진 균형상태로부터의 이탈을 의미하는 주거결함은 현 주거의 각 개별조건이 해당 규범과 일치하느냐 그렇지 않느냐, 또는 일치하는 정도로 측정한다. 이탈은 주거조건이 규범과 일치하지 않아 기준에 미달하거나 혹은 기준을 초과하는 것이다. 주거특성에 따라 기준에 미달하는 것과 기준을 초과하는 두 가지 모두를 결함으로 인식하는 것이 있고, 초과만 혹은 미달만 결함인 것이 있다. 직장과 집의 거리는 너무 멀거나 너무 가까운 것 둘 다 바람직하지 않을 수 있다. 오염이나 소음은 기준 초과는 바람직하지 않아 결함이 되지만 기준 이하는 오히려 바람직하다. 일조시간이나 옥외공간이 부족한 것은 결함이 되지만 기준을 초과하는 것은 문제되지 않는다. 주거결함은 평가기준으로 쓰이는 해당 규범에 따라 공간결함, 주거소유 결함, 주거유형 결함, 주거의 질 결함, 주거비 결함, 근린환경 결함 등이 있다.

주거결함은 다양한 제약에 의해 발생한다. 예를 들면 규범적 공간결함은 소득제약으로

주거제약

- 성향(predisposition) : 개인의 인성과 비슷한 가족의 심리적 차원으로 무관심, 성취동기 등이 포함됨.
- 가족조직 제약 : 역할배분과 각 구성원 및 가족단위의 역할수행 효율성과 관계된 자원배분, 의사결정, 수행능력을 나타냄.
- 자원제약 : 화폐와 같은 물리적 자원과 기술, 교육수준과 같은 인적 자원이 있음.
- 시장제약 : 주택가격, 주택공급, 대지, 금융, 세제 등을 포함함.
- 차별 : 인종, 가구주 성별, 연령 등에 따라 다양한 사회보상의 접근성 부여나 신용의 접근성이 제한됨.

공간이 충분하지 못한 주거에 살기 때문에 경험하게 되는 것이다. 모리스와 윈터Morris & Winter는 가족이 주거규범에 맞는 주거목표를 달성할 수 있는 능력을 제한하고, 나아가 장기적으로 규범 자체를 변화시키기도 하는 다섯 가지 주거제약을 제시하고 있다. 이 주거제약 가운데 성향, 시장제약, 차별은 가족이 단기간에 통제할 수 없는 제약이며, 자원제약과 가족조직제약은 어느 정도 통제할 수 있다. 제약은 주거행동과정이 다음 단계, 즉 주거결함, 주거만족과 불만족, 주거조절 등으로 발전하는 것을 촉진하거나 방해한다.

3
주거만족과 불만족

규범에서 벗어난 주거상황, 즉 주거결함은 주거만족수준을 낮추는 원인으로 작용하여 주거불만족 상태인 스트레스를 일으킨다. 주거만족과 불만족은 가족구성원이 상호작용하는 가운데 깨닫게 된다.

주거의 질수준은 객관적인 주거상태나 또는 주거결함의 존재 여부와 함께 이에 대한 주관적 반응으로 측정한다. 대부분의 조사연구에서는 '현 주거상태에 대해 얼마나 만족하느냐 혹은 어떻게 생각하느냐?'와 같은 질문에 대한 응답자의 주관적인 반응을 주거만족도로 보고 있다. 조사대상자가 응답한 주거만족도는 객관적인 주거상태 혹은 주거결함에 대한 주관적인 반응이다. 이들은 주거에 대한 주관적 느낌을 비교적 정확하게 파악하는 것으로 알려져 있다.

주거만족도를 측정하는 방법에는 주거 전반에 걸친 만족수준을 질문 하나로 직접 측정하는 방법과 여러 가지 세부 특성 항목에 대한 만족수준을 측정하여 단순하게 합하거나 혹은 각 항목에 중요도 가중치를 두어 합하는 방법이 있다. 주거만족도 지표는 여러 주거 관련 특성, 예를 들면 주택규모, 방 수, 소유권, 주거유형, 주거의 질, 외부공간, 건축경과연수, 근린환경, 직장과의 거리 등에 만족 혹은 불만족하는 정도를 리커트 척도로 질문하여 응답한 값을 합하는 것이다.

표 4-5 주거만족도 (단위 : 점)

연 도		2012		2014		2016	
전 국		2.83		2.92		2.99	
지 역	수도권	2.80		2.88		3.01	
	광역시	2.87		2.96		2.98	
	도지역	2.84		2.96		2.98	
소득계층	저소득층	2.75		2.80		2.86	
	중소득층	2.85		2.95		3.04	
	고소득층	2.95		3.08		3.18	
점유형태	자가	2.93		2.99		3.07	
	전세	2.74		2.87		2.93	
	보증금 있는 월세	2.72	2.71	2.82	2.83	2.92	2.90
	보증금 없는 월세	2.41		2.63		2.64	
	무상	2.69		2.85		2.90	
주택유형	단독주택	2.75		2.79		2.83	
	아파트	2.92		3.04		3.15	
	연립주택	2.80		2.78		2.81	
	다세대주택	2.72		2.78		2.82	
	비주거용 건물 내 주택	2.73		2.87		2.76	

주) 주거 만족도는 4점 척도(1점 매우 불만족, 2점 약간 불만족, 3점 대체로 만족, 4점 매우 만족으로, 4에 가까울수록 양호함을 의미함).
자료 : 국토교통부(2016). p.74.

국토교통부(2016)가 주거실태조사에서 현재 거주하는 주택에 대한 전반적인 만족도를 조사한 결과(표 4-5), 전국적으로 2012년 이후 지속적으로 상승하여 대체로 만족하고 있으며 지역·소득계층·점유형태·주택유형별로도 만족도가 모두 높아지고 있다. 지역별로는 수도권, 소득계층별로는 고소득층, 점유형태별로는 자가 거주가구, 주택유형별로는 아파트 거주가구가 상대적으로 주거만족도가 더 높다.

4

주거조절 행동

주거가 문화규범이나 가족규범에 미달해서 주거에 불만족스러운 가족은 만족스러운 주거상태로 돌아가기 위해 주거이동이나 주택개조를 통해 주거불만족을 일으키는 주거결함을 제거하면서 주거를 조절한다. 제약이 크지 않은 경우에는 이사계획을 세우고 실행에 옮긴다. 주거이동을 방해하는 제약이 있는 경우에는 대안으로 주택개조를 고려한다. 제약이 커서 주거이동이나 주택개조를 둘 다 할 수 없는 상황에서는 주거를 조절하는 대신에 가족의 규범이나 구조를 변경시켜서 현 주거상황에 적응하여 주거불만족을 줄인다. 여기서는 주거를 변경하는 주거이동과 주택개조를 중심으로 살펴본다.

1) 주거이동

주거이동은 다른 주택으로 거주지를 옮기는 것으로 주거와 관련된 이동은 주로 단일노동시장이나 단일주택시장 안에서 이루어지는 단거리 이사이다. 가족은 주거이동을 통해 주거시설수준을 향상시키고, 주택규모와 침실 수를 늘리며, 자가소유권을 획득하고, 원하는 근린환경과 주거유형에 거주하게 됨으로써 여러 가지 주거결함을 극복한다. 주거생활주기에서 나타나듯이 주거이동을 하면서 가족의 주거수준이 향상되는 경우가 많이 있으나, 일부 가족은 주거결함을 벗어나지 못하고 비슷한 특성을 지닌 주택으로 이동하거나 혹은 더 열악한 상황으로 이동하여 주거결함이 증가하는 경우도 있다.

통계청(2017b)이 읍·면·동 경계를 넘어 이동한 인구이동률을 집계한 결과를 보면(그림 4-7), 연간 20% 내외에 머물던 인구이동률이 2000년 이후 점차 감소하고 있다. 시·도나 시·군·구를 경계로 구분하여 보면, 2016년 현재 시·도 내 이동률(9.6%)이 시·도 간 이동률(4.8%)보다 2배 많다. 시·도 내 이동은 시·군·구 내 이동(5.6%)과 시·군·구 간 이동(4.1%)이 합쳐진 것이다.

우리나라 인구이동률은 주민등록 전입신고를 기준으로 읍·면·동 경계를 넘어 거주지

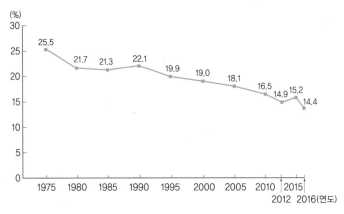

그림 4-7 인구이동률 변화
자료 : 통계청(2017b). p.6.

를 변경한 경우만 집계한 것이어서 동일 단지 내 이동처럼 같은 읍·면·동 행정구역 안에서 이루어진 단거리 주거이동이 통계에 제외되어 실제 발생한 인구이동 전체를 정확히 반영하지 못하고 있다. 2016년 읍·면·동 내에서 주소지가 변경된 이동률은 5.3%이다. 전입신고서에는 전입사유 한 가지를 표기하도록 되어 있는데, 2016년 이동사유는 주택(42.9%), 가족(21.4%), 직업(21.0%) 순으로 많으며, 시·도 내 이동사유는 주택(51.9%)이 직업(14.9%)보다, 시·도 간 이동사유는 직업(33.3%)이 주택(24.9%)보다 많다. 직업을 제외한 이동사유가 대부분 주거와 관련 있다. 국가별 행정구역단위의 규모 차이로 이동률의 직접적인 비교는 어려우나 2015년 총인구이동률은 거주지로 산정한 미국은 11.1%, 시·구·정·촌을 경계로 하는 일본은 4.0%로 우리보다 낮다(통계청, 2017b).

전입신고서 전입사유(주된 1가지 표시)

(　) 직업-취업, 사업, 직장이전 등 　　　　(　) 교육-전학, 학업, 자녀교육 등
(　) 가족-가족과 함께 거주, 결혼, 분가 등 　(　) 주거환경-교통, 문화, 편의시설 등
(　) 주택-주택구입, 계약만료, 집세, 재개발 등 (　) 자연환경-건강, 공해, 전원생활 등
(　) 그 밖의 사유(　　　　)

2016년 기준(국토교통부, 2016) 최근 2년 내 이사한 가구 비율은 36.9%이며, 지역별로는 수도권에서, 점유형태별로는 임차가구가, 가구주 연령별로는 연령이 낮을수록 이사비율이 상대적으로 더 높다. 현 주택으로 이사한 이유에서도(그림 4-8) 내 집 마련을 위해(23.9%), 주택규모를 더 늘리려고(22.4%), 주거 시설설비가 더 양호한 집으로 이사하려고(20.6%)와 같이 주택 마련 또는 주거수준 향상을 위한 것이 대부분이다. 계약만기(17.0%)나 집값이나 집세 부담(10.4%)으로 인한 이동은 수도권이 상대적으로 크게 높다.

주거이동연구는 실제 발생한 이동뿐 아니라 행동으로 실천하기 전에 행동하려고 의도하는 잠재적 행동도 분석대상이 된다. 주거이동 행동은 이동에 대한 의도를 나타내는 막연한 희망에서 시작하여 구체적인 계획을 거쳐 실행된다. 2016년 현재 전체 가구 중 13.2%가 이사할 계획을 갖고 있는데(국토교통부, 2016), 이들 중 58.7%는 2년 내에, 31.9%는 2~5년 내에 이사할 계획이다. 이사계획이 있는 비율은 전세나 월세가구가, 소득별로 고소득층이, 지역별로 수도권 거주가구가 상대적으로 더 높다. 이사를 계획하는 이유는 주거이동을 통해 쾌적하고 양호한 지역 환경으로 가기 위해서, 시설이나 설비가

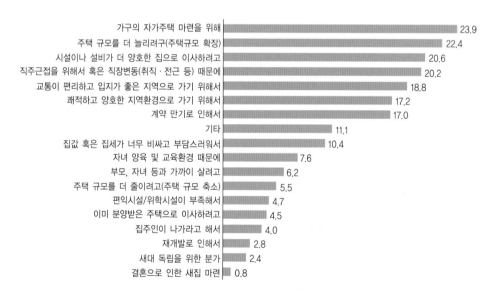

그림 4-8 현 주택으로 이사한 이유(단위 : %)
주) 이사한 이유 2개씩 선택.
자료 : 국토교통부(2016), p.98.

더 양호한 집으로 이사하려고, 주택규모를 더 늘리려고, 내 집 마련을 위해 등과 같이 주로 주거결함 극복과 관련 있다.

2) 주택개조

주택개조는 현재 거주하고 있는 주택을 가족이 원하는 주거수준에 맞추는 활동이다. 이 것은 주로 주거공간이나 방 수를 늘리거나 주거의 질을 개선함으로써 공간결함과 주거 의 질 결함을 극복하기 위해 행해지는 것이기 때문에 주거이동보다 적용성이 낮아 주거 소유 결함, 주거유형 결함, 근린환경 결함에 대처하기는 어렵다. 주택을 개조하는 동기는 다른 곳으로 옮겨가고 싶지 않은 자가 거주가구 가운데 현 주택에 불만족해서 만족수 준을 높이고 싶은 경우이거나 높아진 주거규범에 맞게 주택을 개선하고 싶은 경우이며, 개조해서 높은 가격에 팔고 이사 가려는 경우도 간혹 있다.

주택개조 범위는 가구를 바꿔서 방의 용도를 변경하는 것처럼 비용이 거의 소요되지 않는 소소한 변경에서부터, 창문이나 벽의 단열을 보강하거나, 벽을 헐어 공간을 넓히거 나 증축하는 것처럼 비용이 많이 소요되는 대규모 공사까지 폭이 넓다. 주택개조 행동 은 개별 가족단위의 의사결정을 넘어 이웃과 연대해 주민조합을 만들어 아파트 건물 전 체를 리모델링하거나 헐어내고 초고층으로 재건축하거나, 도시재생이나 지역 재개발 사 업으로 확대되기도 한다.

주택개조는 주거이동과 대체관계에 있다. 주거조절방법으로 주거이동의 가능성을 먼 저 고려한 후, 주거이동이 여의치 않은 상황에서 주택개조를 대안으로 선택하는 것이 일 반적이다. 전국적으로 주거이동률이 감소하고 아파트의 건축경과연수가 늘어나면서 주 택개조를 선택할 가능성이 높아지고 있는 상황이다.

5
주거행동 과정

이상에서 살펴본 가족의 주거행동 과정을 흐름도로 나타내면 그림 4-9와 같다. 이 흐름도에서 □는 주거상황이나 상태를, ◇는 의사결정, ○는 과정을 나타낸다. 가족은 이 흐름을 거치면서 규범적 주거결함이 없는 무결함 상태를 유지하거나 또는 그런 상태에 도달하고자 노력한다. 주거결함은 주거이동과 주택개조와 같은 주거조절을 통해 주거상황을 변경하거나, 규범적 혹은 구성적 가족적응을 통해 가족주거규범을 조절하거나 혹은 조직적 가족적응이나 자원 증가로 제약을 완화함으로써 제거된다.

이 주거행동 흐름도는 가족이 일상생활 속에서 간헐적으로 주거상태를 평가하는 데서

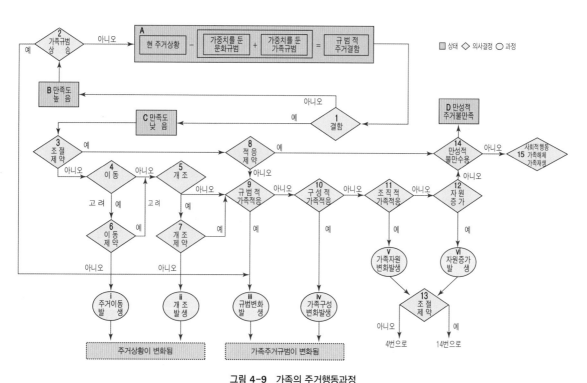

그림 4-9 가족의 주거행동과정
자료 : Morris & Winter(1996), pp.69~79 재구성.

(A) 출발한다. 주거여건의 중요성은 가족상황 변화나 가족행복에 대한 주거의 공헌도에 따라 다르다. 현 주거상황이 주거에 대한 문화규범 및 가족규범과 일치하는가에 따라 결함이 있는지가(의사결정 1) 결정된다. 결함이 없으면 주거만족도가 높은 상태(B)인데, 이 무결함이 가족주거규범의 수준이 낮아서 생긴 것인지를 검토(의사결정 2)한 후, 규범 수준 상승을 원하지 않으면 원상태(A)로 돌아가서 다음 평가를 기다리고, 규범수준을 높이고자 결정하면 규범변화가 발생한다(과정 iii).

한편 의사결정 1에서 결함이 있으면 주거불만족이 생기는데(상태 C), 불만족 정도는 결함의 크기에 달려 있다. 가족성향, 가족구조와 같은 제약이 가족의 주거조절 의도를 합의하는 데(의사결정 3) 방해가 될 수 있다. 제약이 너무 큰 경우에는 주거조절 대신 가족적응을 할 수 있는지를 고려하게 되고(의사결정 8), 주거를 조절하는 데 제약이 크지 않은 경우에는 주거이동(의사결정 4)이나 주택개조(의사결정 5)를 고려한다. 주택개조에 앞서 주거이동을 먼저 생각해 보는 것이 일반적이나 간혹 농가나 자가소유자처럼 주택개조를 주거이동보다 우선 고려하는 경우도 있다. 주거이동을 하는 데 제약이 크게 작용하지 않으면(의사결정 6) 이사를 하고(과정 i), 제약이 큰 경우에는 주택개조를 고려한다(의사결정 5). 주택개조를 할 의사가 있다면 제약을 검토한 후(의사결정 7) 개조하는 데 큰 제약이 없으면 주택을 개조하고(과정 ii), 제약이 큰 경우에는 가족적응을 고려한다. 주거이동이나 주택개조가 이루어지면 주거상황이 변화되어, 기존의 주거규범에 비춰 바뀐 새로운 주거상황에 대한 평가가 다시 일어나 주거행동과정의 흐름이 반복하여 계속 진행된다.

제약이 커서 주거조절을 수행할 수 없거나 주거조절을 원하지 않는 경우에는 가족적응을 한다. 우선 현 주거상황을 평가하는 가족주거규범을 일시적으로 변경할 수 있으면(의사결정 9) 가족주거규범 변화가 발생하고(과정 iii), 규범적 적응이 이루어질 수 없으면 가족구성을 변화시킬 수 있는지를 검토한다(의사결정 10). 구성적 가족적응이 발생하면, 변화된 새 가족구성원은 이전과 다른 가족주거규범을 적용한다(과정 iv). 규범적 가족적응이나 구성적 가족적응을 한 결과 가족의 주거결함이 변화되어, 바뀐 새 기준으로 기존의 주거상황에 대한 평가가 다시 일어나 주거행동과정의 흐름이 반복하여 계속 진행된다.

가족구성을 바꿀 수 없는 경우에는 가족의 역할분담, 가족통합도와 같은 가족조직을 바꾼다(의사결정 11, 과정 v). 이것도 안 될 경우에는 자원을 증가시키는 노력을 하여(의사결정 12, 과정 vi), 주거조절을 방해하는 자원제약을 감소시킨다(의사결정 13).

가족적응도 할 수 없는 상황에서는 불만족스러운 주거상태를 수용할 것인지를 결정한다(의사결정 14). 이때 제약이 크지 않으면 사회구조나 문화구조를 변화시키는 사회적 행동에 참여하거나, 그렇지 못하면 가족해체 및 가족재생과 같은 가족혁신을 시도한다(의사결정 15). 이 시도가 성공하면 주거행동과정이 다시 시작된다. 한편 아무것도 할 수 없을 정도로 제약이 크면 만성적인 주거불만족 상태(D)에 놓이게 되어 사회적으로 문화규범 변화를 일으키는 심각한 불만집단이 만들어질 수 있다. 그림 4-9 흐름도에 나타난 가족적응(의사결정 8) 이후 과정은 주거학 단일 학문의 범위를 넘어 가족자원관리학, 가족학, 사회학, 사회복지학, 행정학, 정치학 등과 학제 간 공동관심이 필요한 영역으로 확장된다.

생각해 보기

1. 자신이 속한 가족이 형성된 시점부터 지금에 이르기까지 살아온 주택의 특성과 그동안 경험한 주거생활 변화를 정리해 보자.

2. 실제 가족을 사례로 선정하여 가족의 주거행동과정(그림 4-9)에 맞춰 그 사례 가족이 선택 가능한 주거행동과정을 생각해 보자.

3. 최근 발표되는 주거실태조사, 한국의 사회지표 등의 주거자료를 분석하면서 최근 일어나고 있는 주거변화와 가구특성별 차이에 대해 생각해 보자.

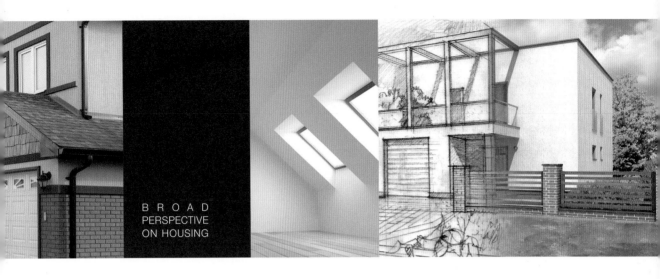

BROAD
PERSPECTIVE
ON HOUSING

5장
주거와 문화

환경은 인간이 주거생활을 영위하는 데 어떠한 영향을 미치는가? 주택의 형태나 공간은 어떻게 형성되는가? 이것은 기후나 자연적 조건들의 영향에 기인한 것인가 아니면 인간의 의지에 의한 것인가?

주거문화는 지역의 다양한 물리적 자연환경과 각 사회나 지역의 사회적·문화적·종교적 차이에 따라 다르게 형성된다. 주거는 문화적 산물로 한 지역의 문화를 이해하기 위해 일차적으로 알아야 할 요소이다. 주거는 거주자의 삶을 결정짓는 환경의 역할을 하는 한편, 거주자의 생활양식의 변화에 따라, 때로는 사회적 정책과 제도의 변화에 따라 진화하는 역동적인 문화결정체이다.

이 장에서는 주거문화에 영향을 주는 요소를 자연환경, 자원과 기술, 사회문화적 요소로 나누어 살펴보고, 각 요소별로 여러 나라의 주거 문화에 대해 사례를 들어 살펴보고자 한다.

1
주거문화를 형성하는 요소

주거는 지역의 기후와 산물 등 자연환경에 의해 달라진다고 보는 기후결정론적(혹은 환경결정론적) 사고가 있다. 고대 그리스 시대에도 존재한 이 사고는 주거를 포함한 인간의 생활양식은 인간의 자유로운 선택의 결과가 아니라 기후, 지형, 식생, 수계 등 자연환경이 결정적으로 작용하여 생긴 결과라고 본다. 즉, 지역사회를 둘러싼 자연환경이 여러 사회에서 나타나는 사회적·경제적·문화적·정신적 특성 등에 결정적인 영향을 미치며 자연환경요인이 사회발전의 흐름을 결정짓는다고 보았다.

반면, 라포포트Rapoport, 1969는 주거형태가 기후적 또는 건축기술적 측면에서 결정된다는 기후결정론적 사고는 지나치게 단순한 것이라고 지적한다. 기후조건이 매우 유사한 곳에서도 다양한 주거유형을 볼 수 있으며, 재료나 구조, 건축기술 등의 요소들이 무엇을 지을 것인가 또는 어떤 모양으로 지을 것인가를 결정해 주지는 못하므로 이러한 기후적 요인이나 기술적 요인 등은 결정요소라기보다는 수정요소modifying factor로 볼 수 있다고 하였다. 오히려 한 문화의 독특한 성격, 즉 풍습이나 사회적 금기, 가치관 등이 주택이나 마을 형태에 직접적인 영향을 미칠 수 있음을 강조한다. 특히 이러한 문화적 요소들은 어떤 주거형태가 만들어질 수밖에 없는가 하는 것보다는 이러한 문화적 제약 때문에 어떤 주거형태가 불가능한가를 결정하는 데 더 큰 영향을 미친다고 하였다.

라포포트는 주거에 영향을 미치는 직접적인 요소로 생활양식을 들고 있다. 생활양식은 문화, 민족정신, 세계관, 국민성 등의 구성요소들이 복합적인 특성으로 나타낸다. 여기에서 문화란 한 인간의 신념이나 가치관, 제도, 관습적 행동의 총체적인 형태이며, 민족정신은 인간이 속한 종족 내에서 도덕적 의무와 조직적인 개념을 뜻한다. 세계관은 인간이 세계를 보는 특정 방법이며, 국민성은 일반적으로 한 사회구성원의 유형화된 개성을 뜻한다.

올트만Altman, 1980도 주거형태를 단독적인 요인이 아닌 기후, 자연자원, 사회적 배경, 종교 등 여러 요인들의 복합적인 작용에 의한 결과로 보았다. 올트만은 그림 5-1과 같은

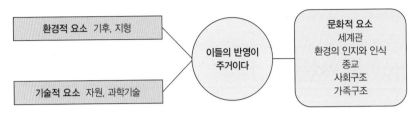

그림 5-1 주거에 영향을 미치는 요소

자료 : Altman & Chermers(1980). p.156.

개념 모형을 통해 주거에 영향을 미치는 요소를 환경적 요소, 기술적 요소, 문화적 요소로 나누어 설명하고 있다.

2 자연환경

주거는 자연환경의 영향을 반영하고 있으며 특히 기후 요소인 온도·습기·바람·비·복사량·일광 등은 주거형태에 큰 영향을 미친다. 기후의 영향은 북극의 에스키모인, 시베리아의 유목민, 중동지방이나 열대지방과 같이 극단적인 기후 여건 속에 사는 경우 더욱 중요하다.

동남아시아 주거의 대표적인 특성은 주택의 바닥이 땅에서 떨어져 올려진 고상식pile-

인간과 환경 간의 세 가지 관점

- 환경결정론(environmental determinism) : 환경이 인간생활의 지배자이며 인간행동의 방향을 결정한다고 보는 관점
- 환경가능론(environmental possiblism) : 인간생활에 환경은 단지 가능성만을 제공할 뿐이며 이것이 어떻게 사용되는지는 전적으로 인간의 선택에 달려 있다고 보는 관점
- 환경개연론(environmental probablism) : 상식에 기초를 둔 보다 온건한 관점에서 환경과 인간의 행동 사이에는 규칙성 있는 관계가 있다고 가정하여 환경이 우리의 생활이나 행동을 지배하지 않으나 행동을 위한 기회나 대안의 잠재적 가능성으로 존재한다고 보고 이를 확률적으로 보는 관점

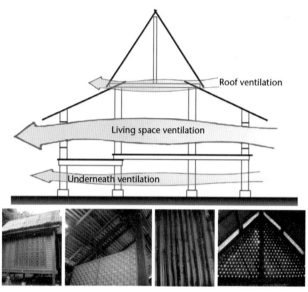

그림 5-2 말레이시아 전통주택의 통풍구조
(좌부터 벽체, 간막이벽, 바닥, 벽, 지붕 사이)
자료 : Seo Ryeung Ju(2017). p.20.

built 주거라는 것이다. 고상식 주거는 열대지방의 습기나 해충, 우기때 물의 범람에 대응하는 형태로 발전된 결과이다. 동남아시아의 고상식 주거는 주택 전체가 통풍이 극대화된 구조로 구성된다고 할 수 있다. 파일기초의 사용으로 거주 공간 아래에 찬 공기를 흐르게 하고, 맞바람이 불도록 전면 개방이 가능한 창을 마주보게 배치하며, 경사가 가파른 박공지붕은 비를 빠르게 땅으로 떨어지게 하여 실내로 비가 침투하지 못하게 하며, 이중 구조로 된 지붕은 그 틈새로 더워진 실내공기를 쉽게 배출하게 해준다. 이러한 형태는 몬순 기후에서 뚜렷한 이점을 가진다.

와터슨Waterson, 1997의 연구에 의하면 특히 부기스Bugis, 아체Aceh, 말레이Malay 지역과 같이 덥고 습도가 높은 해안지방에서는 주로 긴 대나무를 쪼개서 만든 마루판 사이에 틈이 있게 만들고, 이를 통해 아래의 찬 공기를 끌어들인다.

바닥재의 사용뿐 아니라 벽재의 사용에서도 최대한의 환기를 추구하기 위한 방법이 적용된다. 벽은 동남아시아 주거 요소 중 가장 비중이 적은 요소로 야자 또는 대나무를 쪼개어 짜거나 목재를 결합하여 외·내부 벽을 조립식으로 구성한다. 내부벽은 칸막이의 기능을 하지만 상부는 서로 통하도록 되어 있으며, 내부 벽에도 틈이 있어 이를 통해 실내를 시원하게 유지하는 데 도움이 된다.

　지진이 잦은 인도네시아 수마트라sumatra 아체 지역에서는 건물을 지탱하는 파일기초가 유난히 다른 지역에 비하여 두껍고, 수직과 대각선 방향으로 매우 과하게 설치되어 있는데, 와터슨에 따르면 이러한 구조는 잦은 지진에 견딜 수 있는 유연성을 부여한다고 한다.[1]

3
자원과 기술

그 지역에서 활용되는 기술이나 이용 가능한 자원도 한 문화권의 주거에 반영된다. 복잡한 디자인의 유무나 건물구조, 시설설비 등은 특정 문화권의 기술발달단계를 나타낸다. 자원의 유용성도 주거형태에 영향을 미친다.

　토속주거는 지역에서 충분한 자연 재료를 이용하여 발전되어 왔다. 즉 석재가 풍부한 이탈리아 남쪽의 아풀리아Apulia 지방 알베로벨로Alberobello에는 트룰로trullo라고 하는 독특한 농가형 석조 주거가 있다. 벽과 지붕 모두 라임스톤을 쌓아서 작은 공간을 만들고 이 공간들 여러 개를 이어서 하나의 주거를 완성하는 방식이다. 올리버Oliver, 2003에 따르면 이 주거는 큰 돌을 다듬을 수 있는 연장과 기술이 없이 가능한 형태라고 한다.

　때로는 암반이 단단한 프랑스 소뮈르Saumur 지역 로아르Loire 강 주변이나, 스페인 동안달루시아Eastern Andalucia와 그라나다Granada 지역, 터키 중앙 아나톨리아Anatolia 지역 카파도키아Cappadocia 계곡에서는 돌을 채석하고, 이동 및 가공하여 집을 만들기보다는 암반을 파내어 동굴식 주거를 만들기도 한다.

　상대적으로 돌이 풍부하지 않고, 진흙이 풍부한 지역(아프리카 전역, 중앙아메리카, 남

1　이 지역 전문가에 의하면 이러한 구조는 2004년 쓰나미 피해에도 불구하고 집이 무너지지 않고 그대로 그 형태를 유지할 수 있었다고 한다.

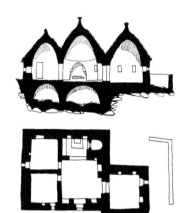

그림 5-3 이탈리아 아풀리아 지방 알베로벨로 지역의 트룰로(trullo) 주택
자료 : Paul Oliver(2003), p.92.

그림 5-4 한옥의 온돌과 대청
자료 : Choi Jae-Soon et al.(2000), p.91.

아메리카, 인도, 중국, 동남아시아)에서는 중요한 건축 재료가 진흙이다. 아틀라스 산맥 High Atlas, 북 예멘North Yemen 지역에서는 진흙으로 몇 개의 층까지도 건축이 가능하다. 즉 그 지역에서 풍부한 재료와 그 재료를 활용하는 기술에 따라 독특한 주거가 발전된 것이다.

한국은 유라시아 동단에 돌출한 반도국가로서 기온은 대륙성으로 같은 위도의 다른 나라에 비해 낮으나 강수는 계절풍의 영향으로 해양성을 띠는 점이지역이다. 겨울은 춥고 건조하며 여름은 습하고 비가 많으며 고온으로 사계절의 구분이 뚜렷하다. 이러한 기후영향으로 한국은 예로부터 산을 등지고 물이 앞에 흐르는 배산임수형 지형을 가장 이상적이라 여겼다. 또한 주택구조는 대륙적이면서도 해양적인 기후특성에 적응하기 위해 온돌과 마루라는 대조적인 바닥구조를 형성하여 기후환경과 생활환경을 잘 반영하고 있는데 이는 세계에서 유일한 것이라고 할 수 있다. 온돌은 겨울이 길고 추운 북쪽지방의 서민주택에서 발달하여 점차 남쪽지방으로 전파되면서 상류주택에까지 확산되었다. 마루는 여름이 길고 무더운 남쪽지방의 상류주택에서 발달하여 점차 북쪽지방으로 전파되면서 서민주택에까지 확산되었다. 즉 한국의 주거에서는 겨울과 여름이라는 극단적인 기후 조건에 대응한 온돌과 대청이 공존하면서 발전하게 된 것이다.

4
사회문화적 요소

주거에 있어서 문화적 요소의 영향은 특히 인간의 세계관, 종교, 가족과 사회구조에서 구체적으로 나타난다.

1) 세계관

한 지역의 사람들이 가지고 있는 우주관, 자연, 도시에 대한 생각 등은 주거형태에 영향을 미친다. 예를 들면 북아메리카의 수sioux 인디언은 세계를 원의 형태로 보며 이에 따라 집과 마을을 원 형태로 구축했다. 이들은 하늘을 원의 형태로 인식하고 태양은 원을 그리며 회전한다고 보았다. 반면 고대 중국 사람들은 세계를 사각형으로 보고 마을형태나 궁전, 주택 평면을 사각 형태로 구축하였다. 이와 같이 다양한 세계관은 인간이 거주공간을 구축하는 데 상이하게 작용한다.

중국은 일찍이 철학적 사고가 발달하였는데 유교와 도교사상이 우주와 인간 삶의 전 분야에 걸쳐 중국인의 사고를 체계화시켰으며 주거문화에 큰 영향을 주었다. 유교사상에 의한 중국의 대표적인 주거형태인 사합원四合院의 건축원리가 대칭적 질서, 위계, 중심축을 중심으로 발전하였다. 또한 도교사상으로 인한 자연성, 비정형성 건축원리는 중국의 정원 건축에 영향을 주었다.

음양오행에 의한 풍수사상은 건축대지의 선택, 땅 파기, 주거의 향, 기둥 세우기, 문과 화덕의 설치 등에 중요한 판단근거가 된다. 이러한 풍수사상은 실용성을 중시하는 농부들에게 태양의 방향에 특히 주의를 기울여 배수가 잘 되는 땅의 선택과 환기문제를 적절하게 해결하는 데 영향을 미쳤고, 주택으로부터 복을 받기 위해 해야 할 것과 금기사항을 만들어 가족의 안녕을 도모하였다.

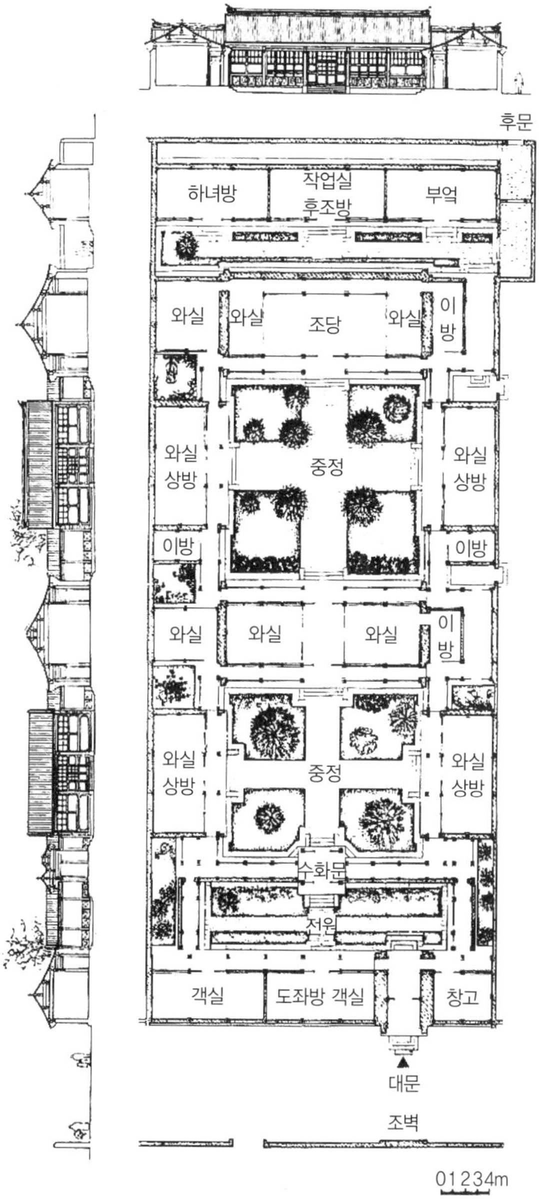

사합원은 명료한 위계질서를 가진 중국의 전통

그림 5-5 사합원의 단면과 평면
자료 : 강인호·한필원(2000), p.169.

주거로, 건물 네 개가 중정을 둘러싼다는 뜻을 갖고 있다. 사합원은 가운데 중정을 중심으로 생활공간을 배치하는 북부 중국의 도시형 주택으로 전통중국사회를 지배해 온 유교가 주택형태에 구현되어 명나라1368~1644년 이래 중국 전역에 퍼져 중국 한민족의 대표적인 주거형식이 되었다. 오늘날은 북경의 후통胡桐 지역 등 보수를 계속해온 지역에 주로 남아 있다.

사합원의 공간구성은 중정을 둘러싼 안쪽에 정방正房, 좌우의 상방厢房과 출입구 쪽의 도좌방倒座房 등 건물 네 개가 배치되는 형식으로 남북을 축으로 특수한 규칙에 따라 대칭적으로 배치된다. 주택 전체는 개구부가 거의 없는 벽으로 둘러싸여 거리로부터 격리되어 외부에 대해서는 폐쇄적이고, 내부를 향해서는 개방적인 구조이다.

출입구인 대문은 풍수지리에 의해 건물 남동쪽이나 북동쪽의 오른쪽에 위치하는 것이 일반적이다. 대문은 신분이나 경제력에 따라 계단의 높이나 장식을 달리 설치했다. 대문에 들어서면 긴 마당인 전원前院이 있고 왼쪽으로 들어가면 주거의 중앙부에 제2의 출입구인 수화문垂花門이 있다. 이는 문 위의 지붕에 꽃모양의 장식이 있다고 하여 붙여진 이름으로 장식의 정도에 따라 집주인의 경제적 지위를 나타낸다. 수화문이 있는 오른편 벽면을 영벽影壁이라 하는데 이는 대문 밖에서 바라보는 시선을 차단하고, 잡귀가 들어오는 것을 막아주는 역할을 한다.

세계관과 관련된 수직적·수평적인 사고 특성은 주거와 인간생활에 영향을 미친다. 수직적인 사고는 위의 세계와 아래 세계를 구분하는데 많은 문화권에서 위의 세계는 자유, 천당, 좋은 곳과 관련된 곳으로 높은 곳에 대한 긍정적인 사고와 연결된다. 따라서 종교건축이나 지위 또는 신분과 관련된 장소로서 높은 곳은 긍정적이며 좋은 곳으로 인식된다. 반면 아래 세계는 해가 지고 춥고 어두운 곳으로 생각하며 나쁜 곳을 상징하고 있다. 이와 같은 수직적인 사고는 많은 문화권에서 보편적으로 나타나는 의식구조이다.

동남아시아에서는 토착신앙에 기반을 둔 주술과 정령 숭배적 신앙이 공존하고 있다. 강, 숲, 산 등에 기거하는 자연의 정령과 초자연적 힘을 갖는 장소나 사물을 숭배한다. 주택에 있어서도 이러한 종교적 특성이 반영되는데, 주택 최상부로부터, 지붕Bumbung Rumah=roof, 거주공간Badan Rumah=body, 기초Bawah Rumah=underneath라는 위계는 각각 신 아래 인간, 그 아래 동물이 산다는 종교적 위계와 상징성을 내포한다고 설명되고 있다(Widodo, 2004: 3; Ariffin, 2001: 54, Schefold, 2003: 23).

한편 서양주거를 이해하기 위해서는 고전주의 규범으로부터 출발해야 한다. 고전주의

그림 5-6 동남아시아 주거의 위계도
자료 : Seo Ryeung Ju(2012), p.7, 55.

Classism는 고대 그리스와 로마의 미술과 건축을 구성하는 절대적인 미의 질서로, 고전주의 건축물은 균형, 비례, 조화의 절대적인 질서를 따르고 있다.

그리스와 로마의 고전 건축물에서는 건축물의 아름다운 형태를 만들기 위해 절대적인 비례를 고민했으며, 기둥과 지붕을 구성하는 구조 부재의 모양, 비례, 장식 모티브 등에 대한 자세한 규범을 제시하고 있다. 그 결과 기둥의 주두(도리아식, 이오니아식, 코린트 식 등)와 몰딩(평몰딩, 장식띠벽, 오볼로, 카베토 등)의 고전주의 모티브들은 현재의 건축과 실내디자인, 가구 양식에서까지 절대적인 기준이 되고 있다.

고전주의의 질서는 비트루비우스Marcus Vitruvius Pollio, BC 83~?의 책에서 기술되고 있는데, 그 내용에서는 BC 1세기 로마의 사회생활, 종교적 신념, 법, 생활습관, 경제 등을 조명하고 있고, 고전주의적 질서는 건축물뿐만 아니라 도시계획, 공공시설물, 건축물의 장식과 양식까지 적용되어야 한다고 하였다.

비트루비우스의 건축이론은 알베르티Leon Battista Albberti, 1404~1472, 팔라디오Andrea Palladio, 1505~1580에게 이어지고, 이후 서양 건축의 절대적인 기본 질서로 자리 잡게 되었다.

팔라디오는 고전주의의 이상적인 형태와 역사적인 정확성, 그리고 건축기술적인 측면을 더하여 "팔라디언Palladian 스타일"을 탄생하게 하였다. 이는 후대에 정형적인 질서를 연상하게 하는데, 즉 고전주의 개념을 적용하는 접근 방식을 의미하게 된다.

팔라디오가 비첸차에 건축한 빌라 로톤다또는 빌라 카프라, 1550~1554는 고전주의의 대표적인 주택으로, 평면의 양측으로 3분할하고 결과적으로 생긴 9개의 영역의 중심에 돔dome

그림 5-7　팔라디오가 설계한 빌라 로톤다(또는 빌라 카프라 : 1550~1554)
자료 : 심우갑 외(2001), p.162.

을 배치시키고 있다. 평면구성과 입면 디자인은 철저히 대칭적이며, 중앙의 돔은 가장 강력한 중심성을 만들어 내고 있다.

2) 종 교

많은 문화권에서는 주거에 중요한 종교적 의미를 부여하고 있다. 예를 들어 몽고족 중에는 주거 공간 내에 가족의 제단을 마련하여 보통 입구 쪽에서 침상의 왼쪽에 배치한다. 우리나라 전통주거에도 마을 뒷산에 서낭당이 있어 민간신앙의 장소로 사용하였으며, 유교적인 관습으로 중류와 상류 주택에 조상의 위패를 모시는 사당을 두기도 하였다. 보크너Bochnner는 아시아 지역의 주거공간 배치를 분석하면서 문화적 특성이 어떻게 주거 내에서 표현되는가를 연구하였다. 중국의 전통주거에서는 종교가 매우 중요한 요소로서 주거공간 내 주요 장소에 종교적인 제단을 배치하였다고 한다. 이러한 종교적 의미는 주거의 공간구성에 영향을 미치며 비록 전 세계적으로 보편적인 현상은 아니나 많은 문화권에서 다양한 형태로 나타난다.

　일본에서 불교는 쇼토쿠聖德 태자의 독실한 신앙심으로 보호받아 급속히 융성하게 되어 건축·조각·회화·공예 분야에서 문화재를 만들면서 불교와 일체가 되는 독창적인 일본문화를 형성하였다. 주거공간에서 볼 수 있는 불교의 영향은 자시키ざしき에 설치된 도코노마床の間 구성과 부츠단佛壇의 장식을 들 수 있다. 도코노마는 간단히 도코床라고도 하는데 자시키나 다실의 한쪽 귀퉁이에 다다미 한 장 정도의 면적을 바닥면보다 10cm

정도 높여서 다다미를 깔거나 목재로 마감한 후 전면 벽에 서화를 걸고 단 위에는 화병이나 소품, 장식품을 올려놓는다. 도코노마 구성은 기원이 사찰에서 비롯된 것으로, 불교를 믿는 가정의 부츠단 장식은 가장 직접적인 종교적 성소로서 주거의 중심에 자리 잡게 되었다. 서민주택에서는 이러한 부츠단 외에도 토속적인 신앙을 병행하여 집안에 가미다나神柵를 만들어 화목과 행복을 기원하기도 한다.

3) 가족유형과 사회구조

가족유형과 사회구조는 주거공간구성이나 형태에 뚜렷하게 반영된다.

부부간의 권력구조, 부모자녀관계, 확대가족의 여부, 기타 가족생활의 다양한 측면은 주택형태에 반영된다. 보크너의 연구에서 중국의 거주공간은 확대가족의 특성을 반영하

그림 5-8 일본 전통주택인 쇼인즈쿠리 주택의 도코노마

여 부모의 공간은 주택 중앙에 위치하고, 자녀의 성별 분리가 공간배치에서 뚜렷이 나타나 여성 자녀 공간은 내부에 위치한다. 일본의 주거공간 배치에서도 이와 흡사한 형태를 보이며 부모의 취침공간은 식사공간과 화덕에 가까이 있으며 자녀의 성별 분리가 뚜렷하고 결혼한 자녀를 위한 공간도 볼 수 있다.

우리나라 전통주거 공간에서도 유교적인 전통으로 남녀유별사상이 주택에 뚜렷이 나타난다. 사랑채의 기단을 안채보다 높게 하여 가족 내의 권위관계를 구분하였고, 신분에 따라서 주택의 규모가 제한되는 등 사회구조에 따른 주택의 차이를 볼 수 있다.

한국 전통주택의 공간배치는 상류주택이 신분제도의 영향으로 공간이 상하로 구분되

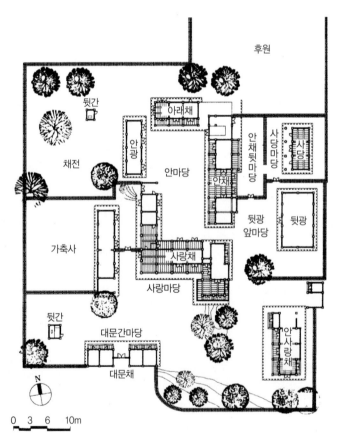

그림 5-9 한국 전통주거의 안채와 사랑채
자료 : 강영환(2002), p.225.

고, 내외사상으로 여자들이 사용하는 안의 공간과 남자들이 사용하는 밖의 공간이 구분되며, 조상숭배의식이 정착됨에 따라 사당과 같은 의례공간이 집안의 한 구성요소로 자리하는 등 유교의 영향을 크게 받았다.

유교의 삼강오륜은 조선 중기 이후 사회적 기풍으로 정착되어 남녀 지위차등과 내외사상 등이 주택평면을 구성하는 기본개념이 되었다. 안채와 사랑채를 따로 두어 남녀유별에 의한 공간분화를 하였다. 조선시대 초기부터 부부별침을 명하여 가장은 중·상류주택에서는 사랑채에 있는 침방에서 취침을 하였고, 서민주택에서는 윗방이나 사랑방에서 취침하였다. 침실분리뿐 아니라 남녀의 역할분담과 생활권이 구별되었다. 남자는 가족을 대표하여 사랑채에서 외부와 접촉하는 일을 맡고, 주부는 안살림의 주인으로서 안채에서 집안 내부의 일을 관장하였다.

한편 말레이시아, 인도네시아, 베트남의 소수민족에서는 여러 가구가 하나의 주거공동체를 이루는 길이가 긴 형태의 롱하우스longhouse라는 공동주택이 있다. 주거공간은 크

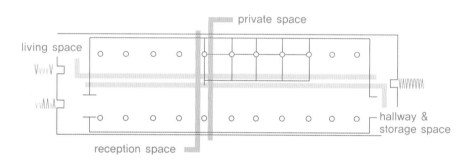

그림 5-10 베트남 에데 롱하우스
자료 : Sco Ryeung Ju(2012), p.135,

게 개별 가족의 사적인 취침공간, 거주인이 함께 생활하는 공동생활공간으로 구분된다.

베트남 에데Ede 롱하우스는 모계가족을 위한 공동체 주거이다. 긴 형태의 주거 가운데에는 간막이로 분할된 개별 주거공간이 위치하고, 전면에는 손님을 접대하고, 가족이 모이는 공동공간 그리고 다른 끝에는 음식물을 보관하는 공간이 위치하고 있다.

말레이시아 사바saba의 무루트Murut 롱하우스에는 전면에 함께 사용하는 공동공간 saloh의 베란다가 위치하고 후면에 개별 주거공간sulup이 줄이어 배치되는데, 개별 주거공간sulup에서는 부부와 결혼하지 않은 여자 자녀가 함께 자고, 남자 자녀와 손님들은 베란다 공간에 함께 취침한다.

중국 토루는 객가족이 만들어낸 독특한 주거유형으로 공동생산과 공동방어를 기본으로 하는 공동체 주거로서 외부방어에 유리한 주택형태를 취한다. 복건성福建省의 서부 산지에 살던 거주자들이 황하와 양자강 중앙평원에서 전쟁을 피해 남하를 시작했는데 양자강의 범람을 피해 해발 300~600m의 높은 산간분지에 정착하였다. 이들을 객가인이라고 부르는데 토착 원주민들과의 마찰이 심화되어 방어적인 형태의 주택을 취하였다. 객가족은 한족사회의 생활문화로 중정형 주택을 지었는데 주택의 결속력과 방위력을 높이기 위해 단독주택을 밀집시켜 배치하다가 다시 방형의 단일 건물(방형 토루)로 발전하였고, 이후에 방형이 원형 주거(원형 토루)로 변모하였다.

원형 토루의 공간구조   복건성에 있는 토루 마을

그림 5-11 중국 토루 주택
자료 : 손세관(2001), p.191, 213.

주택의 공간구성을 보면 대가족 전체가 외벽으로 둘러싸인 건물 속에 집결되도록 하고 중정을 공동장소로 사용하였다. 복건성 토루의 경우 자연재료를 활용하여 내부는 목재가구식 구조이며, 외벽은 단단히 다진 흙·진흙, 돌로 된 혼합구조로 되어 있으며 박공지붕과 긴 처마로 외벽을 보호하고 있다.

생각해 보기

1. 주거에 영향을 주는 여러 요소들 중 영향력이 큰 사례들을 다른 나라 주택에서 찾아보자.

2. 현재의 한국 주거문화 형성에 영향을 주고 있는 요소들에 대해 생각해 보자.

3. 한국, 중국, 일본 전통주택의 공통점과 차이점을 정리해 보자.

2

디자인과 주거

6장
주거공간의 계획

세계의 여러 나라에는 각 지역의 자연환경과 사회문화적 특성, 건축기술에 따라 다양한 주택이 있다. 이들 주택은 외관뿐 아니라 실내공간에서도 많은 차이를 보이는데, 이는 소속된 사회의 특성, 거주자의 가치관, 생활양식, 경제적 능력이 반영되기 때문이다. 세계가 일일생활권이 되었고, 사회경제적 수준이 높아진 오늘날에는 주택의 지역적 특성은 많이 약화되었으나, 기능적이고 쾌적하면서 아름답고 개성 있는 주거공간에서 생활하려는 사람들의 욕구가 점차 높아지고 있다.

이 장에서는 주택의 유형과 주거공간 계획의 원리, 그리고 주거공간 계획의 실제에 대하여 알아본다.

1
주택의 유형

주택의 유형은 주택의 집합형식, 주택의 구조와 재료, 공간의 기능, 공간의 변경 가능성
에 따라서 분류한다.

1) 집합형식에 따른 주택유형

주택유형은 단위주택이 독립적으로 건축되었는지, 집합적으로 건축되었는지에 따라 단
독주택과 집합주택으로 구분한다.

(1) 단독주택

한 가구가 개별적으로 실내공간과 외부공간을 사용하고 독립적인 출입구가 있는 주택으
로, 1~3층이 일반적이다. 단독주택은 거주자의 개성을 살릴 수 있는 공간계획이 가능하

그림 6-1 2층 단독주택(한국, 서울)

고, 프라이버시 확보가 유리하다는 장점이 있다. 그러나 가구별로 대지를 구입해야 하므로 비경제적이고, 유지관리를 독자적으로 해야 하므로 번거로우며, 집합주택보다 대지 이용이 비효율적이라는 것이 단점이다.

(2) 집합주택

집합주택의 유형은 층수, 집합형태, 건물형태에 따라 다양하다. 층수를 기준으로 저층형(3층 이하), 중층형(5층 내외), 고층형(10층 이상)으로 구분한다.

① 저층형 집합주택의 층수는 1~3층이며, 개별 출입구와 개별 마당이 있어서 비교적 프라이버시가 유지된다. 저층형 집합주택은 주택의 수와 형태에 따라서 듀플렉스하우스, 로하우스, 테라스하우스, 파티오하우스, 아트리움하우스 등으로 나눈다.

- 듀플렉스하우스duplex house는 2호 연립형 주택으로, 두 채의 주택이 한 벽면을 공유하며, 단독주택에 비해서 대지의 효율적 사용이 가능하다는 장점이 있다.
- 로하우스row house는 4채 이상의 주택이 연속해 있는 주택으로, 타운하우스townhouse라고도 한다. 가구마다 개별 출입구와 개별 마당이 있어서 아파트에 비해서 프라이버시 확보에 유리하다. 1층에는 거실, 식당, 부엌을, 2층에는 침실과 같은 개인생활공간을 계획하는 것이 일반적이다.
- 테라스하우스terrace house는 대지경사면을 따라 입체적으로 주택을 배치한 것으로, 위쪽으로 올라가면서 주택을 후퇴시켜 배치하여 주택 전체가 경사를 이루는 형태이다. 아래쪽 주택의 옥상이 위쪽 주택의 테라스이므로 테라스 하우스라고 한다. 장점은 토지이용률이 높고 자연친화적 환경을 조성한다는 것이며, 단점은 주택 전면에만 채광이 가능하고 통풍에 문제가 있다는 것이다.
- 파티오하우스patio house와 아트리움하우스atrium house는 주택을 앞·뒤 또는 옆으로 붙여 지어, 주택마다 개별 마당과 개별 출입구가 있다. 파티오하우스는 ㄷ자형의 주택을 연속시켜 주택마다 파티오가 있으며, 아트리움하우스는 ㅁ자형의 주택을 연속시켜 주택마다 중정atrium이 있다. 파티오하우스와 아트리움하우스는 공동개발로 대지구입비와 건축비가 절약되어 경제적이라는 장점이 있다.

② 중층형 집합주택은 여러 주택이 공동으로 출입구와 외부공간을 사용하고, 주택의 아

6-3

그림 6-2　저층형 집합주택(테라스하우스)(덴마크, 코펜하겐)
그림 6-3　중층형 집합주택 단지(덴마크, 코펜하겐)
그림 6-4　초고층형(타워형) 집합주택(한국, 서울)

6-2

6-4

래·위·옆에 이웃이 위치하여 벽, 바닥, 천장을 공유하는 5층 내외의 주택이다. 건물 형태에 따라서 일자형, 박스형, 중정형으로 구분한다.

- 일자형은 각 주택이 한 방향으로 배치된 일자 형태로, 채광은 건물의 전면과 후면 만 가능하다. 단위주택에 접근하는 방식을 기준으로 계단실형, 편복도형, 중복도형 으로 구분한다. 우리나라 집합주택은 1990년대까지 대부분 일자형이었다.
- 박스형은 건물의 형태가 박스형이어서 사방에 창을 둘 수 있어 채광의 방향이 다 양하고, 각 주택의 향이 다르다는 것이 특징이다.
- 중정형은 주택들이 중정을 둘러싸는 ㅁ자형으로 배치된 형태로, 유럽의 전형적인 집합주택 형태이다. 대규모 단지인 경우 고밀도계획이 가능하여 경제적이라는 장 점이 있으나, 소규모 단지인 경우 중정이 좁아 통풍, 환기, 채광이 불리하다는 단점 이 있다.

③ 고층형 집합주택은 공동의 출입구와 외부공간을 사용하고 주택의 아래·위·옆에 이 웃이 위치하여 벽, 바닥, 천장을 공유한다는 점이 중층형 집합주택과 같으나, 10층 이 상이어서 엘리베이터가 필수적이라는 점이 다르다. 건물형태에 따라 판상형과 타워형 으로 구분한다.

- 판상형은 중층형 집합주택의 일자형과 같으나 층수가 높아 판상형이라 불린다. 건 물이 높고 획일적 형태이어서 위압적이고 삭막한 분위기를 조성하는 단점이 있으 나, 대량공급이 가능하여 경제적이다. 단위주택에 접근하는 방식에 따라 계단실형, 편복도형, 중복도형으로 구분한다.
- 타워형은 20층 이상인 경우에 구조적 문제를 해결하기 위하여 계획한다. 타워형 은 건물 중앙에 엘리베이터, 계단, 배관설비를 배치하고, 주변에 3~5호의 단위주 택을 배치하는 경우가 많다. 북향 또는 서향에 위치하는 주택은 채광이 불리하므 로 적절한 평면계획으로 이러한 단점을 보완할 필요가 있다.

2) 구조와 재료에 따른 주택유형

주택유형은 구조에 따라서 가구식 주택, 조적식 주택, 조립식 주택으로 구분하며, 재료에 따라서 목조 주택, 석조 주택, 벽돌조 주택, 철근콘크리트조 주택으로 구분한다. 그러나 재료와 구조를 함께 포함시켜 목조 가구식 주택, 철골조 가구식 주택, 벽돌 조적식 주택, 석재 조적식 주택, 프리캐스트 콘크리트 조립식 주택으로 구분하기도 한다.

(1) 가구식 주택

건물의 구조체인 기둥과 보를 일차적으로 구성하고, 이차적으로 지붕, 벽, 바닥을 구조체에 연결시키는 방식으로 지은 주택이다. 구조체로는 목재, 철골을 이용한다. 장점은 기둥과 보의 간격에 맞추어 공간의 규모를 정하고, 벽체는 필요에 따라 자유롭게 구성하므로 건물의 해체, 이동, 증·개축이 가능하다는 것이다.

① 목조 가구식 주택은 구조체인 기둥과 보가 목재이며 여기에 바닥, 벽, 지붕을 연결시킨 주택으로서, 대표적인 예가 우리나라 전통주택인 한옥이다. 단점은 목재의 특성상 내구성이 떨어지고, 하중에 견디는 힘이 약해 대형건물을 짓는 데 한계가 있으며, 화재에 취약하다는 것이다. 그러나 해체, 이동, 증·개축이 용이하다는 장점이 있다. 댐 건설로 생기는 수몰水沒지구의 한옥들을 옮겨 건축하는 것이 가능한 것은 목조 가구식이기 때문이다.

그림 6-5 목조 가구식 주택(한국, 전남 진도)

② 철골조 가구식 주택은 하중을 받는 구조체인 기둥과 보를 철골로 짜 맞추고 바닥, 벽, 지붕을 연결시킨 주택이다. 초고층 철골조 가구식인 경우, 건물의 하중을 줄이기 위하여 내부 벽체는 가벼운 경량벽으로 하고, 외부 벽체는 유리를 이용한 커튼월 curtain wall 공법으로 하는 경우가 많다. 철골조 가구식 주택의 장점은 철재의 특성상 견고하며 내구성이 크고, 지진과 바람에 강해 50층 이상에도 가능하다는 것이다. 단점은 화재에 견디지 못하고, 비용이 많이 소요되며, 유리 외벽이 대부분이어서 업무 시설 같은 느낌이 든다는 것이다.

(2) 조적식 주택

벽돌, 석재, 콘크리트 블록 등을 조적하여 지은 주택을 말한다. 장점은 내화성이 크고 내구성이 좋으며, 보온과 단열에 유리하다는 것이다. 단점은 재료가 무겁고 벽이 두꺼워 건물의 하중이 크며, 조적식이라서 수평적 충격에 약하기 때문에 지진이 우려되는 지역에서는 사용할 수 없다는 것이다. 조적식 주택에 많이 이용되는 벽돌은 외관이 친근하고 아름다우며 가격이 비교적 저렴한 편이다. 석재는 내구성·내마모성이 탁월하고 고급

그림 6-6 조적식(벽돌) 주택(미국, 시카고)

스러운 느낌을 주지만 가공이 어렵고 가격이 비싸다는 단점이 있다.

(3) 조립식 주택

주택 부품을 규격화하여 공장에서 대량생산한 후에 건축현장에서 조립하는 주택으로, 프리패브리케이션prefabrication 구조 주택이라고도 한다. 철근콘크리트를 이용하는 조립식 주택은 벽체, 바닥판, 기둥 등의 구조체를 공장에서 생산하므로 프리캐스트 콘크리트precast concrete 구조(PC 구조)라고 한다. 조립식 주택은 주택부품들을 경량화시킬 필요가 있다.

조립식 주택에는 두 종류가 있는데, 하나는 기둥과 보로 구조체를 구성하고 벽체와 바닥판을 조립하는 기둥식 구조이며, 다른 하나는 벽과 기둥, 바닥과 보를 한 장의 패널로 만들어 조립하는 벽식 구조이다. 또, 조립식 주택에는 현장작업을 최소화할 목적으로 특정 공간 또는 단위주택 전체를 공장에서 생산하여 구조체에 끼워 넣는 경우도 있다. 끼워 넣는 공간으로 가장 일반적인 것이 욕실이다. 욕실의 바닥, 벽, 천장을 일체화시킨 후 세면대, 양변기, 수전을 설치하여 배관, 배선을 설비 코어에 연결시키므로 시간과 경비가 절약된다. 원룸 주택 같은 소규모 주택은 단위주택 전체를 끼워 넣기도 하는데, 이것이 콘센트에 플러그를 꽂는 원리와 같다고 하여, 플러그인plug-in 주택이라고 한다.

그림 6-7 조립식 주택(네델란드, 로테르담)

(4) 철근콘크리트조 주택

모래, 자갈, 시멘트를 물로 섞어 만든 콘크리트에 철근을 보강하여 만든 주택이다. 철근콘크리트조 reinforced concrete(RC 구조) 주택은 압축력은 강하나 인장력이 약한 콘크리트와, 반대로 인장력은 강하나 압축력이 약한 철근의 특성을 상호 보완하여 만든 주택으로 장점이 많다. 즉, 지진, 바람, 화재에 강하고, 내구성이 커서 건물의 수명이 길며, 유지관리가 쉽고, 비교적 저렴하며, 대량생산이 가능하다. 따라서 고층형 집합주택에 많이 이용된다. 철근콘크리트조 주택은 기둥식 구조와 벽식 구조가 있다.

그림 6-8 철근콘크리트조(벽식 구조) 주택(오스트리아, 비엔나)

① 기둥식 구조의 철근콘크리트조 주택은 기둥과 보가 하중을 받고, 벽체는 하중을 받지 않는 비내력벽으로 구성된 주택이다. 따라서 벽을 헐어 공간을 개조·확장할 수 있는 장점이 있다. 단점은 기둥이 벽체보다 돌출되어 벽선이 깔끔하지 않다는 것이다.

② 벽식 구조의 철근콘크리트조 주택은 벽체와 바닥판이 하중을 받는 구조의 주택이다. 따라서 내력벽을 철거할 수 없기 때문에 공간을 개조하기 어렵다는 단점이 있다. 장점은 돌출된 기둥이 없어 벽선이 깔끔하며, 보가 없어 건물의 층고를 낮출 수 있다는 것이다.

3) 공간 기능에 따른 주택유형

주택의 유형은 공간의 기능에 따라 주거전용 주택과 복합기능형 주택으로 구분한다.

(1) 주거전용 주택

주거생활만을 목적으로 하는 주택을 말하며, 거주자를 기준으로 독신자 주택, 2세대 주택, 3세대 주택으로 나눈다. 한 건물에 여러 가구가 독립적으로 생활하는 다세대 주택도 주거전용 주택에 포함된다.

① 독신자 주택은 독립주거형 주택과 거주공동체형 주택으로 나눈다. 독립주거형 독신자 주택은 취침, 식사, 작업, 휴식 등의 주거생활이 가능한 주택으로, 독신자들의 선호도가 높아 원룸 형식에 가구와 가전제품을 빌트인built-in하는 경우가 많다. 거주 공동체형 독신자주택은 독신자들이 함께 공동체생활을 하는 주택으로, 침실은 개별적으로 사용하고 거실, 식당, 부엌은 공동으로 사용한다. 각 침실의 형태나 조건은 같게 하고 거실, 식당, 부엌 같은 공동생활공간으로의 접근이 용이하도록 구성하는 것이 바람직하다.

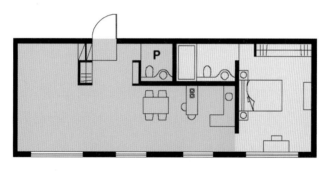

그림 6-9 독립주거형 독신자 주택

② 2세대 주택은 부부와 자녀로 이루어진 핵가족을 위한 주택을 말한다. 핵가족의 급증으로 주택의 대량공급이 요구되었던 시기에 건축되어 거주자의 욕구를 충족시키지 못하고 획일적이라는 단점이 있었으나 최근에는 다양하게 개발되고 있다.

③ 3세대 주택은 조부모, 부모, 자녀로 구성된 3세대가 함께 사는 주택이다. 따라서 개인의 프라이버시를 확보하면서 세대 간의 공동생활이 원활하도록 계획해야 한다. 예를 들면, 거실 같은 공동생활 공간은 가족의 교류가 활발하게 이루어지도록 하고, 세대별 공간은 분리되도록 계획한다. 욕실과 부엌을 세대별로 계획하는 것도 효과적이다.

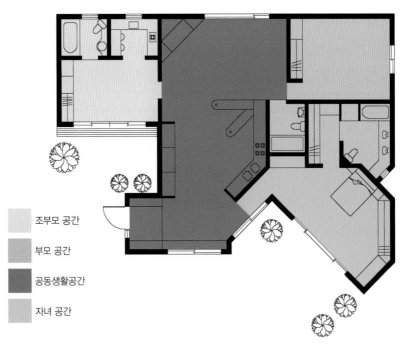

조부모 공간	
부모 공간	
공동생활공간	
자녀 공간	

그림 6-10 세대별 프라이버시가 확보된 3세대 주택

그림 6-11 자연친화적인 다세대 주택(한국, 서울)

④ 다세대 주택은 여러 가구가 독립적으로 거주할 수
있는 건물로서 4층 이하, 연면적 660m² 이하로서
건축 당시에 다세대 주택으로 허가받은 주택을 말
한다. 세대별로 등기가 가능하며, 매매 및 소유 또
한 가구 단위로 이루어진다.

(2) 복합기능형 주택

주거생활 이외에 부가된 내용을 기준으로 업무복합
주택, 상업복합 주택 등으로 구분한다. 산업화시대 초
기에 직주분리현상으로 인한 도심공동화를 막기 위해
생겼으나, 최근에는 도시를 활성화시킬 목적으로 주
거, 상업, 업무의 기능을 복합적으로 수용하여 계획하

는 경향이 있다.

① 업무복합 주택은 소규모 창업과 재택근무가 활성화되면서 나타난 주거겸용 업무공간
을 말한다. 건물 내에 업무와 가사에 관련된 생활지원시설인 CCTV, 위성방송시스템,
카드 키, 홈오토메이션, 컴퓨터 고속 송신·전송용 전용회선 등이 구비되어 생활이 편
리하다는 것이 특징이다.

그림 6-12　의원과 주택이 있는 업무복합 주택(한국, 서울)

그림 6-13　회사와 주택이 있는 업무복합 주택(한국, 서울)

② 상업복합 주택은 도시 직장인의 라이프스타일을 반영하고 생활의 편리함을 극대화시킬 목적으로 슈퍼마켓, 세탁소, 스포츠시설, 클럽하우스, 멀티미디어 룸, 게스트 룸과 같은 주민공유시설이 제공되는 주택이다. 우리나라에서는 주상복합 주택이라고 한다.

4) 공간 변경방법에 따른 주택유형

주택은 공간을 변경할 수 있는 방법에 따라 융통형 주택, 가변형 주택으로 구분한다.

(1) 융통형 주택

건축구조의 변경 없이도 공간의 변경이 가능한 주택을 말하며 용도변경형, 공간병합형, 오픈 시스템형이 있다.

① 용도변경형은 계획 초기부터 공간의 기능을 바꾸어 사용할 수 있도록 간이 벽체나 이동식 가구로 공간을 분할한 주택이다.

② 공간병합형은 인접한 두 공간을 통합하거나 분리할 수 있는 주택이다. 두 침실 사이의 벽체 또는 침실과 거실 사이의 벽체를 이동하여 공간의 크기를 조정할 수 있다.

③ 오픈 시스템형은 거주자가 자유롭게 공간을 계획할 수 있는 주택으로 화장실, 부엌 등 배관설비가 필요한 부분을 제외한 나머지 공간은 개방적 평면으로 제공한다.

(2) 가변형 주택

건물의 구조적 변경을 통하여 공간변경이 가능한 주택을 말하며, 세대간 병합·분리형과 개축·증축형이 있다.

① 세대간 병합·분리형은 공간의 확장이나 축소가 필요할 때 인접한 두 주택 간의 구조변경이 가능한 주택이다. 인접한 주택의 전체 또는 일부 공간을 병합하거나, 반대로 한 주택을 분리하여 두 세대가 생활할 수 있도록 계획하는 방법이 있다.

② 개축·증축형은 건축 초기부터 개축 또는 증축이 가능하도록 계획한 주택이다. 발코니를 내부공간으로 개축하거나, 증축하여 외부공간을 넓힐 수 있도록 계획한 것이 그러한 예이다. 수평적 공간의 확장뿐 아니라 옥상의 증축 등과 같은 수직적 확장도 가능하다.

2
주거공간 계획의 원리

1) 주거공간 계획 시 고려사항

기능적이고 쾌적한 주거공간을 계획하려면 거주하는 사람에 대한 이해와 함께 거주자의 생활내용을 파악할 필요가 있다. 다시 말하면, 주거공간을 계획하기 위해서 고려해야 할 사항을 우선 파악하고, 공간계획의 원리에 맞게 단계적으로 접근하는 것이 바람직하다.

(1) 거주자에 대한 제반사항을 고려한다

주거공간의 계획은 주거공간을 사용할 거주자의 수에 따라서 달라지므로 거주자의 구성을 파악하는 것이 무엇보다 중요하다. 다음으로 거주자의 내용, 즉 가족형태, 가족 수, 각 가족의 연령과 라이프스타일, 경제적 능력을 고려한다. 거주할 사람이 1명인 경우에는 독신자 개인의 특성을 공간계획에 반영한다. 독신자의 직업, 경제적 능력, 라이프스타일, 주거공간에서 지내는 시간, 식생활 패턴, 연령 등은 고려해야 하는 중요한 요소이다.

가족형태, 가족 수, 가족생활주기, 경제력, 연령 등의 상황은 변화되고, 주거공간에 대한 거주자의 요구수준이 높아지므로 이러한 변화에 적응할 수 있도록 공간의 수와 크기를 융통성 있게 계획한다.

(2) 거주자에게 적합한 주택유형이 무엇인지를 고려한다

다양한 주택유형 중에서 거주자에게 가장 적합한 유형을 정하고 공간을 계획하는 것이 바람직하다. 거주자의 제반사항을 고려하여 단독주택이 적합하다면, 다음에는 단층 또는 2, 3층 중에서 어떤 것이 더 나을지를 정한 후에 공간을 계획한다. 집합주택이 적합하다고 정한 경우에는 저층형, 중층형, 고층형 중에서 하나를 선택한다. 또 공간 기능을 고려하여 주거전용 주택, 업무복합 주택, 상업복합 주택 중에서 어떤 주택유형이 거주자에게 이상적인지를 선택한 후에 주거공간을 계획하도록 한다.

(3) 주택의 평면과 입면을 고려한다

주거공간의 계획에서 가장 기본적인 평면계획은 주거생활에 많은 영향을 미친다. 개방형 평면과 폐쇄형 평면 중에서 거주자에게 적합한 평면을 정한 후에 주거공간을 계획한다. 주택의 입면에는 1층, 2~3층, 그리고 바닥 높이가 1/2층 차이가 나는 스플릿 레벨split level 등이 있다. 이러한 입면형식은 각기 장단점이 있으므로 거주자의 가족형태나 라이프스타일, 취향 등에 맞는 입면이 무엇인지를 고려하여 정해야 한다.

(4) 동선을 단축시키는 방법을 고려한다

동선에 따라서 주거생활의 쾌적성과 기능성이 좌우되므로 동선의 계획은 중요하다. 동선이란 사람이 걸어 다니는 흔적으로, 일정한 작업을 하는 경우 동선이 짧을수록 효율적인 공간계획이라고 평가된다. 서로 왕래가 많은 공간들을 가깝게 배치하면 동선이 짧아진다. 침실 가까이에 욕실을 배치하고, 부엌 가까이에 식당을 배치하는 것은 동선 절약에 효과적이다. 특히 많은 작업이 이루어지는 부엌, 세탁실 등의 가사작업공간의 계획에서 동선의 단축은 중요하다.

(5) 가구의 배치방법을 고려한다

가구 배치를 예측하지 않고 주거공간을 계획하면 생활하기가 불편하다. 침실의 경우, 창이 크고 많으면 실내가 밝고 넓어 보이지만 침대, 수납장 등을 배치하기 곤란하다. 창과 문의 위치와 크기, 붙박이장의 위치와 크기, 스위치와 콘센트 등의 위치에 따라 가구 배치가 달라지게 된다. 따라서 공간 계획을 할 때는 가구를 사용하는 데 불편함은 없는지, 가구를 아름답게 배치할 수 있는지를 고려해야 한다.

2) 주거공간 계획의 순서

(1) 필요로 하는 공간을 정하고, 각 공간의 면적을 합하여 전체 면적을 정한다

주거공간의 적정 면적은 거주자의 경제적 능력, 취미, 가족 형태와 가족 수에 따라서 달라진다. 우선적으로 가족의 상황과 경제력을 고려하여 필요로 하는 공간이 무엇인지를 정하고, 각 공간들의 최소 면적을 산출한 후에 여유 면적을 추가하는 방법으로 주거공간의 전체 면적을 정하는 것이 바람직하다. 단, 주거공간으로서의 기능을 하려면, 1인당 최소 18m²의 면적이 필요하다는 사실을 참고하도록 한다.

(2) 주거공간의 조닝방법을 정한다

조닝zoning이란, 주거공간을 구체적으로 계획하기 전에 용도가 비슷하거나 같은 성격을 지닌 공간끼리 묶어서 구분하는 것을 말한다. 주거공간을 조닝하는 방법은 다음과 같이 다양하다.

- 생활 내용에 따라서 사회적 공간, 개인적 공간, 가사작업공간으로 조닝하기
- 공간 사용자에 따라서 부부공간, 자녀공간, 부부와 자녀의 공동생활 공간으로 조닝하기
- 공간의 사용시간을 기준으로 주간생활 공간, 야간생활 공간으로 조닝하기
- 공간 기능을 기준으로 가족생활 공간, 재택근무 공간으로 조닝하기

조닝의 장점은 각 영역에서의 생활이 독립적으로 이루어지고, 가족구성원의 프라이버시가 보장되며, 동선이 절약되고, 작업에 소요되는 에너지를 절약할 수 있다는 것이다. 따라서 거주자의 생활내용, 주거공간에서 지내는 시간 등을 고려하여 목적에 맞는 조닝 방법을 신중하게 선택하도록 한다.

(3) 조닝이 확정된 후에는 개별 공간의 크기와 위치를 정한다

조닝 계획을 한 후에는 거주자가 어떠한 공간에 비중을 두고 생활할 것인지를 고려하여 면적을 정한다. 예를 들어, 주거공간의 조닝을 사회적 공간, 개인적 공간, 가사작업공간으로 하는 경우에는 거주자가 주택에서 집필이나 연구활동을 많이 하면 프라이버시가 확보되는 개인적 공간의 면적을 크게 하고, 손님을 자주 초대하면 사회적 공간의 면적을 크게 한다.

개별 공간의 위치는 옥외공간과의 관계, 출입구와의 거리, 동선, 소음 등을 고려하여 정한다. 침실은 숙면을, 서재는 집중력을 요구하는 공간이므로 도로와 떨어진 조용한 곳에 배치한다. 부엌은 물품 반입 및 쓰레기 처리를 위한 작업 동선이 짧아야 하므로 현관이나 차고와 가까운 곳에 배치하도록 한다.

개인적 공간
사회적 공간
가사작업공간
생리생활공간

그림 6-14 생활내용에 따른 주거공간의 조닝

자녀공간

공동생활공간

부부공간

그림 6-15 공간 사용자에 따른 주거공간의 조닝

3
주거공간 계획의 실제

주거공간을 계획하려면 조닝을 우선 고려해야 하는데, 가장 일반적으로 이용되는 조닝 방법은 생활 내용에 따라 사회적 공간, 개인적 공간, 가사작업공간으로 구분하는 것이다. 사회적 공간은 거실, 식당, LDK 공간, 현관이며, 개인적 공간은 침실, 서재, 작업실, 욕실이고, 가사작업공간은 부엌, 가사작업실, 세탁실이다. 여기에 욕실, 화장실을 생리생활공간으로 하여 조닝을 네 가지로 구분하기도 한다. 그러나, 주거수준이 높아져 침실에 욕실을 배치하는 경우가 많아지면서 생리생활공간을 개인적 공간에 포함시키는 것이 일반적이다.

1) 사회적 공간의 계획

주택에서 사회적 공간은 거실, 식당, 현관이다. 최근 거실을 독립적으로 사용하기보다는 거실과 식당, 또는 거실, 식당, 부엌을 한 공간에 배치하는 경우가 많은데 이러한 LDK Living/Dining/Kitchen 공간은 사회적 공간에 포함시킨다.

(1) 거실

거실은 가족이 모여 이야기를 나누거나 편하게 쉬는 장소이며, TV를 보거나 음악을 감상하는 장소, 손님을 접대하는 장소, 간단한 가사작업을 하거나 책을 읽는 장소, 자녀들의 놀이장소 등 다목적으로 이용된다. 온 가족이 이용하고, 실제로 사용하는 시간이 많은 공간인 거실은 안정된 분위기에서 가족 간의 관계를 돈독하게 유지할 수 있도록 계획한다.

① 거실의 위치

가족의 사회적 공간인 거실은 주택의 중심에 배치해야 동선이 단축되어 가족의 공동공간으로서의 역할을 하기 좋다. 그러나 거실이 공간과 공간을 연결하는 통로로 이용되면 거실로서의 독립적인 분위기를 유지하기 어렵다. 거실이 현관과 가까워 프라이버시를 유지하기 어려운 경우에는 가구나 화분을 이용하여 두 공간을 시각적으로 차단하는 것이 바람직하다.

거실은 전망, 채광, 통풍 등의 조건이 좋고 정원이 보이는 남향에 위치하는 것이 좋다. 단독주택인 경우에는 거실과 접한 정원에 야외용 의자나 테이블을 놓아 옥외공간으로 활용한다. 아파트인 경우에는 거실과 연결된 베란다에 정원을 계획하면 거실도 넓어 보이고 친환경적인 분위기가 조성된다.

별도의 서재를 만들 공간이 없는 경우에는 거실 한쪽 벽면에 붙박이식 책장을 계획하고 책상과 의자를 배치하면 서재로 활용할 수 있다.

② 거실의 공간계획

거실의 분위기를 결정하는 데 많은 영향을 미치는 것은 바닥, 벽, 천장의 마감재료와 천장, 창, 출입구의 형태이다. 따라서 이러한 구성요소들을 먼저 정한 후에 전체적인 분위기에 어울리는 가구와 실내 소품을 선택하도록 한다. 바닥, 벽, 천장 마감재료의 색채와 질감에 따라 거실이 넓게 또는 좁게 보이고, 따뜻한 느낌 또는 시원한 느낌을 주며, 현대적인 분위기 또는 전통적인 분위기가 결정된다. 색채, 질감, 형태와 같은 디자인 요소는

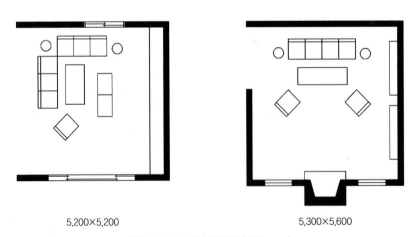

5,200×5,200   5,300×5,600

그림 6-16 거실의 평면계획(단위 : mm)

조화가 중요하므로 거실 전체의 디자인을 통합적으로 생각할 필요가 있다.

③ 거실의 가구배치

거실에는 가족이 편안하게 앉아 쉬거나 TV를 보기 위한 소파와 의자, 테이블, TV 수상기, 오디오 세트 등이 필요하다.

소파와 의자를 원형이나 타원형으로 배치하면, 대화하기 좋고 부드러운 분위기가 조성된다. 거실 입구에서 의자까지의 동선은 짧은 것이 바람직하다.

마주보는 의자 사이의 간격은 1,500mm를 넘지 않는 것이 대화하기 좋다. 의자와 테이블 사이는 250mm 정도 떼어놓아야 앉기에 편하다. 1인용 안락의자의 크기는 등받이나 팔걸이의 두께에 따라서 달라지나, 일반적으로 가로, 세로가 900mm 정도이다.

TV 화면은 의자에 앉았을 때의 눈높이보다 높지 않게 하고, 화면의 중심에서 60° 범위 안에 의자를 배치하는 것이 좋다. TV에서 의자까지의 거리는 TV 화면(대각선 길이)의 6배 이상 떨어지도록 한다. 음의 질은 실내 마감재료에 영향을 받는다. 따라서 스피커의 뒷면에는 음을 반사하는 재료를, 맞은편에는 흡음재료를 이용하는 것이 바람직하다.

그림 6-17 가구배치가 다양한 거실(스웨덴, 말뫼 / 한국, 서울 / 한국, 서울)

(2) 식당

음식을 함께 먹으면 가족공동체 의식이 강화되고 친밀감이 높아진다. 따라서 식당은 가족의 중요한 사회적 공간이다. 식당은 식사행위 이외에 손님접대, 가사작업, 자녀의 놀이나 공부, 책읽기 등 다목적공간으로도 이용된다.

① 식당의 위치

식당은 부엌과 거실의 중간에 위치하는 것이 바람직하다. 부엌과 가까우면 식탁을 차리거나 치우는 동선이 단축되고, 거실과 가까우면 가족의 사회적 공간이 모여 있게 되어 생활의 질서가 잡힌다. 식당은 남향 또는 남동향이 바람직하며, 채광과 통풍이 유리하고 전망을 즐길 수 있도록 창문을 크게 하는 게 좋다.

② 식당의 공간계획

왕래가 잦은 식당과 부엌은 바닥 높이가 같아야 안전하다. 식당의 바닥은 음식을 흘려도 청소하기 쉽고, 의자를 이동시켜도 소음이 적은 흡음성이 큰 재료로 마감한다. 이러한 목적으로 식탁 밑에 러그를 깔아 주기도 한다. 식당에는 강한 색채나 복잡한 무늬를 피하고, 식탁이 중심이 되도록 디자인한다. 식탁보의 크기는 식탁 아래로 150~200mm 늘어지게 하며, 식탁보와 냅킨은 식당의 분위기와 조화되면서 깨끗한 느낌을 주는 단색이나 잔잔한 무늬를 선택한다. 식탁 조명은 펜던트 등으로 하고, 식탁 위로 빛이 떨어지도록 다운라이팅down lighting을 이용한다. 다운라이팅은 식탁 위 1,000mm까지 늘어뜨리는 것이 바람직하다. 식당이 넓은 경우에는 식탁 조명 이외에 전체 조명을 따로 설치하도록 한다.

③ 식당의 가구배치

식당에는 식탁, 의자, 식기 수납장이 필요하다. 식탁의 형태에는 정사각형, 직사각형, 타원형, 원형이 있다. 식탁의 종류로는 일반적인 고정식 식탁, 크기를 변화시킬 수 있는 접이식 식탁, 공간 절약을 위해 식탁의 한 면을 벽에 고정시킨 식탁 등이 있다.

식탁의 크기는 식사 행위를 위한 1인당 필요 크기인 400mm×600mm에 여유 면적을

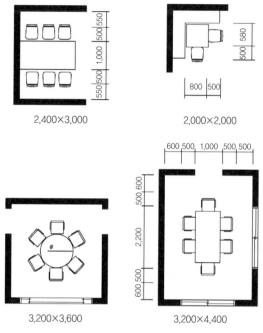

2,400×3,000

2,000×2,000

3,200×3,600

3,200×4,400

그림 6-18 식당의 평면계획(단위 : mm)

더하여 정한다. 이를 기준으로 4인용 식탁 크기를 산출하면 1,000mm×1,400mm이다.
식탁의 높이는 사용자의 키에 따라 다르나 일반적으로 700~750mm이다. 식탁에서 의자
등받이까지의 간격은 500mm로 하고, 의자의 바닥 높이는 400~450mm가 적당하다.

(3) LD/K형, L/DK형, LDK형

식당, 거실, 부엌을 일부 또는 전부 개방시켜 계획하면 공간이 넓어 보일 뿐 아니라, 벽체
로 손실되는 공간이 없어 공간활용이 유리하며 공사비가 절약된다. LD/K형, L/DK형,
LDK형의 장단점을 알아본다.

① LD/K형

거실living room과 식당dining room을 한 공간에 만들고 부엌kitchen을 따로 독립시킨 형식
이다. LD/K형에서는 식탁에 펜던트 등pendent lamp을 설치하거나 식탁 아래에 러그rug를

깔아 식사공간을 거실과 분리된 것처럼 계획한다. LD/K형은 LDK형에 비해서 식탁에서 부엌까지의 동선이 길다는 단점이 있다. 그러나 안정된 분위기에서 식사를 할 수 있다는 장점이 있으므로 손님을 식사에 자주 초대하거나 가족이 많은 경우에 바람직하다. LD/K형인 경우에 부엌과 식당 사이에 해치hatch를 설치하거나 바퀴 달린 왜건wagon을 이용하면 동선을 줄일 수 있다.

② L/DK형

거실을 독립시키고 식당과 부엌을 한 공간에 둔 형식으로, 동선은 짧으나 안정된 분위기에서 식사하기는 어렵다. L자형 공간인 경우(그림 6-20), 한쪽으로 식탁을 배치하면 식당으로서의 독립성을 어느 정도 확보할 수 있다. L/DK형은 조리과정에서 생기는 냄새와 습기 제거를 위한 환기장치가 필수적이다. L/DK형은 부엌에 식탁을 배치할 공간이 있거나 거실에서 손님을 자주 접대해야 하는 가족에게 적합하다.

③ LDK형

거실, 식당, 부엌을 한 공간에 계획한 형식으로, 동선이 짧고 공간을 효율적으로 활용할 수 있다는 장점이 있다. 또 부엌에서 일하면서 가족과 이야기하거나 자녀를 돌볼 수 있

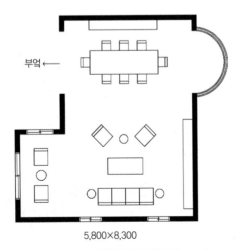

5,800×8,300

그림 6-19 LD/K형의 평면계획(단위 : mm)

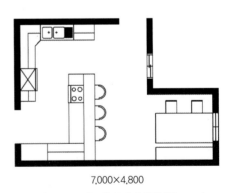

7,000×4,800

그림 6-20 L/DK형의 평면계획(단위 : mm)

으며, 부엌에 쉽게 접근할 수 있어서 가족들이 가사작업을 자연스럽게 분담할 수 있다는 장점도 있다. 그러나 부엌에서 배출되는 냄새와 습기를 제거하기 위한 환기장치를 필수적으로 설치해야 한다. LDK형은 가족이 적은 독신자 또는 핵가족에게 더 적합한 편이다. 단점은 거실에서 손님과 대화하는 경우 부엌에서 작업하기가 불편하며, 안정된 분위기에서 휴식을 취하기 어렵다는 것이다.

그림 6-21　공간을 효율적으로 활용한 LDK형(한국, 서울)

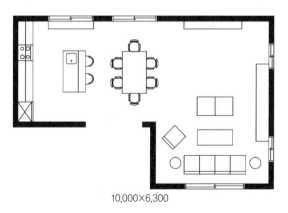

10,000×6,300

그림 6-22　LDK형의 평면계획(단위 : mm)

(4) 현 관

현관은 주거공간의 출입구로서 집에 대한 인상을 결정하는 사회적 공간이다. 또한 손님을 맞이하는 공간인 동시에 원하지 않는 사람의 출입을 차단하는 역할도 한다. 따라서 출입자를 통제할 수 있도록 간편하고 안전한 잠금장치가 필요하다.

① 현관의 위치와 크기

현관의 위치는 대지의 형태, 인접도로와의 관계, 가족의 생활습관, 안전, 외부 손님에 대한 배려 등을 고려하여 정한다. 주택인 경우 현관을 대문에서 멀리 배치하면 가족의 프라이버시가 유지된다. 손님이 많은 경우에는 현관과 대문이 가까운 것이 번거로움을 줄일 수 있다. 2층 주택에서는 현관이 계단과 가까워야 동선이 짧아진다. 현관에서 거실 등의 실내가 직접 보이면 방문객과 가족이 모두 불편하므로 주의하여 계획한다. 현관의 크기는 주택의 크기, 가족이나 방문객의 수, 신발장, 수납장, 대기용 의자 유무에 따라 정한다. 현관의 최소면적은 1,000mm×1,500mm이다.

그림 6-23　수납공간과 이층으로의 동선 연결이 잘 계획된 현관(한국, 서울)

② 현관의 공간계획과 가구배치

현관에 창을 설치하면 공간이 넓어 보인다. 창을 낼 수 없는 경우에는 천창을 계획해본다. 현관의 창이 투명유리이면 밝아서 좋으나 실내가 들여다보이고 방범상 문제가 있으므로 특수유리를 선택한다. 조명은 현관 내부와 외부 포치porch에 모두 설치하여 출입의 안전과 방범효과를 높이도록 한다.

현관은 단순하고 경쾌한 분위기로 계획하며, 바닥은 내수성과 내마모성이 강한 재료를 선택하고, 현관의 가구는 단순하고 통일성 있는 디자인으로 선택한다. 현관에 전면거울을 계획하면 옷매무새를 가다듬을 수 있을 뿐 아니라 공간이 넓어 보이는 효과도 있다. 현관에는 신발장과 우산, 운동기구, 겉옷을 보관할 붙박이수납장을 둔다. 공간에 여유가 있으면 구두를 신고 벗을 때 앉을 간단한 의자를 마련한다.

2) 개인적 공간의 계획

개인적 공간에는 침실, 서재, 작업실, 욕실, 화장실이 포함된다. 그러나 이 중에서 욕실과 화장실을 생리생활공간이라는 별도의 조닝에 포함시키기도 한다.

(1) 침 실

취침시간을 고려하면 침실은 인생의 1/3을 보내는 중요한 공간이며, 취침 이외에도 휴식, 공부, 가사작업 등 다목적으로 이용되는 개인적 공간이다. 침실 계획에서 가장 많이 고려하는 사항은 개인의 프라이버시를 보장하는 것이다.

① 침실의 위치

침실은 프라이버시 유지를 위하여 도로나 현관에서 떨어진 조용한 곳이 좋으며, 정원을 내다볼 수 있는 위치라면 더욱 바람직하다. 침실에 욕실을 인접시키면 편리하나, 욕실이 침실에서 직접 보이는 것은 좋지 않으므로 침실과 욕실 사이에 드레스룸을 계획한다. 침실은 남향이나 남동향이 좋으나, 취침공간으로만 이용하는 경우에는 방향에 구애받지 않는다. 2층 주택인 경우 아래층에는 사회적 공간과 가사작업공간을 두고, 2층에는 개인

그림 6-24　거주자의 개성을 살린 침실(한국, 서울)

적 공간인 침실을 배치하는 것이 이상적이다.

② 침실의 공간계획

침실은 전체적인 분위기를 먼저 정한 후에, 많은 면적을 차지하는 구성요소의 순서로 진행하는 것이 바람직하다. 즉, 벽, 바닥, 천장에 대한 내용을 먼저 정하고 창과 문, 커튼이나 침대 커버, 안락의자 등의 순서로 정한다.

침실의 가구는 분위기 연출에 효과적이므로 다양한 디자인 양식 중에서 하나를 정하여 전체적인 흐름을 같게 하는 것이 바람직하다. 침실용 모듈러 가구modular furniture를 선택하면 공간 활용에도 좋고, 통일된 침실 분위기를 연출하기 용이하다. 침실의 실내디자인에서 중요한 요소인 창은 최소한도 바닥 면적의 1/10 이상의 크기이어야 하며, 1/5이면 이상적이다. 화재 위험에 대비하여 침실 창문 중 하나는 사람이 나갈 수 있는 크기이어야 한다. 침실의 창이 한 벽면에 집중되어 있으면 실제보다 넓어 보이고 가구를 배치하기가 쉽다. 침실의 프라이버시를 유지하기 위해서 창에는 커튼이나 블라인드blind를 이용한다.

침실의 소음 기준은 40dB 이하가 바람직하므로, 건축 시에 방음재료를 이용하여 소음을 차단하도록 한다. 시끄러운 거리에 면한 벽이나 침실과 침실 사이에는 옷장이나 책장을 계획하고 바닥, 벽, 천장의 마감재료는 흡음성이 우수한 카펫, 벽지 등을 사용하며, 침구, 커튼, 쿠션 등을 적절히 활용하여 소음을 낮추도록 한다.

③ 침실의 가구배치

침실의 조명은 실내분위기에 많은 영향을 미친다. 취침만의 목적으로 이용하는 경우에는 간접조명이 이상적이나 취침 이외의 활동을 하는 경우가 많으므로 국부조명으로 스탠드 등stand lamp이나 브래킷 램프bracket lamp를 준비한다. 침실에 필요한 가구는 침대, 붙박이옷장, 화장대, 안락의자, 스탠드 등, 테이블, 서랍장 등이다. 이러한 가구를 배치하려면, 침실의 최소한도 크기는 3,600mm×3,600mm이다.

침실의 붙박이옷장은 공간활용도를 높이고 실내 정리정돈에도 효과적이다. 붙박이옷장의 깊이는 600mm가 적당하며, 너비는 1인당 1,500mm 이상이 필요하다. 따라서 부부침실의 붙박이옷장 크기는 600mm×3,000mm 이상이어야 한다.

상당한 면적을 차지하는 침대는 머리 쪽을 벽면에 붙이고, 다른 세 면에는 500mm 이상의 공간이 확보되어야 동선에 지장이 없고, 침대 정리에도 편리하다. 공간 활용을 위한 침대의 종류는 다양하다. 붙박이장에 세워놓았다가 사용하는 침대, 천장에 부착시켰다가 사용하는 침대, 소파를 변형시키는 소파겸용 침대sofa-bed 등이 있으므로 거주자의 취향과 침실의 조건에 맞는 것을 선택하도록 한다.

4,100×4,300

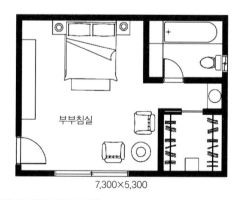

7,300×5,300

그림 6-25 학생침실과 부부침실의 평면계획(단위 : mm)

(2) 욕 실

욕실은 위생도기의 설치방법에 따라 3유형으로 구분한다. 욕조, 세면대, 양변기를 모두 설치하는 유형, 욕조와 세면대를 한 공간에 두고 양변기를 분리하는 유형, 세면대와 양변기를 한 공간에 두고 욕조를 분리하는 유형이 있다. 이외에도 욕조를 제외하고 세면대와 양변기만을 설치하는 파우더룸powder room이 있다. 파우더룸은 가족이 거실, 부엌 등에서 생활하다가 사용하며, 방문한 손님도 사용할 수 있어 편리하다.

① 욕실의 위치

욕실은 침실에 부속시키거나 가까운 위치에 계획한다. 침실에 부속되지 않은 가족공용 욕실은, 각 침실과의 거리를 고려하여 동선을 줄이도록 배치한다. 급·배수 설비가 필요한 욕실은 배관 비용과 유지 관리를 고려하여 부엌이나 세탁실에 인접시켜 배치하며, 2층 주택에서는 아래·위층의 같은 위치에 배치하도록 한다. 이와 같이, 배관설비를 한군데로 모아 배치하는 것을 설비적 코어 시스템core system이라고 한다. 부엌과 욕실이 인접

그림 6-26 욕조, 양변기, 세면대를 설치한 욕실

그림 6-27 욕조대신 샤워공간을 계획한 욕실

해도 출입구 방향을 달리하면 가깝다는 느낌이
들지 않는다.

② 욕실의 공간계획

욕실의 크기는 위생도기의 크기와 설치방법에
따라 좌우된다. 욕조, 세면대, 양변기를 모두 배
치하려면 최소한으로 1,500mm×2,200mm, 즉
3.3m²가 필요하다. 공간이 좁은 경우에는 욕
조 대신에 샤워 공간을 계획한다. 욕실에는 환
기시설이 필수적인데, 문을 열면 환기장치가 자
동으로 작동되도록 하면 편리하다. 욕실에는 수건 이외에 상비약, 화장지, 치약, 칫솔, 비

그림 6-28 양변기와 세면대만 설치한 파우더룸

누 등을 보관하는 수납장이 필요하다. 욕실의 수납장을 벽에 매입시키면 공간 활용에도
유리하고 넓어 보이며, 통일감이 있는 실내 연출에 효과적이다. 욕실 수납장의 깊이는
300mm로 한다.

욕실에는 방수성이 우수하고 곰팡이가 생기지 않는 마감재료를 사용하고, 바닥과 벽,
벽과 욕조 사이에는 방수처리를 하여 누수가 되지 않게 한다. 바닥과 벽에는 타일이나
대리석, 천장에는 합성수지 패널이 많이 이용된다. 욕실의 한쪽 벽면을 거울로 마감하면
공간이 넓어 보이는 효과가 크다. 욕실의 창은 채광과 환기를 위해 필수적이나 프라이버
시를 유지하도록 계획하고, 기밀성을 크게 하여 열손실을 줄인다.

조명은 욕실 분위기를 결정하는 중요한 요소이다. 조명기구는 습기에 강한 것을 선택
한다. 넓은 욕실에는 중앙조명과 국부조명이 필요하지만 일반적으로 거울 위에 국부조
명을 설치한다. 욕실의 조명은 명암 차이가 적고 균일하게 보이는 것이 좋으므로 광원이
여러 개인 조명기구가 바람직하다. 또, 광원이 거울에 반사되어 눈이 부시지 않도록 하
며, 벽이나 천장에 직접 붙이는 부착등이 좋다.

③ 욕실의 위생설비

욕실에는 욕조, 세면대, 양변기, 수납장, 거울, 수건걸이, 휴지걸이, 칫솔이나 컵을 놓을 선

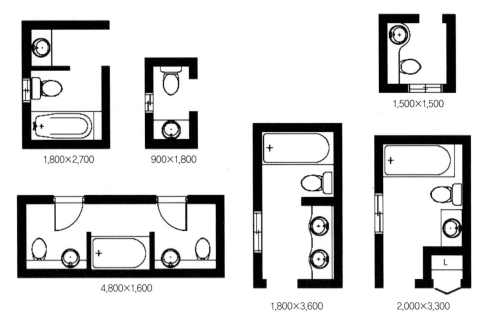

1,800×2,700

900×1,800

1,500×1,500

4,800×1,600

1,800×3,600

2,000×3,300

그림 6-29 욕실의 평면계획(단위 : mm)

반이 필요하다. 또, 급·배수설비, 환기설비, 조명, 콘센트 등의 전기설비가 필수적이다. 욕조는 형태와 크기가 다양하므로 욕실의 크기와 창의 위치 등을 고려하여 선택한다. 욕조에는 붙잡을 수 있는 안전손잡이를 부착하고, 바닥에는 고무 패드를 깔아 안전사고를 방지한다. 세면대는 상단이 750~800mm, 하단이 바닥에서 650mm 이상이 되도록 설치하며, 급수장치는 900~1,000mm 높이에 설치한다. 세면대와 욕실 바닥의 배수관에는 반드시 트랩trap 장치를 하여 악취를 방지하고 벌레가 들어오지 못하게 한다.

양변기 좌판의 높이는 400~450mm, 양변기 중심에서 벽까지의 거리는 450mm 이상 떨어지도록 설치한다. 욕실의 콘센트는 습기 방지용 덮개가 있는 것을 선택하여 바닥에서 400~850mm 높이에 설치하며, 스위치는 1,000~1,200mm 높이에 설치한다.

3) 가사작업공간의 계획

주택에서 가사작업공간은 부엌, 가사작업실, 세탁실이다. 가사작업공간의 계획에서 중요한 것은 에너지 소모가 적고, 동선을 짧게 계획하여 작업이 능률적으로 이루어지도록 하는 것이다.

(1) 부 엌

가족의 건강을 지켜 주는 음식을 준비하는 부엌은 주택에서 단위면적당 건축비가 가장 많이 소요되는 공간이다. 요즈음 부엌은 가족들이 자유롭게 드나들면서 음식을 준비하는, 가족공용 공간의 성격이 증가하는 추세이다.

① 부엌의 위치

부엌은 대문, 차고, 현관에서 가까워야 식품 반입과 쓰레기 반출에 소요되는 동선이 절약된다. 또 가사작업실, 세탁실, 서비스 야드service yard 등과 인접해야 생활의 질서가 잡힌다. 부엌은 식당과 가까워야 하며 거실에서 멀지 않은 것이 좋다. 부엌을 욕실과 인접시키면 배관 설비의 유지 관리가 용이하나, 시각적으로는 먼 것이 좋다. 2층 주택에서는 1층에 부엌을 두는 것이 편리하다.

② 부엌의 공간계획

부엌의 크기는 주택 면적, 가족 수, 음식에 대한 기호, 식생활습관, 경제 수준에 따라 다르나, 주택면적의 10%가 알맞다. 주택이 넓은 경우 10% 이하로 하는데, 그 이유는 가사작업공간인 부엌이 넓으면 동선이 길어져 피로해지기 쉽기 때문이다. 부엌이 음식 조리 장소로만 이용될 경우에는 8m²가 적당하며, 12m²가 넘지 않도록 계획한다. 부엌 형태는 가로와 세로의 비율이 2 : 3인 것이 작업대 배치에 유리하다.

부엌의 창은 바닥 면적의 10% 이상으로 하며, 작업대와 상부수납장 사이 공간에 설치한다. 부엌에 고창을 설치하면 환기에 효과적이며, 천창을 설치하면 벽면에 수납장을 충분히 만들 수 있을 뿐 아니라 채광효과도 우수하다.

그림 6-30　한쪽 벽에 식탁을 부착한 페닌슐라형 부엌

그림 6-31　동선이 길어지기 쉬운 —자형 부엌

그림 6-32　음료 정도를 준비할 수 있는 키치네트

물과 불을 사용하는 부엌의 마감재료는 방습성, 방수성, 내열성, 방화성이 우수하고 유지 관리가 용이한 것으로 선택한다. 부엌 바닥은 작업 시 피로감을 덜 주도록 탄력성이 있는 재료로서 내열성, 내수성, 내구성이 우수하며, 더러움을 덜 타는 재료가 좋다. 부엌 바닥에는 목재 플로링, 모노륨 등이 많이 이용된다. 부엌작업대에 면한 벽에는 타일이 많이 이용되나, 다른 벽면은 재료 선택에 큰 제한을 받지 않는다. 천장에는 합성수지 패널, 무늬합판, 벽지, 페인트가 이용된다.

부엌의 분위기는 작업대 상판과 수납장의 마감재료의 색상과 질감에 따라 달라지는데, 천연목재부터 고광택 합성수지를 이용한 재료까지 다양하므로 거주자의 개성을 살려서 연출한다. 작업대의 상판에는 파티클 보드에 멜라민 수지를 코팅 처리하여 내수성, 내열성을 강화한 재료가 많이 사용되며, 스테인리스 스틸, 인조대리석도 사용된다. 부엌에는 전반조명과 함께 작업을 위한 국부조명이 필요하다. 전반조명은 부엌 천장에, 국부조명은 개수대와 가열대의 상부 수납장 아래에 설치한다.

③ 부엌 작업대의 배치

부엌에 작업대를 배치하려면, 우선 문과 창의 위치와 형태, 급·배수시설의 위치를 고려해야 한다. 계획의 순서는 개수대의 위치를 먼저 정하고, 다음으로 가열대를 정한 후 나머지 작업대들을 작업순서에 맞게 배치한다. 가장 오른쪽(또는 왼쪽)에 냉장고를 두고, 준비대 → 개수대 → 조리대 → 가열대 → 배선대 → 식탁의 순으로 배치한다. 부엌이 좁으면 개수대, 조리대, 가열대만을 배치하고 다른 작업대는 겸용으로 사용한다.

부엌은 작업대의 배열방법에 따라 一자형 부엌, ㄴ자형 부엌, ㄷ자형 부엌, 병렬형(二자형) 부엌, 아일랜드island형(섬형) 부엌, 페닌슐라peninsular형(반도형) 부엌으로 구분한다. 동선이 가장 짧고 효율적인 부엌은 ㄴ자형이다. 병렬형 부엌은 마주보는 작업대 사이의 간격이 1,000~1,200mm이어야 효율적이다. 아일랜드형 부엌은 가열대를 섬처럼 따로 배치하는 것으로 간단한 식사 시에 식탁으로 겸용하기도 한다. 작업대 끝 한쪽 벽에 식탁을 붙여 배치하는 페닌슐라형 부엌에서는 아침식사용 식탁breakfast table이 다른 공간과 부엌을 구획짓는 역할을 한다.

가사작업공간인 부엌은 동선이 짧아야 한다. 부엌의 동선은 냉장고, 개수대, 가열대의 세 지점을 연결하여 만든 삼각형의 세 변 길이를 합하여 평가한다. 작업삼각형work triangle 세 변의 각 길이가 1,800mm 이하이고 세 변을 합한 길이가 4,000~6,000mm이면 부엌의 동선으로 적당하다고 평가한다. 부엌에는 수납공간이 충분히 확보되어야 한다. 작업대의 상부와 하부에 수납장을 계획한다. 수납 요령은 유사한 품목을 같은 위치에 보관하고, 사용빈도가 높은 것을 꺼내기 쉬운 위치에 보관하는 것이 좋다. 예를 들면 자주 사용하는 수저, 도마, 칼 등은 작업대 바로 아래 서랍에 보관한다.

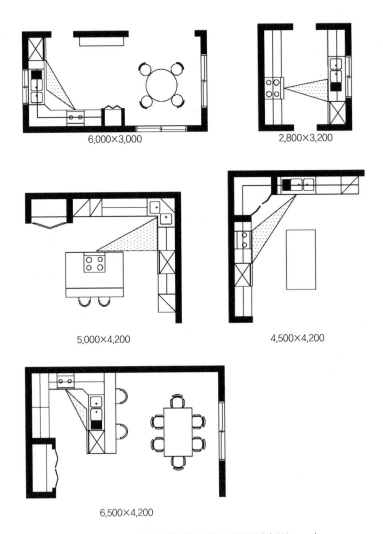

6,000×3,000

2,800×3,200

5,000×4,200

4,500×4,200

6,500×4,200

그림 6-33 부엌의 다양한 평면계획과 작업삼각형(단위 : mm)

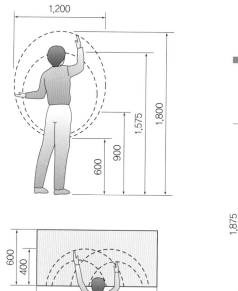

그림 6-34 인체의 팔 동작 범위(단위 : mm)

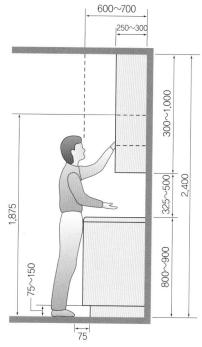

그림 6-35 부엌 작업대와 수납장의 치수(단위 : mm)

(2) 가사작업실

주택에는 세탁, 건조, 다림질, 옷수선, 가정용품 수리, 목공작업 등을 할 수 있는 가사작업실이 필요하다. 가사작업실과 부엌이 인접해 있으면 모든 집안일이 두 공간에서 해결되므로 생활의 질서가 잡히고, 작업능률이 오를 뿐 아니라, 거실이나 침실 등 다른 공간의 질도 높아진다. 요즈음은 가사작업공간에 대한 인식이 높아져서 세탁, 다림질 등의 가사작업을 쾌적한 공간에서 하는 경우가 늘고 있다. 가사작업실에 보조 가열대를 설치하여 장시간 조리하는 음식을 만들고 김치냉장고, 식품저장고 등을 두어 제2의 부엌으로 활용하는 경우가 많다.

① 가사작업실의 위치

가사작업실은 부엌과 인접해야 동선이 단축되고 작업시간이 줄어든다. 별도의 가사작업실을 만들 공간이 없으면, 부엌에서 환기가 잘 되는 위치에 세탁기와 건조기를 설치한다. 부엌에 여유공간이 없는 경우에는 침실 가까운 곳에 매입형 붙박이공간을 계획하여 세탁기와 건조기를 설치하고, 상부 수납장을 만들어 세탁 관련 물품을 보관하면 편리하다. 다리미대를 접이식으로 벽에 부착시키면 공간활용에 유리하다. 가사작업실을 욕실 가까이에 두면, 급·배수시설이 모여 있게 되어 시설비가 적게 든다. 그러나 세탁기와 건조기를 습기 많은 욕실 내에 설치하지 않도록 한다.

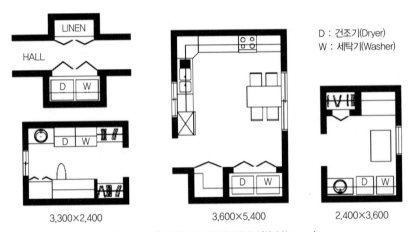

그림 6-36 가사작업실의 다양한 평면계획(단위 : mm)

② 가사작업실의 공간계획과 설비

가사작업실에는 세탁기, 건조기, 손빨래용 세탁조, 건조대, 다리미대, 재봉틀, 작업대, 수납장 등이 필요하다. 각종 세제, 손세탁용 용구, 다리미, 분무기, 청소기, 공구 등을 보관하는 수납장은 붙박이로 하는 것이 공간 활용에 좋다. 가사작업실의 설비는 작업순서에 맞게 배열하고, 크기는 인체치수에 맞게 디자인하여 작업에 소요되는 에너지를 줄이도록 한다. 세탁기와 건조기는 650mm×650mm, 800mm×800mm 등 매우 다양하며, 높이는 부엌작업대와 같으므로 필요에 따라 선택한다. 다리미대는 공간활용에 유리한 벽부착식 또는 접이식으로 하는 것이 바람직하며, 작업대의 상판을 활용해도 된다.

가사작업실의 바닥, 벽, 천장의 마감재료는 청소하기 쉽고 깨끗한 느낌이 드는 것으로 선택한다. 급·배수시설이 완벽한 경우에는 바닥을 타일이나 인조석으로 제한할 필요가

그림 6-37 채광과 환기가 잘 되는 가사작업실

없다. 조명은 전반조명과 국부조명을 갖추어 가사작업에 지장이 없도록 하며, 창은 환기
와 채광이 잘 되도록 설치한다. 제2의 부엌으로 사용하는 경우에는 별도의 환기장치를
설치해야 한다. 공간에 여유가 있으면 운동기구를 배치하기도 한다. 가사작업실은 가사
작업을 즐겁게 할 수 있도록 밝고 경쾌하며 깨끗한 분위기를 조성하도록 계획하는 것이
바람직하다.

생각해 보기

1. 주거공간을 계획하기 전에 고려해야 할 사항은 무엇인지 생각해 보자.

2. 가족 유형별로 적합한 주거공간의 조닝에 대하여 알아보자.

3. 공간을 효율적으로 활용하려면 거실, 식당, 부엌을 어떤 유형으로 계획하는 것이 좋은지 생각해 보자.

4. 침실의 크기를 정하는 기준은 무엇이며, 부부침실의 최소 크기는 얼마인지 생각해 보자.

BROAD
PERSPECTIVE
ON HOUSING

7장
주거공간의 실내디자인

사람들은 본능적으로 아름다운 것을 사랑할 뿐만 아니라 아름다움을 창조하는 활동을 통해서 즐거움을 느낀다. 그러므로 편리하고 쾌적한 생활환경을 만들기 위해서 끊임없이 노력한다.

이처럼 인간의 생활환경 중에서 특히 실내환경을 편리하고 아름답게 만드는 활동을 실내디자인이라고 한다. 사람들은 산업발달로 경제수준이 높아지면서 삶의 질을 높이기 위한 하나의 방법으로 보다 나은 생활환경에서 지내고 싶어 한다. 즉, 능률적이고 쾌적하며 아름다운 실내공간에서 생활하려는 욕구가 높아지고 있다. 많은 사람들이 '그림 같은 집'에서 사는 것을 꿈꾼다. '그림 같은 집'이란 과연 어떤 집일까? 어떤 사람은 기능적으로 잘 설계되어 살기 좋고 편리한 집을 의미하기도 하고, 또 다른 사람은 미학적으로 아름답게 디자인 된 집을 의미하기도 한다.

주거공간의 실내디자인은 거주자가 보다 기능적이고 쾌적하며, 아름다운 공간에서 생활할 수 있도록 실내환경을 계획하고 만드는 활동이다. 즉, 그 공간에서 거주하게 될 가족들이 추구하는 목적과 요구하는 기능을 충족시킬 수 있는 실내를 연출하는 활동을 말하며, 그 활동에 사용될 재료, 적용 가능한 기술과 의도하는 분위기에 따라 실내디자인의 구체적인 계획을 세우게 된다.

1
주거공간의 실내디자인 요소

주거의 실내공간은 선, 형태, 공간, 무늬, 색채 등의 요소로 구성되는데 이러한 요소를 이용하여 아름답게 구성하는 과정에서 디자인 원리가 적용된다. 실내환경을 성공적으로 연출하기 위한 특정 방법이 정해져 있는 것은 아니지만 디자인의 요소와 원리에 대한 이해를 올바르게 하고 이를 적재적소에 적용하는 것이 실내디자인을 하는 데 필수적이다.

1) 선

선은 무수한 점의 흔적으로 실내디자인의 중요한 요소이다. 선의 적용방법은 실내 분위기뿐 아니라 우리의 감정이나 공간감에 미치는 영향이 크다. 수직선은 공간을 실제보다 더 높아 보이게 하고, 공식적이고 위엄 있는 분위기를 만드는 데 효과적이다. 주거건물 외부의 수직기둥이나 천장이 높은 실내공간에 드리워진 커튼이 좋은 예이다. 한편, 편안하고 안정감 있는 분위기를 만드는 데 효과적인 수평선은 주거의 바닥이나 천장 등의 건물구조에 많이 이용될 뿐만 아니라 소파 등의 가구와 수평 블라인드에서도 그 예를 찾아볼 수 있다.

사선은 수직선이나 수평선에 비해서 주거의 실내공간에 많이 이용되는 편은 아니지만 경사진 천장의 들보beam, 계단의 난간 이외에 벽면이나 가구 등에 이용하기도 한다. 사선은 단조로움을 없애주어 흥미를 유발시켜 활동적인 분위기를 연출하는 데 효과적이나, 지나치게 많이 사용하면 불안정한 느낌을 줄 우려가 있다. 곡선은 스케일, 반복의 정도, 방향 등에 따라 조금씩 다르지만, 일반적으로 직선에 비해 부드럽고 우아한 느낌을 주며 시선을 집중시키는 효과가 있다. 아치형의 문이나 창, 원탁, 전등의 갓, 벽지나 직물의 무늬 등에 곡선이 이용되며, 커튼을 드리우는 방법에 따라서 곡선을 연출할 수도 있다(그림 7–1).

그림 7-1 경사창의 사선을 이용한 건물의 실내디자인(미국, 시애틀 시립도서관)

2) 형 태

형태는 삼차원의 물체가 지닌 모양, 부피, 구조 등을 말하는데, 그 형태가 배치될 공간과의 관계가 매우 중요하다. 예를 들면 빈 거실에 의자를 하나 배치하면 의자의 형태에 따라서 비어 있던 그 공간에 변화가 일어난다. 같은 공간이라도 어떤 의자가 지닌 부피감 또는 구조에 따라서 공간에 미치는 효과가 달라지므로 주거공간에 적절하게 어울리는 의자의 형태를 선택하는 것이 중요하다.

주거의 실내를 구성하는 형태는 직사각형, 직육면체, 삼각형, 피라미드pyramid 형태, 원형이나 구球 형태로 구분 지을 수 있다. 주택에 있어서 직사각형이나 직육면체는 전체 구조와 개별공간의 구조에 가장 일반적으로 이용되는 형태이며 침대, 책상, 소파 등의 큰 가구뿐만 아니라 실내 소품, 가구의 장식, 직물이나 벽지무늬에도 많이 이용된다.

직사각형이나 직육면체가 주거공간에 많이 사용되는 이유는 비교적 디자인하기가 쉽고 기계 제작이나 목공작업이 용이하며 벽돌이나 블록 등, 규격화된 재료의 이용이 가능하기 때문이다. 그 밖에도 짜 맞추기가 쉽고 90°를 유지하기 때문에 구조적으로 견고하며 전체적으로 안정감을 준다. 그리고 반복 배치하는 경우에는 통일감과 리듬감을 준다는 장점이 있다. 그러나 직사각형이나 직육면체는 딱딱하고 지루한 느낌을 줄 수도 있기 때문에 크기, 색채, 장식, 배치 등을 이용하여 변화를 주는 것이 좋다(그림 7-2).

삼각형이나 피라미드 형태는 사각형이 많이 이용되고 있는 주거공간에 변화와 생동감을 주며 동적인 분위기를 만든다. 이러한 형태는 지붕이나 경사천장, 창문 등의 건물구조와 가구에 이용된다. 또한 타일, 직물, 벽지의 무늬에 반복되어 나타나는 삼각형은 공간을 명랑하고 활기찬 분위기로 만드는 데 효과적이다. 주거공간의 가구를 사선으로 배치하여 삼각형 공간을 만들면 각진 형태로 시선을 집중시키며, 사선 자체의 운동감으로

그림 7-2 파사드에 직육면체를 돌출시킨 아파트 외관(네덜란드, 보조코 아파트)

실제 공간보다 더 넓어 보이는 효과가 있다.

원형이나 구형은 원 자체가 주는 연속감 때문에 동적으로 보이고 변화를 느끼게 한다. 또 원형이나 구형은 꽃, 구름, 나무, 조개 등의 자연물의 선을 연상시킴으로써 인공적인 실내에서 자연을 느끼는 편안하고 안정된 분위기를 연출하는 데 효과적이다. 이러한 형태는 원형의 방, 둥근 돔dome형의 천장, 아치형의 창, 나선형 계단 이외에도 전등의 갓, 둥근 탁자나 스툴, 도자기, 접시 등에 많이 이용된다. 건물을 구형球形으로 하면 최소의 면적으로 최대 공간을 확보할 수 있고 에너지 손실이 적어서 경제적이지만, 주거의 실내 공간 활용도를 높이기는 어렵다.

3) 질 감

질감은 물체의 표면이나 재질에서 느껴지는 감각을 말하며 촉각적 질감과 시각적 질감 또는 구조적 질감과 외적 질감으로 분류할 수 있다. 유리나 벽돌을 손으로 만져보면 매

그림 7-3 타일을 사용하여 매끄러운 질감을 표현한 화장실
그림 7-4 거친 질감의 석재로 된 주택 외장재는 빛을 흡수한다(라트비아, 리가의 아파트).

끄럽다거나 거칠다는 것을 알 수 있는데, 이렇게 촉감으로 느껴지는 질감을 촉각적 질감이라고 하며, 명암이나 무늬 효과로 실제의 표면과는 다르게 보이는 질감을 시각적 질감 또는 착시적 질감이라고 한다. 주거의 실내공간에서 질감이 미치는 영향은 매우 크므로 적절한 질감을 선택하여 실내를 디자인하는 것이 중요하다. 재료가 지닌 질감은 실제 생활에 편리함을 주기도 하고 또는 불편함을 주기도 한다. 예를 들어 매끄러운 타일은 현관이나 욕실의 바닥재료로 위험하며, 거친 질감을 지닌 재료로 만든 소파는 실크와 같이 부드러운 옷을 입고 앉기에는 불편하다. 질감은 빛의 반사와 색채에도 영향을 미친다. 매끄러운 질감은 빛을 반사하고 시선을 집중시키며 같은 색채라도 좀 더 깨끗하고 강하게 보인다(그림 7-3).

반면 약간 거친 질감은 빛이 흡수되어 색채가 강조되지 않으며, 매우 거친 질감은 색채의 명암효과로 입체적인 느낌이 강조된다(그림 7-4).

질감은 소리의 흡수와 반사되는 정도에 영향을 미친다. 주택에서 음악 감상실을 계획하는 경우에는 마감재의 선택에 각별한 주의가 필요한데 이것은 질감이 음질에 미치는 영향 때문이다. 예를 들면 단단하거나 매끄러운 질감은 소리를 반사하지만 부드럽거나 거친 질감은 소리를 흡수하는 성질이 있다.

질감은 주택 내의 가사 작업량에도 영향을 미친다. 반짝이고 매끄러운 질감의 재료는 청소하기는 쉽지만 더러움이 너무 쉽게 눈에 띄어 불편하다. 거친 질감을 가진 마감 재료는 더러움이 쉽게 나타나지 않지만 먼지 등을 제거하는 데 시간과 노력이 요구된다. 그러므로 가사작업량을 줄이기 위해서는 시각적 질감은 거칠지만 실제로는 매끄러운 질감이 이상적이다. 실내공간에 미와 개성을 추구하는 경향이 짙어지는 오늘날, 질감은 디자인을 표현하는 중요한 수단이므로 실내디자인의 여러 요소와 더불어 신중하게 고려해야 한다.

4) 공 간

사람들은 물리적·시각적·심리적으로 움직일 수 있다는 가능성을 가질 때 공간감을 느낀다. 일정한 형태를 지닌 물체와 달리 공간은 그 속에서 생활하는 사람의 이동에 따라 융통성 있게 변화한다. 인간은 일반적으로 넓은 공간을 원하지만 때로는 안정감을 주는 폐쇄된 공간에서 보호받기를 원하기도 하므로 주거공간을 디자인할 때는 이러한 인간의 심리적 욕구를 충족시킬 수 있는 넓은 공간과 좁은 공간을 적절히 혼합하여 배치한다.

이상적인 주거공간을 확보하려면 물리적으로 실제적인 크기를 확보해야 하지만 경제적으로 부담이 되므로 실내디자인으로 공간을 실제의 크기보다 넓게 또는 좁게 보이도록 효과를 내는 것이 중요하다.

(1) 주거공간을 실제보다 넓어 보이게 하는 방법

- 창이나 문 등의 개구부를 크게 하여 옥외공간으로 시선이 연장되게 계획한다.
- 큰 가구를 벽에 부착시켜 공간이 분할되거나 시각적으로 차단되지 않게 한다.
  - 가구의 종류와 수를 적게 배치한다.
  - 한 벽면을 아래에서 위까지 거울이나 유리로 마감한다.
  - 실내 마감재나 색채를 동일 계통으로 선택하여 통일감을 준다.
  - 따뜻한 색보다 시원한 색으로 색채계획을 한다.
  - 조명을 이용하여 천장은 밝게 하고, 소파나 침대 등 무거운 느낌이 드는 가구의 아랫부분, 즉 바닥부분을 밝게 하면 가구가 떠 있는 느낌이 들어 실제 공간보다 넓어 보인다.

(2) 주거공간을 아늑하고 안정감 있게 보이게 하는 방법

- 가구를 많이 배치하거나 키 큰 가구를 수직적으로 배치하여 시각적·물리적으로 공간을 차단한다.
- 높이가 서로 다른 가구를 배치하여 시각적 연속성을 방해한다.
- 비슷한 디자인의 가구 또는 같은 용도의 가구를 그룹별로 배치하여 공간을 용도별로 분할한다(그림 7-5).
- 색채계획에 있어서 대비색상 조화를 선택한다.
- 마감재의 질감이나 무늬를 서로 대비되게 한다.

그림 7-5 집중적 배치방식으로 아늑하게 꾸민 식당
(스웨덴, 스텐쿨렌 카타리나의 주택)

• 마감재의 질감을 부드럽거나 거친 재료로 선택한다.

5) 무 늬

무늬는 표면을 아름답게 하기 위해서 이차원적으로 적용한 장식으로, 실내디자인의 중요한 요소이다. 물체에 직접 무늬를 그리기도 하고, 벽지나 마감재에 무늬를 넣어 이용하기도 한다. 또한 직물이나 카펫과 같이 제조과정을 거치는 동안 무늬가 생기기도 하며 의도적으로 무늬를 넣어 직조하기도 한다. 그 밖에도 무늬라고 하기는 어렵지만 거실의 커튼이 늘어지거나 접힌 모양에서 또는 욕실이나 현관의 타일을 부착하는 과정에서 무늬가 나타나기도 한다.

반복된 무늬를 모티프motif라고 하는데 모티프는 자연에서 볼 수 있는 꽃이나 나무 등을 소재로 이용하는 자연적인 모티프, 자연적인 소재를 단순화시켜 만든 양식화된 모티프, 사실적인 소재와 무관하게 디자인한 추상적인 모티프, 선 및 사각형, 원 등을 구성하여 디자인한 기하학적인 모티프 등으로 구분된다(그림 7-6).

모티프의 종류, 크기, 색상은 실내분위기를 좌우하며, 공간의 크기를 축소 또는 확대되어 보이게 한다. 거실의 소파나 커튼에 큰 무늬가 있으면 물체가 확대되어 보이지만, 큰 무늬의 벽지를 사방에 바른 방은 협소하게 느껴진다. 반대로 사방에 작은 무늬가 그려진 벽지를 바르면 같은 크기의 방이라도 시각적으로 훨씬 넓게 느껴진다.

무늬의 크기뿐 아니라 무늬의 색상, 채도, 명도도 실내디자인에 있어서 중요한 역할을 하므로 이에 대한 복합적인 연구가 필요하다.

6) 색 채

사람들은 주변 환경의 색에 따라서 명랑해지거나 우울해지는 등, 심리적 변화를 일으킬 뿐만 아니라 작업능률에도 영향을 준다. 또한 같은 조건의 주거공간도 색채효과에 따라 좁아 보이거나 넓어 보이고, 천장의 높이도 다르게 보이며 밝게 또는 어둡게 느껴진다. 이와 같이 색채는 주거공간의 실내분위기를 바꾸는 데 효과적일 뿐 아니라, 인간의 작업

그림 7-6 양식화된 나뭇잎 모티프를 사용한 아르누보 양식의 아파트(라트비아, 리가의 아파트)

수행능력에도 영향이 크므로 색채에 대한 기본적인 이론을 바르게 이해하여 장소와 목적에 맞게 적용시키는 것은 매우 중요하다.

주거공간의 색채계획은 아름다워야 할 뿐만 아니라 과학적이어야 한다. 시각적 효과이외에도 실내공간에서 인간이 갖게 되는 물리적 반응과 심리적 반응 그리고 건강에 미치는 영향을 고려해야 한다. 색채이론은 그 범위가 광범위하므로 여기에서는 주거공간에서의 실제적인 적용방법을 중심으로 알아본다.

(1) 색상 · 명도 · 채도에 의한 주거 실내디자인 효과

① 색상효과

- 따뜻한 색상은 자극적이고 동적인 분위기를 조성하고 시선을 집중시키는 효과가 있다.
- 따뜻한 색상은 진출하는 느낌을 주기 때문에 물체에 적용하면 외곽선이 부드럽게 보이고 실제보다 더 커 보이지만, 주거공간의 벽면이나 천장에 이용하면 공간이 좁

게 느껴진다.

- 시원한 색상은 조용하고 침착한 분위기를 조성하나, 시각적으로 관심을 끌기 어렵다.
- 시원한 색상으로 주거 실내를 계획하면 공간이 넓어 보인다.

② 명도효과

- 높은 명도의 색상은 명랑한 실내분위기를 조성하고, 주의를 집중시켜 물체를 실제보다 커 보이게 한다.
- 주거 실내공간의 벽면에 높은 명도의 색상을 이용하면 공간이 실제보다 넓어 보인다.
- 명도를 대비시키면 물체의 윤곽이 뚜렷하고, 물체가 돌출된 듯한 느낌을 준다.

③ 채도효과

- 채도가 높은 색상은 시각적으로 주의를 집중시키며 물체를 커 보이게 한다.
- 거의 실내 공간 벽면에 높은 채도의 색상을 사용하면 거리가 짧게 느껴져 방이 좁아 보인다.

(2) 색채조화

색채에 대한 반응은 개인에 따라 차이가 많고 시대에 따라 변화하며 색채를 아름답게 조화시키는 데 특별한 법칙이 있는 것은 아니다. 그러므로 쾌적한 분위기로 주거공간을 창의적이고 개성 있게 꾸미는 색채계획이 가장 이상적이다.

그러나 그러한 수준에 도달하기 위해서는 기초적인 색채조화 연습을 반복할 필요가 있다. 색채조화는 크게 동일색상의 조화, 유사색상의 조화, 대비색상의 조화로 나뉘며, 색채조화방법에 따라 같은 주거공간도 각기 다른 실내분위기로 조성된다.

① 동일색상의 조화

한 가지 색상을 선택하여 명도와 채도를 변화시키거나, 질감이나 무늬, 공간구성으로 변화나 강조를 시도하는 것이 색채조화이다. 동일색상의 조화를 사용하여 주거 공간을 계획하면 통일감이 있고 공간이 넓어 보이며, 연속성이 강조되어 차분하고 조용한 분위기

그림 7-7 　파란색계열 동일색상의 조화로 디자인한 실내(미국, 시애틀 뮤직 프로젝트)

그림 7-8 　파랑과 초록의 유사색상의 조화로 디자인된 주택 외관

를 조성하는 데 효과적이다(그림 7-7). 그러나 자칫하면 너무 단조롭고 지루하게 느껴질 염려가 있다. 이런 경우에는 실내 소품의 색상을 대비색상으로 조화를 이뤄 부분적으로 변화를 시도하는 것이 좋다.

② 유사색상의 조화

한 가지 색상을 중심으로 색상환에서 서로 가까운 위치에 있는 색상끼리의 색채조화이다. 그러나 한 가지 색상을 중심으로 색상환의 반 이상이 넘지 않는 것을 일반적으로 유사색상의 조화라고 한다.

주거공간에 유사색상의 조화를 사용하면 동일색상의 조화에 비해 공간에 변화가 있고 흥미롭게 느껴진다. 또한 통일성이 있고 부드러운 분위기를 조성하므로 주거의 색채계획에 실제로 많이 이용되는 방법이다.

③ 대비색상의 조화

대비색상의 조화는 색상환에서 서로 마주 보고 있는 색상을 조화시키는 방법으로, 주거공간을 생동감 있고 흥미로운 분위기로 연출하는 데 효과적이다. 대비색상의 조화는 강한 느낌을 주기 때문에 채도와 명도에 변화를 주어 세련된 조화를 이루도록 한다. 예를 들면 거실의 색채를 주황과 파랑을 이용한 단순 대비색상으로 조화시키려면 두 가지 색상의 채도와 명도가 서로 같은 것보다는 차이가 큰 경우에 더 안정감 있고 수

그림 7-9 전통건축에 사용된 빨강과 녹색의 대비색상 조화

준 높은 색채조화를 이룰 수 있다. 우리나라의 전통건축물에서는 대비조화를 많이 사용해왔다.

2
주거공간의 실내디자인 원리

앞에서 익힌 실내디자인 요소를 보기 좋게 적용하는 방법을 실내디자인의 원리라고 한다. 이 절에서는 실내디자인의 원리에 대한 이론적 지식을 바탕으로 이를 주거공간의 실제 상황에 옮겨보는 계속적인 훈련과 연습을 해본다.

1) 균 형

수평저울에서는 같은 무게의 두 물체가 좌·우 같은 거리에 있을 때 균형을 유지하지만, 실내디자인에서는 이러한 실제적인 무게보다는 시각적으로 느껴지는 시각적 균형이 더 중요하다. 예를 들면, 크기가 큰 물건은 실제 무게와 관계없이 시각적으로 무겁게 느껴지며, 작은 물건이라도 여러 개가 모여 있으면 시각적으로 무거워 보인다. 물체의 비중 역시 시각적 균형에 영향을 미쳐서, 주거공간에 돌 의자를 놓으면 플라스틱 의자를 놓은 경우보다 시각적으로 더 무거워 보인다. 질감이 뚜렷이 나타나는 것, 무늬가 두드러진 것, 부정형의 독특한 형태를 지닌 것이 그렇지 않은 것에 비해서 시각적으로 더 무거워 보이는데, 이는 사람의 시선을 집중시키는 효과가 크기 때문이다.

주거의 실내공간에서 균형감은 항상 일정한 것이 아니라 계속 변화한다. 완벽한 대칭균형으로 꾸며진 방에 사람이 들어가면 사람이 움직이는 위치에 따라서, 또는 사람의 수에 따라서 균형감이 변화된다. 주거공간의 균형감은 인공조명이나 자연채광에 따라 변화한다. 어떤 방의 한 구석에 국부조명을 설치하여 조도를 높여 주면 조명을 설치하지 않았을 때와 전체적인 균형감이 달라지며, 창문을 통해서 들어오는 햇빛의 밝기가 변화됨에 따라서도 같은 방에서 느껴지는 균형감이 변화한다. 실내공간에서의 균형은 일반적으로 대칭균형, 비대칭균형, 방사균형의 세 가지로 분류된다.

(1) 대칭균형

우리 주변에서 대칭균형을 이루고 있는 것은 허다하다. 사람의 신체는 물론 장이나 의자, 테이블 등의 가구와 세면기, 양변기 등을 예로 들 수 있다.

이와 같이 중심선 좌우에 같은 크기, 같은 형태를 이루고 있는 것을 대칭균형이라 한다(그림 7-10).

주거공간을 대칭균형으로 꾸미는 것은 어렵지 않을 뿐 아니라 실제로 가구를 이용할 때에도 편리하기 때문에 많이 이용되며 식탁에서의 의자 배치가 그 대표적인 예이다. 실내를 대칭으로 균형 잡히게 디자인하면 안정감이 있고 편안하게 느껴진다. 또 가구의 종류나 색채 선택에 따라서 다르기는 하지만 대칭균형은 위엄이 있고 공식적인 실내 분위기를 형성하는 데 효과적이다. 그러나 지나친 대칭균형은 지루하게 느껴지며 관심을 끌기 어렵고, 개성 없는 실내 분위기를 만들 우려가 있다.

그림 7-10 대칭균형을 이룬 한국 전통주택 대청의 판자문

대칭균형은 다음과 같은 경우에 권장된다.

- 조용하고 엄숙하며 공식적인 분위기가 요구될 때
- 방의 특정 부분, 예를 들면 아름다운 가구나 벽난로, 창문 장식에 시선을 집중시키고 싶을 때
- 아름다운 자연을 감상할 수 있는 전망 좋은 공간일 때(자연 자체가 대칭균형이 아니므로 무난함)

(2) 비대칭균형

좌우가 실제로 균형을 유지하지는 않으나 시각적으로 균형이 잡힌 듯이 느껴지는 상태를 비대칭균형이라고 한다. 대칭균형이 단순하고 지루하게 느껴지는 데 비해, 비대칭균형은 실내 분위기를 생동감 있고 동적動的으로 만들어 주며, 호기심을 유발시킨다. 또, 비대칭균형은 비정형적이기 때문에 자유롭고 융통성 있게 보인다. 비대칭균형으로 가구를 배치하면 공간 활용도가 높아지고, 공간이 넓어 보이며, 보다 자유로운 개성 표현이 가능하다. 그러나 지나친 경우에는 의도한 바와는 다른 산만한 분위기가 만들어질 수도 있다.

(3) 방사균형

전등의 갓이나 원형 식탁, 나선형 계단 등과 같이 중앙을 중심으로 방사상으로 균형을 이루고 있는 상태를 방사균형이라고 한다. 방사균형은 대접, 접시, 컵 등 작은 크기의 집기에 많이 이용되며, 주거의 실내 전체를 방사균형으로 디자인하는 예는 흔하지 않다.

방사균형은 개성 있게 보이며 호기심을 유발시키고 신선한 느낌을 준다. 같은 방사균형인 경우에도 원형 식탁의 중심에 천장 등이 길게 늘어져 있고 주위에 의자가 방사형으로 놓여 있으면 안정된 분위기를 느낀다. 빙글빙글 돌며 올라가는 나선형의 계단은 시선을 빨리 움직이게 하며, 비대칭으로 방사균형을 이루고 있어 시각적 관심을 집중시키고 동적인 분위기를 연출하는 데 효과적이다.

2) 리 듬

규칙적으로 반복되는 실내 구성요소들은 정돈된 느낌을 주고 조화를 이루는 동시에 동적인 느낌을 주는데, 이것은 리듬감이 있기 때문이다. 실내디자인에서 리듬은 균형이 이루어진 상태에서 시도되며, 그렇지 않은 경우에는 오히려 안정감이 없고 산만한 분위기가 된다. 일반적으로 주거공간의 실내디자인에서 리듬감은 실내 구성요소들을 반복 대비시킴으로써 이루어진다.

(1) 반 복
실내디자인의 구성요소인 선, 형태, 질감, 무늬, 색채 등을 일정하게 반복하여 사용하면 규칙적인 리듬감이 생긴다. 반복에 의한 리듬감은 벽지나 카펫의 무늬나 색채, 창문의

그림 7-11 물결무늬를 반복하여 조형미를 살린 천장조명(덴마크, 스반홀름 에코빌리지의 커먼하우스)

형태나 창살 무늬에 많이 이용된다. 그러나 평범한 것을 지나치게 반복하면 지루하고 흥미를 잃게 되기 쉬우므로, 강조하고 싶거나 주요 특징이 되는 형태나 색채 등을 반복하는 것이 효과적이다. 반복효과가 너무 적은 경우에는 통일감이 없어 보이고 분산된 느낌을 준다(그림 7-11).

(2) 점 이

형태, 질감, 무늬, 색채 등이 어떤 체계를 가지고 점점 커지거나 강해지면 동적인 리듬감이 생겨서 개성 있어 보이고 시선을 집중시키는 효과가 있다. 크기만을 점차로 변화시킬 수도 있고, 같은 공간에서 사용된 색채의 명도나 색상에 단순하게 패턴의 점이효과를 주거나 같은 분위기의 가구 크기를 점진적으로 변화시켜 리듬감을 줄 수도 있다. 점이에 의한 리듬은 사람들에게 부담감을 주지 않아 친근감을 느끼게 하고, 변화와 통일에 의한 조화미를 형성하므로 실내디자인에 많이 이용된다. 그러나 여러 가지 구성요소에 점이에 의한 효과를 동시에 적용하면 산만한 분위기가 될 염려가 있으므로 주의한다.

(3) 대 비

대비는 실내 구성요소에 점차적인 변화가 아닌 돌발적인 변화를 주어 리듬감을 주는 것이다. 예를 들면 사각형이 많이 이용된 거실에 놓인 둥근 스툴, 동일색상의 조화를 시도한 원룸 공간의 벽면을 장식하는 원색의 실내 소품, 현대식 분위기의 식당에 자리 잡은 목재 고가구, 철재로 만든 의자에 놓인 양털 방석 등은 형태, 색상, 분위기, 재료를 이용한 대비효과로서 흥미로운 리듬감을 형성할 수 있다. 강조에 의한 리듬감은 단조로운 것을 싫어하는 경향을 보이는 현대 실내디자인에서 많이 시도되고 있다. 대비에 의한 리듬을 같은 공간에서 두세 번 반복 사용하면 보다 세련되고 통일된 분위기를 조성할 수 있다.

3) 강 조

주거의 실내공간을 디자인할 때에는 시각적인 관심을 끌 수 있는 어떤 것을 정해놓고 그것을 강조함으로써 정돈되고 통일된 분위기를 연출하는 훈련이 필요하다. 실내디자인에서 강조의 원리를 이용하여 아름다움을 연출하는 예는 많다. 넓고 단순한 벽면에 좋아하는 그림 걸어두기, 시원한 크기의 창문을 만들어 전망 강조하기, 아름다운 수집품을 진열하고 스포트라이트spotlight 비추기 등을 들 수 있다.

강조는 전체 주거공간의 균형과 리듬이 기초가 되어야 보다 높은 수준의 아름다움이 창조된다. 또, 강조를 많이 하면 오히려 그 효과가 떨어질 뿐만 아니라 복잡하고 산만한 분위기가 되므로 방안에서 가장 관심을 끌 수 있는 것을 하나 정하고 나머지는 그것을 위한 부수적인 역할을 하도록 계획한다(그림 7-12).

조명은 실내공간의 어떤 요소를 강조시키는 효과가 크다. 별로 눈에 띄지 않는 작은 실내 소품들을 진열한 테이블에 조명효과를 이용함으로써 그 공간에서 가장 관심을 끄는 요소로 변화시킬 수 있는 것이 좋은 예이다.

그림 7-12 벽면에 걸어둔 그림은 시각적 관심을 끈다(덴마크, 팅고든 코하우징의 개인주택).

4) 스케일과 비례

스케일scale은 공간이나 물건의 일반적인 크기에 대한 상대적인 크기를 나타내는 개념이다. 이에 비해서 비례proportion는, 한 물체의 부분과 부분 또는 전체와 부분 간의 크기를 비교하는 개념으로 많이 이용된다. 예를 들면 어린이 방에 성인 치수에 맞는 가구가 있는 경우, 그 가구는 어린이 방의 스케일에 어울리지 않으며, 장식용 테이블의 가로, 세로, 높이가 서로 어울리지 않아 아름답지 않은 경우에는 그 비례가 적합하지 않다고 한다.

주거의 실내공간이나 가구 크기는 그 속에서 생활하고 가구를 이용하는 사람의 치수에 맞아야 한다. 특히 의자와 침대는 인체공학적으로 사용할 사람에게 적합한 형태와 치수를 기본적으로 갖추어야 한다. 다른 가구와 달리 침대는 가구 자체의 비례보다는 인체 치수를 고려한 스케일이 중요하다. 고대 그리스의 황금분할은 2 : 3, 3 : 5, 5 : 8, 8 : 13 등으로 표시되는데 선이나 형태가 이러한 비례로 분할되면 아름답게 느껴진다.

실내는 다양한 구성요소로 이루어져 있기 때문에 이들 간의 비례가 아름답게 유지되기 위해서는 부단한 노력이 요구된다. 의자를 관찰해보면 전체 높이, 팔걸이 높이, 다리 길이 등에서 여러 가지 비례가 발견되며 양탄자나 벽지의 무늬에서도 다양한 비례를 찾아 볼 수 있다. 황금분할에 의한 비례인 경우 균형감과 함께 아름다움을 느끼게 되므로 이러한 원리를 적용할 필요가 있다. 또 실제의 크기에서 오는 비례도 중요하지만 커 보인다든지 작아 보인다든지 하는 시각적인 크기에 대한 비례도 중요하다.

같은 비례로 만들어진 같은 크기의 물건이라도 색채나 질감, 조명 등에 따라 전혀 다르게 보이는 경우가 많다. 실내공간에서는 가구 자체의 크기뿐만 아니라 가구와 가구 사이의 공간 역시 스케일이나 비례에 영향을 미친다는 것을 잊지 말아야 한다.

5) 조 화

여러 가지 실내의 구성요소들이 통일미와 변화미를 균형 있게 보이며 아름다운 공간을 조성하는 것은 조화에 의해서만 가능하다. 색채, 형태, 무늬, 질감 등에서 지나친 통일성은 딱딱하고 단조로운 분위기를 만들고, 반대로 통일성이 결여되면 혼란스럽고 아름답지 않게 느껴진다.

통일미와 변화미가 적절하게 표현될 때 조화된 아름다운 실내공간이 만들어지는데, 실내디자인에서 통일성과 변화는 서로 대립적인 관계가 아니라 밀접하게 관련된 유기적인 관계이다. 즉, 통일성에 의한 아름다움이 전혀 손상되지 않으면서 적절한 변화를 시도해야 한다.

(1) 통일성

통일성은 디자인 요소의 반복이나 유사성·동질성에 의한 효과이다.

주거 건물의 외관과 실내 분위기에 통일성을 주기 위해서 색채계획이나 질감, 선이나 형태를 비슷하게 또는 같게 이용할 수 있다. 또 실내 구성요소를 변화시키면서 각 요소에 일정한 무늬를 넣어줌으로써 통일성을 주기도 한다. 그 밖에도 건축 시에 가구를 붙

그림 7-13 원형과 곡선을 사용하여 통일성을 준 실내디자인(슬로베니아, 블레드 호텔)

박이식으로 계획하면 통일성 있는 아름다운 실내공간을 연출하기가 비교적 쉽다. 그러나 지나치게 통일성을 강조하면 지루하고 미적인 효과가 감소될 수도 있다(그림 7-13).

(2) 변 화

실내디자인에 있어서 변화는 생명력을 주고 흥미를 유발시키는 효과가 있다. 그러나 주거공간 전체를 고려하지 않은 채 변화를 강조하다 보면 오히려 어수선하고 부담스럽게 느껴진다. 실내디자인의 요소인 선, 형태, 질감, 공간, 무늬, 색채 등에서 모든 변화를 시도하면 흥미롭다는 느낌 대신에 시각적인 분산을 일으켜 오히려 각각의 특성을 잃게 된다(그림 7-14).

조화란 전체적으로 통일된 아름다움을 유지하면서 한두 가지가 변화되어 얻어지는 효과이다. 조화미를 추구하기 위하여 특별한 방법을 시도할 필요는 없으며 디자인 원리

그림 7-14 수직과 수평의 건물에 사용한 원형의 철 창틀은 변화를 준다.

를 적용시키는 훈련을 통하여 자연히 얻어지는 효과로 이해하는 것이 바람직하다.

실내디자인의 능력을 향상시키는 방법은 실내디자인의 요소와 원리에 대한 이론을 충분히 이해한 후, 도면 작업을 해보고 마지막으로 실제 실내공간에서 직접 디자인을 연출해보는 훈련이 필요하다. 실내디자인 작업은 빠른 시간 내에 습득되는 것은 아니지만 다른 디자이너의 작품을 자주 방문하여 실제 분위기를 경험하고 평가해 보는 것도 중요하다.

생각해 보기

1. 주택에 실내디자인의 원리를 적용하면 어떤 점이 좋은지 생각해 보자.

2. 좁은 주택을 넓어 보이게 할 수 있는 방안을 논의해 보자.

3. 유지 관리가 용이한 실내 마감재는 어떤 특징을 가져야 하는지 고려해 보자.

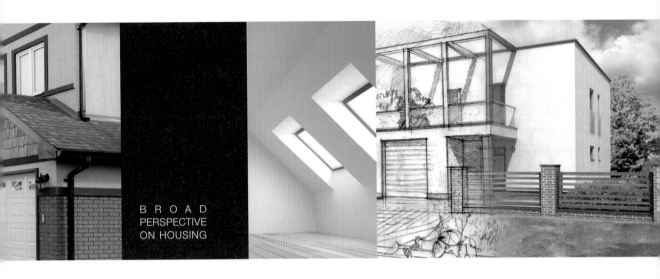

주거와 실내환경

BROAD
PERSPECTIVE
ON HOUSING

쾌적한 실내환경은 대다수의 시간을 실내에서 보내야 하는 현대인에게 신체적·정신적인 건강을 제공하는 매우
중요한 문제이다. 쾌적한 실내환경에 영향을 미치는 요인에는 외기온도, 습도, 기류, 공기오염, 일조와 같은 실외
환경과 건축구조체의 성능에 따라 달리 조성되는 실내환경이 모두 포함된다. 이러한 물리적인 조건뿐 아니라 개
인의 감각이나 심리적인 조건, 그리고 건강상태, 연령, 체격, 운동량 등의 생리적 조건 등도 쾌적감에 영향을 주게
된다.
이 장에서는 주거의 물리적 환경요소 중에서 실내환경을 중심으로 온·습도조절의 열환경, 실내공기 질과 환기·
통풍의 공기환경, 채광·조명 등의 빛환경, 음(音)의 특성과 소음문제 등의 음환경으로 나누어 거주자 중심의 쾌적
한 실내환경이란 어떤 것인지 알아본다.

1
열환경

실내의 열은 태양열, 난방, 취사를 통한 열 그리고 인체로부터 발생한다. 이러한 열은 주택 건물의 벽, 지붕, 바닥 등의 구조체를 통하여 지속적으로 이동하게 되는데 쾌적한 실내의 열환경 상태를 유지하기 위하여 여름에는 실내로 유입되는 불필요한 열을 차단하고 겨울에는 실내의 열손실을 최소화해야 한다. 이를 위해 실내의 열 이동 경로를 이해하여 열의 이동을 차단하도록 건물을 보온 설계함으로써 쾌적한 환경을 만들어야 한다.

1) 열환경과 쾌적성

인체에는 시각, 청각, 후각, 촉각, 미각의 다섯 가지 감각과 이를 느끼는 수용기가 있는데 그중에서 인간이 느끼는 쾌적감과 관련된 것은 빛과 색을 지각하는 시각과 소리를 감지하는 청각, 냄새를 느끼는 후각, 그리고 따뜻하고 차가움 등을 느끼는 열 감각thermal sensation 등이다. 열 감각은 체내에서 소비되고 생산되는 열과 주변환경의 열 교환으로 결정된다. 실내환경에 대해 인간이 느끼는 열 감각 또는 쾌적감은 인체와 환경의 열평형 상태와 밀접한 관계가 있다. 즉, 환경인자와 생리적 상태의 조절관계로 인체감각이 달라진다.

일반적으로 느끼는 열 쾌적상태는 열에 의해 스트레스나 긴장감을 받지 않는 환경을 의미한다. 인체에 열적 스트레스가 가해지면 작업능률이 저하되며 체온이 상승하고, 땀 분비량과 맥박이 증가하는 등 인체에 생리적인 영향을 미친다. 우리가 춥거나 덥다고 느끼는 정도는 체내에서 발생하는 열량과 체표에서 방출되는 열량의 균형 차이에서 발생한다. 즉, 체내에서 발생하는 열량이 방출되는 열량보다 많으면 덥고, 그 반대인 경우에는 춥게 느껴진다.

열 쾌적감에 관계되는 물리적 환경 요소는 공기의 온도, 습도, 기류 그리고 공간의 벽이나 바닥, 인체로부터 나오는 열의 복사 등이다. 실내 공기의 온도는 인체의 체온조절과 밀접하여 열환경 쾌적성과 가장 관련이 깊은 물리적 요소이다. 정상인의 체온 범위는 36.1~37.2℃인데 체표에서 방산되는 열량은 공기온도가 낮을수록 많아지기 때문에 쾌적함을 느끼기 위해서는 체표에서 방출되는 열량이 체내의 발열량과 같아지도록 실내 공기의 온도와 습도를 조절해야 한다. 습도는 일반적으로 상대습도로 나타내는데 상대습도란 어느 온도에서 더는 수증기를 포함할 수 없는 포화상태의 수증기량에 대해 현재 어느 정도의 수증기가 포함되어 있는가를 백분율로 나타낸 것이다. 더운 여름철 상대습도가 60% 이상이 되면 땀은 나오지만 증발이 잘 되지 않기 때문에 실제 사람은 더 덥게 느낀다. 반대로 추운 겨울철 상대습도가 25% 이하가 되면 같은 온도라도 더 춥게 느낀다. 그 이유는 피부에는 언제나 어느 정도의 습기가 있는데 이것이 건조한 공기 속에서 증발되어 자연히 냉각효과를 일으키기 때문이다. 온도와 습도 측면에서만 보면 보통 겨울철은 20~24℃, 여름철은 24~26℃ 정도를 쾌적 범위라 하며, 이때 습도 범위는 겨울철 25~70%, 여름철 20~65% 영역을 동시에 만족하는 상태를 말한다.

기류는 실내 공기가 움직이는 속도로 나타낼 수 있는데 속도가 빠르면 대류에 의한 열손실이 증가되어 시원하거나 춥게 느껴지는 원인이 되는 것이다. 실내기류 속도의 허용범위는 1.5m/s로 이 이상이 되면 가벼운 물건이 날리어 불편하게 되고, 기류가 1.0m/s 이하가 되면 공기가 정체된 느낌으로 답답함을 느끼게 된다.

방안의 벽, 바닥, 천장 등의 온도가 낮으면 여름에는 아주 시원하게 느껴지고 반대로 겨울에는 아주 춥다. 바닥이나 벽을 조금만 덥혀줘도 따뜻하게 느껴지는 것은 바닥이나 벽에서 나오는 장파장의 복사열 때문이다.

물리적 환경 요소 이외에 사람의 활동 정도, 착의량, 작업량 등 개인의 조건에 따라 쾌적감은 다르다.

2) 단열

실내환경은 구조체의 열적 특성인 단열성에 따라 달라지게 된다.

단열이 잘 된 주택은 난방 및 냉방 부하를 감소시켜 에너지 절약을 꾀하면서 실내환경을 쾌적하게 할 수 있게 된다. 단열성이 좋은 주택의 경우 여름과 겨울의 열 유출입

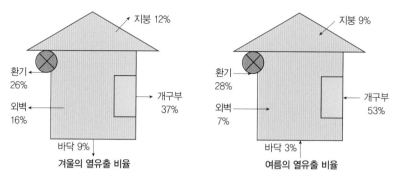

그림 8-1 주택의 열 유출입 비율 계산의 예(벽체, 지붕단열재 두께 10mm로 단열성이 좋은 주택의 경우)
자료 : 図解住居学編集委員会(2007). p.102.

비율을 나타내는 그림 8-1을 보면 주택에서는 개구부를 통한 열유출이 가장 높음을 알 수 있다. 이를 고려하여 겨울에 집안을 따뜻하게 유지하기 위해서는 다음과 같은 사항을 염두에 두어야 한다.

첫째, 창문으로 들어오는 태양열을 이용한다. 이는 남향으로 개구부를 크게 두어 자연의 혜택인 태양열과 빛을 이용하는 것으로 에너지 절약 측면에서도 바람직하다.

둘째, 창문이나 출입구 등의 틈새에서 들어오는 바람을 막는다. 보통 알루미늄 새시 등의 기밀한 개구부 재료를 사용하여 열의 흐름을 방지할 수 있다. 그러나 기밀성만 강조하다 보면 실내공기오염의 원인이 되므로 주의를 요한다.

셋째, 벽, 지붕, 바닥 등의 열손실을 막는다. 실내에 난방을 해도 집안의 벽, 지붕, 바닥 등의 단열조건이 나쁘면 열손실이 많아진다. 그러므로 벽, 지붕, 바닥, 개구부 틈새 등의 구조 부분에 충분한 단열재를 사용한다.

또한 여름을 시원하게 보내기 위해서는 단열 이외에 다음의 두 가지 노력도 같이 해야 한다.

첫째, 통풍효과를 이용한다. 통풍은 실내의 열을 실외로 내보내는 것이므로 태양열이 있을 때나 야간과 같이 외기가 실내보다 온도가 높을 때 유효하다. 이때 신체에 바람이 닿으면 시원하게 느껴지며 외기가 실내보다 온도가 높다 할지라도 통풍이 잘 되면 쾌적하게 느껴진다. 여름에 매초 1m/s의 바람이 몸에 닿을 때 1~2℃ 정도 시원하게 느껴지며 땀이 날 때 그 효과는 더욱 크다.

둘째, 일사열을 차단한다. 여름에 창문에서 들어오는 직사일광을 방지하기 위해서 수목이나 발 등을 이용하여 벽면 녹화를 하거나 지붕, 건물의 동측, 서측 벽면에 단열재를 충분히 사용하여 뜨거운 일사열을 차단시켜 여름을 시원하게 보낼 수 있도록 한다.

이와 같이 주택이 단열이 잘 되면 실내의 쾌적성이 향상된다. 내벽에 단열이 안 되면 실내난방 시 대류현상으로 벽을 따라 공기가 위에서 아래로 내려올 때 공기가 차가워져 바닥 주변의 온도가 내려간다. 심한 경우는 천장 부근과 바닥 사이에 20℃의 온도 차가 생겨 발 부분이 춥게 느껴지므로 불쾌감이 발생한다. 그러므로 건물에 단열재를 충분히 사용하면 실내온도가 일정하게 유지되므로 쾌적성이 향상된다.

또한 주택단열의 효과로 결로가 방지된다. 벽의 단열상태가 나쁘면 밖의 낮은 외부기온이 벽을 통해 전달되므로 벽의 실내 표면 온도가 낮아진다. 이때 공기 중의 수증기는 저온 부분에 이슬로 나타나 부착되는 성질이 있으므로 벽 표면에 물방울이 생기는데 이를 결로현상이라 한다. 이는 누수와 마찬가지로 천장이나 벽에 자국을 남기고 곰팡이, 부식의 원인이 되기도 하여 비위생적이다. 단열재는 습하거나 물기가 있으면 열전도율이 높아져 단열성능이 저하되므로 시공 시에는 방습이나 방수층을 설치하거나 방습·방수막이 입혀진 단열재를 시공한다.

마지막으로, 냉난방비가 절약된다. 주택을 난방했을 때 건물에서 손실되는 열량의 비율은 단열재가 없는 경우와 단열재의 두께를 벽, 천장, 바닥에 어느 정도 채웠느냐에 따라 유출되는 열량의 변화가 다르므로 건물에 단열을 잘 하면 난방효과는 물론 냉방비도 절약된다.

3) 결 로

결로는 겨울철 난방 시에 실내 창문이나 천장, 벽면 등에 물방울이 생기는 현상이며, 여름철에도 지하실 벽면이 젖어 있는 현상 등을 말한다. 이러한 현상은 표면 마감재에 흡습성이 있으면 마감재 내부까지 침투되어 내부결로를 유발한다. 내부결로는 구조체 내에 수증기가 응결되는 것으로 표면결로처럼 금방 눈에 띄지는 않지만 어느 정도 시간이 지나면 벽 표면에 곰팡이가 생기거나 벽에 박리현상 등으로 나타나 구조체에 손상을 준다.

표 8-1 결로 방지대책

환기	난방	단열
• 환기는 습한 공기를 제거하여 실내의 결로를 방지한다. • 습기가 발생하는 곳이 환기가 잘 되면 가장 효율적이다.	• 난방은 건물 내부의 표면온도를 올리고 실내공기를 노점 이상으로 유지시킨다. • 가열된 공기는 더 많은 습기를 함유할 수 있어 차가운 표면결로로 발생한 습기를 포함하고 있다가 환기 시 외부로 배출되면 결로를 제거한다. • 난방의 온도 및 난방시간은 결로에 영향을 주는데, 일반적으로 낮은 온도를 오래 유지하는 것이 높은 온도의 난방을 짧게 하는 것보다 좋다.	• 단열은 구조체를 통한 열손실 방지와 보온 역할을 한다. • 조적벽과 같은 중량구조의 내부에 위치한 단열재는 난방 시 실내 표면온도를 신속히 올릴 수 있다. • 중공벽(中空壁) 내부의 실내 측에 단열재를 시공한 벽은 외측 부분의 온도가 낮기 때문에 이곳에 생기는 내부결로 방지를 위하여 고온 측에 방습층의 설치가 필요하다.

따라서 결로의 원인을 찾고 이에 대한 대책을 강구해야 한다.

결로의 원인은 실내외의 온도차, 실내 습기의 과다발생, 생활습관에 의한 환기 부족, 건물구조에서 투습성이 높은 재료의 사용, 단열시공 불량 등을 들 수 있다. 결로 취약 부위는 외벽체와 내벽체가 연결되는 부위나 외벽체와 천장 슬래브가 연결되는 부위 등을 들 수 있으므로 주택의 설계 시에는 단열 설계가 필수적이다. 결로 방지를 위한 대책은 표 8-1과 같다.

2
공기환경

인간은 태어나면서부터 집, 학교, 사무실, 지하시설물, 상가, 교통수단, 실내작업장 같은 실내공간에서 하루 24시 간 중 90% 정도를 호흡하며 생활하고 있다.

이렇게 장시간 머무르는 실내 공기의 질은 그동안 먹거나 마시는 음식물에 비해 그 중요성이 덜 강조되었던 것이 사실이다. 그러나 산업기술이 만들어낸 새롭고 다양한 건축자재 및 생활용품에서 발생하는 각종 오염물질과 미세먼지 문제가 심각해지면서 실내공기질에 대한 관심이 높아지고 있다. 특히 현대의 인텔리전트 빌딩과 같이 고성능, 고밀화된 건물의 실내에서는 거주자가 스스로 환경조건을 조절할 수 없고 모든 환경요인을 건물관리자가 조절하도록 되어 있어 이러한 인공환경에서는 환기에 대한 적절한 대책이 없으면 실내공기오염이 매우 심각한 상태에 이를 수 있다.

여기서는 주거 내에서의 공기에 포함되어 있는 대표적 오염물질을 중심으로 그 특징과 각 오염물질이 인간에게 미치는 영향 및 이를 방지하기 위한 대책을 알아본다.

1) 실내공기 오염물질

실내공기 오염물질의 발생원인은 실내환경, 인간의 활동, 외부공기의 유입 등 다양하다. 이로 인해 발생되는 실내오염물질의 종류도 시설의 특성에 따라 다양한데 일반적으로 난방기구와 같은 생활용품에서는 이산화질소와 일산화탄소가, 건축자재에서는 포름알데히드와 휘발성 유기화합물이 발생하며, 인간활동에서는 미세먼지, 담배연기 등이 주로 발생한다. 실내에서 발생하는 주요 오염물질은 표 8-2와 같다.

표 8-2 실내에서 발생하는 주요 오염물질

오염물질	주요 발생원	오염물질	주요 발생원
부유미생물 (곰팡이, 세균)	가습기, 냉방장치, 냉장고, 애완동물(비듬, 털), 인간활동(대화, 재채기 등), 음식물쓰레기, 카펫	휘발성 유기화합물, 탄화수소류, 미세먼지, 타르, 니코틴	담배연기
포름알데히드	각종 합판, 보드, 가구, 단열재, 담배연기, 화장품, 의류, 접착제 등	벤젠	건축재료, 세탁용제, 페인트, 살충제, 석유화학제품, 자동차 배출가스, 연료(석유 등)
아세트알데히드	합성수지, 접착제, 향료	톨루엔	담배연기, 건축재료, 페인트, 살충제, 난방(석탄, 석유연소)
연소가스(CO_2, NO, SO_2 등)	난로, 연료연소, 가스인지	자일렌	접착제, 페인트
먼지, 중금속	외기유입, 생활 활동, 의류, 흡연, 연소기구 등	스티렌	접착제, 주방랩, 플라스틱 제품, 필름
라돈	토양, 건축자재, 지하수	테트라클로로에틸렌	카펫용 세제, 얼룩제거제, 드라이클리닝 용제

자료 : 환경부·국립환경과학원(2012). p.6.

(1) 합판용 접착제에서 발생하는 포름알데히드

포름알데히드HCHO는 가구류의 합판용 접착제 등의 화학제품이나 개방형 연소기구와 흡연 시 발생되는 유해물질로, 무색의 수용성 가스이다. 이 유해가스는 0.05~0.1ppm 정도에서 자각되기 시작하며, 20~25ppm 정도면 양쪽 눈과 기도를 자극하고, 50~100ppm이면 피부와 폐에 염증을 일으킨다. 포름알데히드는 호흡기를 자극하는 유해물질로서 고농도일 경우에 치명적이다.

(2) 건축자재나 토양에서 발생하는 라돈

라돈은 우라늄 계열의 무색, 무취, 무미의 기체로 지구상 어디나 존재하는 자연방사능물질이다. 폐 중에 흡수되면 배출되지 않고 폐포나 기관지에 쌓여 폐암의 위험을 증가시켜 최근 서양에서는 이에 대한 관심이 집중되고 있다. 서양식 주택의 경우, 특히 지하실을 거실로 많이 이용하는 스웨덴, 캐나다, 북미 등에서는 라돈 연구가 활발히 진행되고 있다. 이 가스는 공기보다 9배 정도 무겁기 때문에 우물, 동굴, 주택의 지하에 있는 틈 속의 정체된 공기 중으로 방출되어 실내로 확산되며, 주요 발생원은 흙, 시멘트, 콘크리트, 대리석, 모래, 진흙, 벽돌 등의 건축자재와 토양가스 및 천연가스, 라듐이 풍부한 토양과 암반지역의 지하수로 보고된다.

(3) 사람의 호흡에서 발생하는 이산화탄소

이산화탄소CO_2는 실내공기의 환기상태를 평가하는 지표로 사용되며 보통 1,000ppm을 허용기준으로 한다. 실내에서는 주로 재실자들의 호흡으로 발생하는데 사람들이 많이 모이는 곳에 오래 있으면 두통, 권태 등의 현상이 나타나는 것은 바로 이산화탄소의 농도가 증가했기 때문이다. 이산화탄소의 농도가 10,000ppm이 되면 호흡기, 순환기, 대뇌의 기능이 저하되고 40,000ppm이 되면 혈압 상승이 일어난다.

(4) 연소기구 등에서 발생하는 일산화탄소

일산화탄소CO는 적은 농도로도 인체에 치명적인 영향을 주는 가스로 5ppm의 농도에 20분 정도 노출되면 신경계의 반사작용에 변화가 일어나고, 30ppm의 농도에 8시간 이상 노출되면 시각, 정신기능의 장애를 일으킨다.

실내에서는 연소기구인 가스레인지의 사용으로 발생하며, 특히 연탄으로 취사·난방을 하는 경우에는 겨울철에 인명을 앗아가는 요인이기도 하다.

(5) 난방기구 및 자동차 배기로 발생하는 질소산화물

질소산화물NO₂ 등은 고온연소 때 난방기구와 주방기구에서 발생하며, 자동차의 배기가스에도 있다. 일반적으로 5ppm 이상이 되면 기도에 자극증세가 나타나고, 100pm 이상이면 사망하는 수도 있어 호흡기 질환이 있거나 적응력이 약한 어린이에게는 위험성이 높은 것으로 알려진다.

(6) 미세먼지(PM10 Particulate Matter)

10μm 미세먼지는 대기 중의 부유분진 중 미세한 입자물질로, 부유분진은 그 크기에 따라 인체에 미치는 영향이 다르다. 미세먼지는 부유분진 중 10μm 이하의 먼지를 말하는데 분진 입자 중 폐에 침적하기 쉬운 것은 지름 1~10μm 크기의 미세먼지이다. 미세먼지 중 1~2μm 이하의 입자는 항상 대기 중에 떠다니면서 이산화황SO₂ 등에 부착되어 폐에 침적하여 신체에 장해를 주는 것으로 알려져 있다.

(7) 부유 미생물(세균, 곰팡이)

부유세균, 부유곰팡이와 같은 미생물성 실내공기 오염물질은 전염성 질환, 알레르기 질환, 피부질환, 호흡기 질환, 폐질환, 기관지 질환, 폐암을 비롯한 각종 질병을 일으킨다. 부유곰팡이의 경우 인간에게 이로운 것도 있지만 특정 곰팡이는 가려움증, 습진, 피부반점, 무좀 등의 증상을 일으킬 수 있다(환경부·국립환경연구원, 2012, p.10).

(8) 건축자재에서 발생하는 석면

석면(아스베스토스)은 단열성이 좋아서 단열재나 흡음재와 같은 건축자재로 많이 사용된다. 석면에 의한 인체장해는 공기를 통한 호흡기 질환과 소화기 질환으로 알려져 있다. 폐에 침적된 석면은 폐암을 야기하고, 소화기 계통에 침적된 석면은 위암, 소장암, 췌

장암 등을 일으킨다. 미국에서는 석면을 산업계가 직면한 가장 위험한 발암물질로 구분하고 있다.

(9) 생활용품 등에서 발생하는 휘발성 유기화합물

일명 유기용제(벤젠, 톨루엔, 크실렌, 에틸벤젠, 스틸렌 등)로 통칭되는 휘발성 유기화합물VOCs, Volitile Organic Compounds은 물질을 녹이는 성질과 실온에서는 액체로 휘발하기 쉬운 성질이 있다. 유기용제의 발생원은 건축재료, 세탁용제, 가구설비, 살충제, 카펫 접착제 등이며 합판도 주요 오염원이다. 특히 톨루엔은 페인트, 래커, 코팅, 염료, 살충제, 약품 등의 제조공장에서 용제로 쓰이고, 화학물질의 합성, 인조고무, 직물, 셀룰로오스 에스테르, 래커 등의 원료이며, 이것들은 실내 생활 속에서 다양하게 사용되는데 인체에는 간, 신장, 혈액, 신경 등에 영향을 준다.

2) 실내공기질

WHO(세계보건기구)는 2000년 5월 "모든 인간은 건강한 공기를 호흡할 권리가 있다."고 선언하였다. 실내공기오염을 해결하기 위해 선진국에서는 이미 실내공기질IAQ, Indoor Air Quality을 하나의 새로운 환경문제로 인식하여 이에 대한 연구를 활발히 진행하면서 실내환경 오염물질을 측정하고 그 대책을 강구하고 있다. 외국에서 실내오염 및 건강 영향에 관한 연구가 시작된 것은 1970년대 이후이다. 에너지 보존을 위하여 공공건물이나 일반주택 설계 시 사용되는 새로운 건축자재에서 오염물질이 나오거나 또는 경제수준의 향상으로 사용이 증가된 다양한 생활용품에서 뜻밖의 오염물질이 방출되어 실내공간에서 생활하는 거주자가 현기증, 졸음, 구토, 알레르기 증상 등 이른바 '빌딩증후군'Sick Building Syndrome을 호소하게 되었다.

이처럼 건물과 관련된 빌딩증후군은 임상실험에서나 의사들에게 식별될 수 있는 유독성, 전염성, 알레르기성 질병이며, 그 유형은 과민성 폐렴, 천식, 레지오넬라병, 유행성 감기 등을 포함하여 다양하다. 최근 국민들의 웰빙 의식으로 주택의 실내공기오염에 대한 관심이 높아져 '새집증후군'이라는 이름으로 실내환경의 중요성이 강조되고 있다.

3) 실내공기질 관리

국내의 실내공기환경 관련 기준은 중앙관리방식의 공기조화설비를 갖추고 있는 건물을 대상으로 실내공기질 관리법에 규정되어 있으며, 외부 대기환경에 대해서는 환경정책기본법 시행령 제2조에 규정되어 있다(표 8-3).

공기질 측면에서 보면 이 기준에서는 일산화탄소 및 이산화탄소 농도로 모든 오염물질을 대표하고 있다. 그러나 실내환경에서는 노동환경과 달리 오염물질이 낮은 농도로 혼합되어 나타나는 경우가 일반적이다. 그렇기 때문에 인체에 영향을 줄 수 있는 오염물질에 대한 기준치를 설정해야 하는데 현재는 그에 대한 조항이 없다. 또한 현재 기준은 공기조화방식을 갖춘 건물만을 대상으로 한 것으로 이러한 시설을 갖추지 않은 건물에 대한 지침이나 기준은 전무한 실정이다. 실내공기질 관리법에는 다중이용시설의 오염물질에 대한 유지, 권고기준을 규정하고 있다.

또한 공동주택에 대해서는 신축인 경우 입주자에게 실내공기질 측정결과를 공고히 하는 내용과 신축 공동주택을 대상으로 실내공기 오염물질의 측량이 기준에 따르면 유지기준은 1년에 1회 측정하여야 하며, 권고기준은 2년에 1회 측정하여야 한다. 실내공기질

표 8-3 다중이용시설의 공기질 유지기준

다중이용시설 \ 오염물질 항목	미세먼지 PM10 ($\mu g/m^3$)	CO_2 (ppm)	포름알데히드 HCHO ($\mu g/m^3$)	총 부유세균 (CFU/m^3)	CO (ppm)
지하역사, 지하도상가, 여객자동차 터미널의 대합실, 철도역사의 대합실, 공항시설 중 여객터미널, 항만시설 중 대합실, 도서관·박물관 및 미술관, 장례식장, 목욕장, 대규모 점포, 영화상영관, 학원, 전시시설, 인터넷 개임제공 영업시설	150 이하	1,000 이하	100 이하	–	10 이하
의료기관, 어린이집, 노인요양시설, 산후조리원	100 이하			800 이하	
실내주차장	200 이하			–	25 이하

주) 공기질 유지기준을 지키지 아니한 경우 1천만 원 이하의 과태료 부과.
자료 : 실내공기질 관리법 시행규칙 제3조 별표 2.

표 8-4 다중이용시설의 실내공기질 권고기준

(개정 2016년 12월 22일)

오염물질 항목 다중이용시설	이산화질소 (NO₂) (ppm)	라돈(Rn) (Bq/m³)	총 휘발성 유기화합물	미세먼지 (PM-25) (µg/m³)	곰팡이 (CFU/m³)
지하역사, 지하도상가, 여객자동차터미널의 대합실, 철도역사의 대합실, 공항시설 중 여객터미널, 항만시설 중 대합실, 도서관, 박물관 및 미술관, 장례식장, 목욕장, 대규모 점포, 영화상영관, 학원, 전시시설, 인터넷 컴퓨터게임시설 제공업 영업시설	0.05 이하	148 이하	500 이하	–	–
의료기관, 어린이집, 노인요양시설, 산후조리원	0.30 이하		400 이하	20 이하	500 이하
실내주차장			1,000 이하	–	–

자료 : 실내공기질 관리법 시행규칙 제4조 별표 3 관련.

을 측정하지 않거나 기록을 보존하지 않은 경우 500만 원 이하의 과태료 처분을 받을 수 있다. 항목에 대한 권고기준이 마련되어 있는데. 여기에는 신축 공동주택의 실내공기질 관리에 대한 내용도 포함되어 있으며, 그 주요 내용은 표 8-5와 같다.

(1) 신축 공동주택의 실내공기질 관리

100세대 이상 신축 공동주택의 시공자는 주민 입주 전 실내공기질을 측정하여 그 결과를 지방자치단체의 장에게 제출하고 주민 입주 3일 전부터 출입문 게시판 등 주민들의 확인이 용이한 장소에 60일간 공고를 의무화한다. 이는 '새집증후군'이 특히 문제되는 신축 공동주택의 시공자에게 실내공기질을 측정하여 공고하는 의무를 부여함으로써 입주자에게 실내공기질의 오염현황을 알리고 오염물질 방출이 적은 건축자재 사용을 유도하기 위함이다.

측정물질은 새집증후군 증상의 주 원인인 포름알데히드, 휘발성 유기화합물(벤젠, 톨루엔, 에틸벤젠, 자일렌, 스티렌) 등 총 6종이며 측정방법은 공정시험방법에 따라 100세대의 경우 3개 측정장소를 그리고 초과하는 100세대마다 1개의 측정장소를 추가하도록 하였다. 만약 공동주택 시공자가 측정결과를 제출, 공고하지 아니하거나 거짓으로 제출, 공고한 자에게는 500만 원 이하의 과태료를 부과하고 있다. 현재는 기업의 자율규제를

표 8-5 신축 공동주택 실내공기질 권고기준 (단위 : μg/m³)

표 8-5 신축 공동주택 실내공기질 권고기준 (단위 : μg/m³)

측정항목	권고기준	측정항목	권고기준
포름알데히드	210 이하	에틸벤젠	360 이하
벤젠	30 이하	자일렌	700 이하
톨루엔	1,000 이하	스티렌	300 이하

주) 신축 공동주택의 실내공기질 측정결과를 제출·공고하지 아니한 경우 500만 원 이하의 과태료 부과.
자료 : 실내공기질 관리법 시행규칙 제7조 별표 4의2.

위해 신축 공동주택의 유해물질 측정, 공고의무만 부여하고 별도의 기준과 제재수단을 두지 않아 시공사에게 오염물질 방출이 적은 건축자재를 자율적으로 사용하도록 유도하고 있다.

(2) 다중이용시설 및 신축공동주택의 실내공기질 실태

환경부에서 2011년도에 전국 2,700여 개소의 다중이용시설(2,694개소)과 신축 공동주택(73개소)을 대상으로 실내공기질 관리실태 점검을 실시한 결과, 어린이집, 실내주차장 등 전국 다중이용시설(전국 13,113개소 대비 20.5%) 전체의 6.5%인 174개소가 유지기준을 초과한 것으로 나타났다. 오염도 검사시설 중 전체 유지기준 초과시설 174개소 가운데 총 부유세균을 초과한 곳이 156개소로 가장 많았으며, 포름알데히드가 15개소로 그 뒤를 이었다. 반면 미세먼지PM10나 일산화탄소 등은 유지기준을 초과해 적발된 시설이 한 곳도 없었다.

> **실내공기질 유지기준항목(총 5개)**
>
> 미세먼지, 이산화탄소, 포름알데히드, 총 부유세균, 일산화탄소. 이중 총 부유세균은 실내공기 중에 부유하는 세균(생물학적 오염요소)으로 먼지, 수증기 등에 부착해 생존하며, 알레르기성 질환, 호흡기 질환 등을 유발한다.

한편 서울 등 8개 시·도가 신축 공동주택 73개소 389개 지점(전국 267개소 2,106개 지점 대비 18.4%)에 대해 실시한 실내공기질 측정결과로는, 검사 지점의 약 14.7%인 47

개 지점(47개소)의 새집증후군 원인물질인 톨루엔, 스티렌 등이 권고기준을 초과한 것으로 나타났다. 오염물질로는, 톨루엔이 가장 많은 26개 지점(전체 검사지점의 6.7%)에서 초과했고, 이어서 스티렌 22개 지점(5.7%), 자일렌 14개 지점(3.6%), 포름알데히드, 에틸벤젠이 각각 11개 지점(2.8%)에서 기준치를 초과하였다.

환경부는 이번 점검 결과 법적 기준을 위반한 다중이용시설 관리자에게 과태료 부과와 함께 개선명령조치를 취할 계획이며, 이와 함께 어린이집 등 오염 취약시설에 대한 중점 점검 강화 및 새집증후군 유발 원천인 건축자재(접착제, 페인트, 실란트, 퍼티, 일반자재)와 목질 판상제품(합판, 파티클보드, 섬유판)의 오염물질 방출량 제한 등을 추진한다고 밝혔다(환경관리부, 2012).

(3) 새집증후군 감소대책

신축이나 주택을 리모델링한 건물을 실내온도 30~40℃ 범위를 유지하면서 건축자재로부터의 오염물질 발생량을 일시적으로 증가시킨 후 환기를 통해 제거하는 베이크아웃 bake-out 방법이 있다. 베이크아웃을 1주일간 하면 휘발성 유기화합물의 농도를 낮추는 효과가 있다고 보고된다. 그러나 무엇보다도 환기를 자주 시키는 것이 새집증후군을 감소시키는 가장 효과적인 방법이다. 또한 식물 등을 이용하여 공기정화를 하거나 가능한 한 친환경 자재를 사용함으로써 실내의 오염물질 농도를 감소시킬 수 있다.

4) 통풍과 환기

(1) 통 풍

통풍은 창과 문을 열어서 자연적으로 바람이 들어오게 하는 것으로 환기보다는 주관적인 의미를 갖는 용어이긴 하나 거주자가 느끼는 쾌적감 측면에서는 주택계획 시 매우 중요하게 다루어진다. 통풍이 잘 되게 하려면 바람이 불어오는 쪽에 창을 내며, 반대쪽에 창이 있어야 통풍의 효과가 크다. 통풍의 효과는 창의 위치, 크기, 개수, 실내 사이 벽의 배치 등에 의해 차이가 난다. 맞통풍의 경우 벽에 대칭으로 위치한 개구부들은 바람이 직각으로 불어올 때 실내 다른 부분의 공기를 정체시킨 채 그대로 통과할 위험이 있다.

따라서 실내공기의 원활한 순환을 위하여 마주 보는 개구부의 위치를 조금 어긋나게 배치하는 것이 좋다.

(2) 환 기

환기는 실내의 공기정화 또는 온·습도를 조절하기 위해 실내외의 공기를 바꿔주는 것이다. 이는 창과 문을 열어서 자연적으로 바람이 들어오게 하는 통풍과는 구별된다. 즉, 창과 문을 열지 않아도 자연환기는 풍력과 실내외의 온도차이로 일어난다. 따라서 환기의 역할은 실내의 오염된 공기를 신선한 외기와 바꿈으로써 실내공기를 깨끗하게 유지하는 일과 실내의 온도 조절을 위해 외기를 적절하게 들여보내는 일이다.

종래의 우리나라 전통가옥은 목조로서 구조상 틈새가 많아 침기infiltration 현상만으로도 자연환기가 충분히 유지되었으나 근래에는 철근 콘크리트 구조 및 알루미늄 새시의 보급으로 주택의 기밀성은 높아졌으나 자연환기로는 충분하지 못하므로 자주 환기를 하여 쾌적한 주거환경을 유지해야 한다.

그러나 실내공기의 정화인 환기와 보온을 유지하는 열환경의 적정성과는 모순되는 경우도 있다. 즉, 겨울철 난방 시 환기로 실내공기는 깨끗해지나 오히려 보온효과는 떨어진다. 이러한 경우 환기를 많이 할수록 좋은 것은 아니다. 실내공기오염을 제거하기 위한 환기의 경우 필요한 공기 유입, 유출되는 양의 최저치를 필요환기량이라 하는데 실내에서 성인 한 사람이 필요로 하는 환기량은 $20 \sim 30 m^3/h$이지만 환기량은 실의 종류에 따라 다르다. 그러므로 실내의 환기횟수는 필요 환기량에 재실자 수를 곱하여 실의 용적으로 나누어 산출한다.

일반적으로 화장실은 1시간에 2회, 부엌은 3회, 그리고 거실이나 다른 방은 1시간에 1회 환기를 필요로 한다. 특히 스토브를 사용하는 겨울에는 의

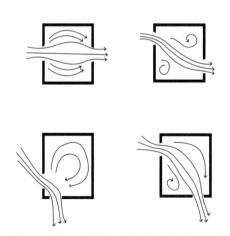

그림 8-2 평면으로 본 창문 배치에 따른 실내 기류의 순환

식적으로 환기를 하지만, 여름에 에어컨을 사용할 때에도 환기량이 부족하므로 주의해야 한다.

환기방식에는 자연환기와 인공적 기계에 의한 기계환기가 있다. 자연환기는 창과 문등의 개구부를 설치하여 풍력 또는 부력으로 환기를 시키는 것이다. 바람이 건물에 부딪히면 바람이 불어오는 쪽의 기압은 대기압보다 높고, 반대로 부는 쪽의 기압은 대기압보다 낮기 때문에 건물 전체에 압력차가 발생하여 자연환기가 이루어진다.

건축법에서는 주택을 비롯한 일반 건물에 환기를 위한 목적으로 설치한 창문의 면적은 실내 바닥면적의 1/20 이상으로 권고하고 있다. 그러나 풍력은 기상변화에 따라 그 차이가 크므로 일정한 환기효과를 기대하기 어렵다. 일반적으로 실내외의 온도차가 있을 때 공기밀도의 차이에 따른 압력차로 환기가 일어난다. 실내온도가 외기온도보다 높으면 실내공기 밀도가 낮아지므로 가벼워진 공기는 상승하는데, 이때 실내에서는 개구부 상부의 압력이 하부의 압력보다 높아지므로 상부에서는 안에서 밖으로 압력이 가해져서 자연배기가 발생한다. 반면 실내온도가 외기온도보다 낮으면 압력이 반대로 작용하므로 공기 교환 역시 반대로 발생하여 자연환기가 이루어진다. 자연환기로는 언제나 필요한 환기를 할 수 없기 때문에 일정한 환기 또는 특히 많은 양의 환기가 요구되는 경우에는 기계환기 방식을 이용한다.

기계환기는 송풍기 위치에 따라 급배기설비(제1종 환기), 급기설비(제2종 환기), 배기설

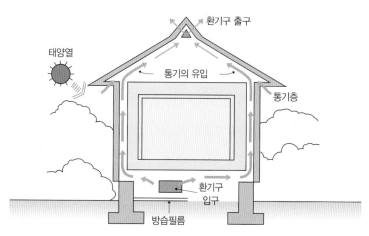

그림 8-3 벽체 내 환기시스템 개념도

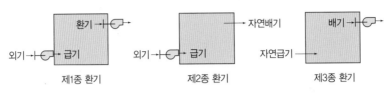

그림 8-4 기계환기방식의 분류
자료 : 図解住居学編集委員会(2007), p.114.

비(제3종 환기)의 3종류가 있다.

첫째, 제1종은 기계적 수단에 의해 공기의 공급과 배출을 같이 하는 것으로 성능은 좋으나 설비비가 비싸다. 급기 송풍기와 배기 송풍기를 모두 사용하므로 가장 완전한 환기방법이라 할 수 있다.

둘째, 제2종은 외기를 청정화시켜 실내로 도입하는 장치이다. 이것은 실내의 압력을 높여 틈새나 환기구를 통해 실내공기를 방출하는 자연배기이므로, 만약 방이 밀폐되어 실내 압력이 송풍기의 압력과 같아질 경우에는 공기 공급도 중단된다. 이 방식은 먼지 등의 발생이 곤란한 실험실 등에서 주로 사용된다.

셋째, 제3종은 화장실, 부엌의 조리용 레인지, 실험실 내의 배기구 등에 의한 팬(송풍기) 등의 압력으로 실내공기를 배출하여 오염된 공기가 건물 내에 확산되는 것을 방지하기 위한 장치이다. 특히 부엌은 취사로 수증기와 유해가스 발생이 많은 곳이므로 배기를 위해서는 공간 내의 부압을 유지해야 하며, 급기는 틈새를 통해서 이루어진다.

3
빛환경

"태양이 들어오지 않는 집은 의사가 들어간다."는 말이 있듯이 태양빛이 주택 내에 투입되는 것은 건강한 주거생활에 매우 중요하다. 태양빛이 들어오면 겨울에는 건물을 따뜻하게 해줄 뿐 아니라 건조효과도 있기 때문에 세균이나 곰팡이의 번식도 막아 줄 수 있다. 또한 태양빛의 자외선은 살균 효과와 함께 신체의 신진대사를 촉진시켜 건강에 중요

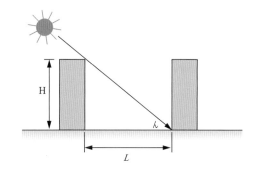

인동간격(L) = H · cos(A-θ)tan$_h$ +tanθ · cos(A-α)

H : 전면 건물의 높이
θ : 대지의 경사도
$_h$: 태양의 고도
A : 태양의 방위각
α : 건물의 방위각

그림 8-5 인동간격 산정방법

한 역할을 한다. 태양빛이 잘 들어오는 주택은 여름에 더울 거라고 생각할 수 있으나 실제는 통풍이 좋아 더 쾌적한 생활을 할 수 있다. 이렇듯 모든 생물체는 태양빛의 혜택을 받고 생명력을 유지하고 있다. 그러므로 주택을 계획할 때 태양빛의 효능을 충분히 활용할 수 있도록 계획해야 한다. 태양빛이 조사되는 것을 일조라 하는데 주거에서 일조를 기대하는 이유는 태양빛의 보건 위생적인 효과는 물론이거니와 채광, 환기, 통풍, 건조 등 전반적인 건강한 거주환경을 보장받을 수 있기 때문이다.

1) 일조권

건물의 일조계획 시 우선적인 고려사항은 일조권의 확보이다. 일조권은 건물을 지을 때 근처 다른 건물에 일정량의 햇빛이 들도록 보장하는 권리이다. 일조권은 일정한 인동간격을 유지함으로써 얻을 수 있으며 대지의 위도, 경사 방향 및 경사도와 같은 물리적 요소와 건물의 높이, 방위각, 개구부 높이 등 일조계획의 요소로 결정되므로 건물 높이만을 고려하여 일률적으로 규정할 수는 없다. 건물과 건물의 인동간격 산정방법은 그림 8-5와 같다.

2) 일조 조정

일조 조정이란 직사광선에 의한 과도한 실내온도 상승을 억제하고 실내의 밝기로 인한

눈부심을 없애면서 균등한 빛으로 편안한 시각환경을 조성하는 것을 말한다. 건물의 일조 조정은 여름에는 일사를 차폐하고 완화시키며, 겨울에는 일조를 충분히 받을 수 있도록 하는 것이 이상적이다. 처마, 블라인드, 루버, 커튼, 발, 수목, 유리블록 등이 이용되며, 특히 수목은 일조를 조정하는 데 아주 유용하다. 대부분의 수엽은 적외선을 거의 반사하기 때문에 여름에 쾌적한 그늘을 만들어 주고, 겨울에 나뭇잎이 떨어지는 낙엽수는 집안에 일조가 들어오는 것을 방해하지 않기 때문에 좋다. 또한 유리블록은 일조 조정에 유효한 창 재료로서 창면에 빛을 확산시킬 수 있을 뿐 아니라 단열효과도 있다.

현대 주거에서는 냉방설비가 잘 갖추어져 있어 여름에 일조로 인한 열량이 오히려 건물에 부담이 되지만, 겨울의 일조는 난방의 부담을 덜어 주기 때문에 그 효과가 크다. 이처럼 열적 작용으로 일조는 시기적으로 상반되는 효과가 있으나 보건위생적 측면에 의

표 8-6 창의 위치에 따른 채광방식

구 분	형 식	내 용
측 창		• 측창은 가장 일반적인 것으로 외벽에 설계된 창을 말한다. 측창은 한쪽 벽면에만 있는 편측창과 양쪽 벽면에 있는 양측창이 있으며 3면창, 4면창도 가능하다. 측창은 같은 면적의 천창에 비해 채광량은 적지만 빛이 측면에서 들어오기 때문에 물체의 음영이 명확해진다. • 장점 −구조시공이 용이 　　　−개폐나 조작이 용이 　　　−투명하게 하면 개방감이 있음 　　　−통풍과 열을 차단하는 데 유리함 • 단점 −편측창은 조도분포가 균일하지 못함 　　　−실내 안쪽의 조도가 약함 　　　−주변상황에 따라 채광이 방해를 받을 수 있음
천 창		• 천창은 건물의 지붕이나 천창면에 채광이나 환기를 목적으로 설치한 창을 말한다. • 장점 −채광량의 효과는 측창의 3배 정도임 　　　−주변상황에 따라 채광 방해를 덜 받음 • 단점 −구조시공이 어려움 　　　−조작이나 보수가 불리함 　　　−좁은 실내에서의 개방감 결여
정측창		정측창은 천창의 채광효과를 얻기 위해 천창의 위치에 있지만 시공의 간편성과 구조적 장점을 살리기 위해 수직 또는 수직에 가까운 방향으로 설치한 창을 말한다. 실내벽면에 높은 조도를 필요로 하는 미술관이나 주광률 분포가 균일해야 하는 공장 등에 사용된다. 톱날형 지붕이나 모니터 지붕 등이 여기에 속한다.

의를 두면 시기와는 상관없이 적극적으로 받아들여야 한다.

3) 자연 채광

낮 동안 실내의 조명 역할을 하는 주광은 태양에서 방사되어 지구에 도달하는 빛 중 대기층을 투과하여 지표면에 직접 도달하는 직사일광과 대기 중의 수증기나 먼지 입자에 직사광선이 반사되어 생기는 천공광으로 구분할 수 있다. 주광은 계절과 날씨에 따라 달라지는데 주광의 변동에 영향을 받지 않는 밝기의 지표로서 주광률daylight factor을 사용한다. 주광률은 외부의 밝기에 대한 실내 밝기의 비율이며 주택 내 거주공간은 0.7% 이상의 주광률이 바람직하다. 또한 충분한 채광을 위해서는 창의 면적이 바닥면적의 1/10 이상 되는 것이 바람직하다.

창 면적이 동일할 때에는 폭이 넓고 높이가 낮은 것보다 폭이 좁고 상하로 긴 창이 실내 채광에 유리하며, 분산 배치하는 것이 실내 조도를 균등하게 할 수 있다. 특히 천창은 일반 창에 비해 3배 이상의 채광효과를 낼 수 있다.

4) 조 명

일반적으로 생활에 필요한 빛을 주거 내에 확보하는 방법은 두 가지가 이용된다. 하나는 낮 동안에 태양광선을 광원으로 이용하는 것으로 이는 전술한 자연조명인 채광이 있으며, 다른 하나는 태양광선이 없는 야간에 전등이나 그 밖의 인공적 광원을 만들어 생활에 이용하는 것으로 이를 인공조명이라 한다.

쾌적한 주생활을 위해서 요구되는 조명의 조건은 작업면이 잘 보이며 안정되고 능률적으로 작업할 수 있는 명시성과 실내 분위기를 위한 연출성이다. 밝기를 중요시하는 명시조명에는 필요한 조도가 정해져 있으나, 분위기를 위한 연출조명에는 조도가 그렇게 중요하지는 않다. 주택의 조도기준은 표 8-7과 같다.

이러한 조도기준은 주로 작업면의 수평면 조도이고 건강한 20대의 시력을 기준으로 한 것으로 같은 공간에서 보는 대상물의 차이, 작업의 정도, 작업시간에 따라 조도단계

표 8-7 주택의 조도기준(KS A3011)

조도 (lx)	거실	서재	공부방	응접실	객실	부엌	침실	가사실 작업실	욕실 탈의실	변소	복도 계단	현관 (안쪽)
2,000												
1,500	수예							수예 바느질 재봉				
1,000	재봉											
750	독서 화장 전화	공부 독서	공부 독서			식탁 조리대 개수통	독서 화장	공작				
500									면도 화장 세면			거울
300				테이블 소파	앉아 쓰는 책상			세탁				
200	단란 오락		놀이	장식선반	바닥 사이							신발장 장식장
150								전반	전반			
100			전반			전반				전반		
75		전반										전반
50	전반			전반	전반						전반	
30												
20							전반					
10												심야
5												
2												
1							심야			심야	심야	

의 선택이 필요하다. 특히 나이가 들수록 같은 밝기에서도 어둡게 느끼게 되므로 작업자의 연령도 고려해야 한다. 따라서 조도분포는 공간과 작업의 종류에 따라 계획한다. 한편 특수한 작업으로 매우 높은 조도를 필요로 하는 경우에는 인공조명에 의한 국부조명을 같이 사용하며, 이때 전반 조명에 따른 실내조도는 국부조명의 1/10 이상이 바람직하다.

조도는 보는 사람의 위치에 영향을 받지 않는 지표로 조명 설계의 기본이 되는 밝기의 기준이라면 휘도는 어느 방향에서 본 표면의 밝기를 말한다. 휘도는 그 면을 보는 사람의 눈에 느껴지는 밝기와 관련되는 것으로 보는 방향에 따라 달리 보이는 것은 조도차이가 아니고 휘도차이에 의한 것이다. 휘도의 차이가 크면 대상의 식별은 용이하나 시야 내에 휘도 차이가 큰 부분이 있으면 순응이 잘 되지 않아 작업이 어렵게 되어 피로의 원인이 된다. 따라서 작업자가 쾌적하게 작업을 수행하기 위해서는 실내면 전체의 휘도와 작업면의 휘도가 적정 비율로 제한될 필요가 있다. 일반적으로 작업 대상과 주변의 시력이 저하되지 않는 휘도의 범위는 1/3~1이다.

4
음환경

주택과 같은 생활공간에서는 음성, 음악 등 생활에 필요한 소리도 있지만 소음과 같은 불필요한 소리도 있다. 그런데 소음은 매우 주관적인 것으로 어떤 사람은 즐겁게 듣는 음악을 다른 사람은 그것을 소음이라고 느낄 수 있으므로 객관적으로 무엇이 소음이라고 규정하는 것은 어렵다. 주거 내에서 쾌적한 음환경을 만들기 위해서는 소음의 종류를 이해하고 소음 방지를 위한 대책을 모색하여야 한다.

1) 소음의 종류

소음은 생리적으로 장애를 일으키는 음, 음색이 불쾌한 음, 사무능률 및 연구·독서를 방해하는 음, 휴양과 수면을 방해하는 음, 기계 등의 진동음 등으로 분류할 수 있다. 주거지역의 소음은 크게 외부의 환경소음과 내부의 생활소음이 있는데, 환경소음으로는 자동차, 기차, 비행기 등의 교통소음, 건설현장 및 공장소음, 경보기나 방송 등의 음향기기 소음이 있다. 생활소음으로는 급·배수 소음, 개구부의 개폐음, 계단이나 복도의 발자국소리, TV·라디오·피아노 등의 음향기기 소음, 에어컨·세탁기·청소기 등을 작동할 때 발생하는 생활기기 소음 등이 있다.

특히 공동주택에서 발생하는 소음인 층간 소음은 일상생활에서 가장 흔히 발생하는 환경오염원으로 환경민원의 많은 부분을 차지하고 있으며 최근에는 소음 피해를 호소하는 민원이 매년 증가하고 있다. 층간소음은 공동주거 공간에서 보행, 물건의 낙하, 어린이들의 뜀이나 달림, 가구의 이동에 의해 발생하는 충격으로 바닥 슬래브가 진동하여 발생하는 직접충격 소음과 텔레비전, 음향기기 등의 사용으로 인한 공기전달 소음으로 나눌 수 있다. 주로 위층에서 아이들이 뛰는 소리와 물건을 끌어 옮기거나 떨어지는 소음은 공동주택에 사는 사람이라면 흔히 경험하는 일로서 공동주택 재료의 성질상 콘크리트면에 직접 가해진 충격은 인접세대에 쉽게 전달되는 특성이 있다. 이러한 소음은 발생빈도가 높지 않더라도 귀에 거슬리는 소음원으로서 주거생활의 불만요소로 작용한다. 층간소음 방지를 위해 주택건설 기준등에 관한 규정에서는 구조에 따라 바닥 두께(150~210mm)에 대한 기준을 제시하고 층간소음의 범위에 대한 기준을 제시함으로써 소음 방지를 위한 제도를 마련하고 있다.

2) 소음의 세기

귀의 감각은 음의 주파수에 따라 다르며 일반적으로 사람의 귀는 3,500~4,000Hz의 범위에서 잘 들리고, 이 범위 외의 주파수에서는 감도가 낮다. 즉 음의 주파수에 따라 같은 음의 크기로 들리는 데시벨dB의 수가 다르다. 음의 물리적 세기는 데시벨, 감각적 세기는 폰phon이 사용되며, 데시벨과 폰은 1,000Hz의 진동수에서는 완전히 일치한다.

표 8-8 층간소음의 기준

층간소음의 구분		층간소음의 기준(단위 : dB)	
		주간(06:00~22:00)	야간(22:00~06:00)
직접충격 소음	1분간 등가소음도	43	38
	최고소음도	57	52
공기전달 소음	5분간 등가소음도	45	40

주) 등가소음도는 기준에 따라 측정한 값 중 가장 높은 값으로 하고, 최고소음도는 1시간에 3회 이상 초과할 경우 그 기준을 초과한 것으로 본다.
자료 : 공동주택 층간소음의 범위와 기준에 관한 규칙 제3조 관련(2014.6.3 제정).

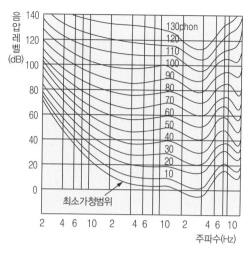

그림 8-6 등음곡선

3) 소음의 영향

일반적으로 80dB 이상의 소음 속에서 장시간 생활하면 난청이 되며, 60dB 이상이면 회화에 지장이 있고, 80dB에서는 대화가 어렵게 된다고 알려져 있다. 소음의 생리적 영향은 신체적 기능 장애와 관계되지만 심리적 영향은 주로 대화장애, 수면장애, 불쾌감, 짜증 등의 정신적 측면에서 나타난다. 그러므로 주택에서 조용하게 대화하며 음악을 듣기 위해서 허용되는 실내의 소음수준은 30~40dB이며, 조용한 주택지에서 실외는 40~50dB이다.

4) 소음 방지대책

소음을 방지하기 위해서는 주택의 배치나 평면계획으로 음을 차단시키고, 구조체의 차음성능을 높이기 위해 개구부를 기밀화시키며 벽은 중량이 큰 재료를 사용하거나 이중벽으로 한다. 공동주택의 경우에는 바닥충격음을 줄이기 위한 대책으로 뜬바닥 구조를 사용하거나 차음재를 설치한다.

표 8-9 소음환경기준*

(단위 : Leq dB(A))

지역구분	적용 대상지역	기 준	
		낮(06:00~22:00)	밤(22:00~06:00)
일반지역**	"가" 지역	50	40
	"나" 지역	55	45
	"다" 지역	65	55
도로변지역***	"라" 지역	70	65
	"가", "나" 지역	65	55
	"다" 지역	70	60
	"라" 지역	75	70

* 이 소음환경기준은 항공기소음, 철도소음 및 건설작업 소음에는 적용하지 않는다.
** 지역구분별 적용 대상지역의 구분은 다음과 같다.
　가. "가" 지역
　　1) 국토의 계획 및 이용에 관한 법률 제36조 제1항 제1호 라목에 따른 녹지지역
　　2) 국토의 계획 및 이용에 관한 법률 제36조 제1항 제2호 가목에 따른 보전관리지역
　　3) 국토의 계획 및 이용에 관한 법률 제36조 제1항 제3호 및 제4호에 따른 농림지역 및 자연환경보전지역
　　4) 국토의 계획 및 이용에 관한 법률 시행령 제30조 제1호 가목에 따른 전용주거지역
　　5) 의료법 제3조 제2항 제3호 마목에 따른 종합병원의 부지경계로부터 50미터 이내의 지역
　　6) 초·중등교육법 제2조 및 고등교육법 제2조에 따른 학교의 부지경계로부터 50미터 이내의 지역
　　7) 도서관법 제2조 제4호에 따른 공공도서관의 부지경계로부터 50미터 이내의 지역
　나. "나" 지역
　　1) 국토의 계획 및 이용에 관한 법률 제36조 제1항 제2호 나목에 따른 생산관리지역
　　2) 국토의 계획 및 이용에 관한 법률 시행령 제30조 제1호 나목 및 다목에 따른 일반주거지역 및 준주거지역
　다. "다" 지역
　　1) 국토의 계획 및 이용에 관한 법률 제36조 제1항 제1호 나목에 따른 상업지역 및 같은 항 제2호 다목에 따른 계획관리지역
　　2) 국토의 계획 및 이용에 관한 법률 시행령 제30조 제3호 다목에 따른 준공업지역
　라. "라" 지역
　　국토의 계획 및 이용에 관한 법률 시행령 제30조 제3호 가목 및 나목에 따른 전용공업지역 및 일반공업지역
*** "도로"란 자동차(2륜자동차는 제외한다)가 한 줄로 안전하고 원활하게 주행하는 데에 필요한 일정 폭의 차선이 2개 이상 있는 도로를 말한다.
자료 : 환경정책기본법 시행령(전부 개정 2012.7.20).

소음 피해구제 사례

1. 공사 소음
(사례) 구리시 아파트에 대한 중앙환경분쟁조정위원회의 중재 결정문에서 아파트 5개 동 중 공사장 굴착 지점에서 가까운 이격거리 28~87m에 위치한 3개 동에 대한 최대소음도가 70~80dB로 위원회에서 제시한 소음피해 인정수준인 70dB을 초과하고 있는 것으로 나타나 사회 통념상 수인한계를 넘는 피해를

입었을 개연성이 인정된다.

2. 도로 소음

(사례) 부천시 원미구 상동 아파트에 대한 중앙환경분쟁조정위원회는 결정문에서 아파트의 도로 소음 측정결과 고가도로보다 높은 8층 이상은 주간 66~73dB, 야간 66~74dB로서 주거지역의 소음환경기준인 주간 65dB, 야간 55dB을 초과해 환경영향평가서에서 제시한 "사업승인조건을 이행하지 않는 도로사업자와 택지개발사업자의 책임이 절반씩 인정된다."하여 재정신청에서 도로공사와 토지공사는 연대해 1억 4,134만여 원을 배상하고 방음대책을 이행하라고 결정했다.

3. 층간 소음

공동주택의 소음환경을 개선하기 위하여 2003년 4월 22일에 개정된 주택건설기준 등에 관한 규정 제14조 제3항 및 제4항의 규정이 2004년 4월 23일부터 시행되었다. 이에 따라 공동주택의 바닥은 각 층간 바닥충격음이 경량충격음 58dB 이하, 중량충격음(비교적 무겁고 부드러운 충격에 의한 바닥충격음, 어린이 등이 뛰는 소리) 50dB 이하가 되도록 해야 한다.

(사례) 중앙환경분쟁조정위원회는 신청한 W아파트에 바닥충격음이 측정결과 경량충격음 70~77dB, 중량충격음이 52~55dB로 수인한계를 초과하는 등 아파트 방음공사를 소홀히 한 시공사의 책임을 인정해 입주민에게 소음하자 보수비용으로 1억5천5백66만 원을 배상하라는 결정을 내렸다.

4. 비행장 소음

(사례) 김포공항 비행기 운항으로 발생하는 72dB 정도 이상의 소음은 이에 노출된 지역에 거주하는 주민들이 참을 수 있는 한도를 넘는 것이라며 판결받았다. 또한 소음수준을 낮추는 보조방법으로 커튼이나 카펫 등을 사용하여 방의 흡음성을 높이기도 하지만 효과가 크지는 않다. 따라서 소음으로부터 피해를 받지 않고 쾌적한 주거생활을 하기 위해서는 불필요한 소음을 감소하기 위한 대책 등을 강구해야 하나, 무엇보다도 우리들 자신이 이웃에게 피해를 주는 소음을 내지 않도록 하는 것이 필요하다.

생각해 보기

1. 열 손실을 줄이고 쾌적한 공기환경을 유지하기 위해 가정에서 실천할 수 있는 것은 무엇인지 생각해 보자.

2. 환경친화적인 실내를 유지하기 위한 방안을 모색해 보자.

3. 소음이 인간에게 미치는 부정적인 영향이 무엇인지 사례를 들어보고, 소음 방지대책을 생각해 보자.

3

사회와 주거

B R O A D
PERSPECTIVE
ON HOUSING

9장
주택정책

국가에서 주택의 생산과 분배를 위해 정책목표를 세우고, 각종 법률과 제도를 통하여 주택 관련 부문에 직·간접적으로 개입하여 영향력을 행사하는 것이 주택정책이다. 주택과 관련된 법률 제정과 주택공급정책, 주택가격 안정정책, 금융정책, 조세정책 등이 포함된다. 주택정책은 기본적으로 그 사회의 정치적인 이념이나 정치적인 구조에서 야기되는 다양한 주택문제에 대응하기 위하여 사회적 목표에 근거를 두고 수립되므로 우리나라의 주택정책도 이러한 관점에서 이해할 필요가 있다. 그러나 주택정책이 주택가격의 안정이나 균형적 주택공급을 위한 본래의 목적 이외에 다른 목적을 수행하기 위해 활용되는 경우가 많아 그 한계를 분명히 정하기는 어렵다. 예를 들면 최근 취업난에 따른 청년경제위기와 저출산으로 인해 심화되는 사회문제를 해결하기 위하여 2017년 11월 문재인 정부는 공공주택 100만 호를 공급하는 내용을 포함한 사회통합형 주거사다리 구축을 위한 주거복지 로드맵을 발표하였다. 이 정책은 청년과 신혼부부, 고령자 등 무주택 서민을 대상으로 생애단계별·소득수준별 수요자 중심의 맞춤형 지원과 사회통합형 주거정책을 모색하였다. 주택에 대한 지원으로 청년일자리 문제, 저출산 문제, 고령화로 인한 문제 등을 해소하고 사회경제발전을 꾀하고자 함이다. 또 1990년 봄에 전세파동이 일어나고 노동조합의 활동이 격렬해질 조짐을 보이자 정부는 근로자복지주택과 사원임대주택 25만 호를 공급하겠다고 발표한 바 있다. 정책의 목적은 주택에 대한 지원으로 노사관계를 안정시키고 경제성장을 촉진시키기 위한 것으로 주택문제 해결을 통해 노사문제에 대한 대책이었다고 볼 수 있다.

본 장에서는 우리나라에서 발생하는 주택문제와 그 문제의 해결을 위한 국가 개입의 필요성, 국가의 경제와 정치 체계에 따른 주택분배와 공급체계의 유형, 정부개입의 구체적인 방법에 대하여 고찰하고 우리나라의 주택정책의 내용과 변천을 고찰해본다.

1
주택정책의 필요성

많은 사람들은 주거상황이 자신들의 삶의 핵심이라고 인식하고 있다. 주택은 개인생활서비스를 제공하는 공간이자 공동체적 삶의 공간이며, 자산이자 사회경제적 신분을 결정, 사회적 갈등의 한 부분이자 복지의 지표가 되기도 하기 때문이다.

우리나라는 산업화에 따른 도시로의 인구이동과 핵가족화, 높은 출산율로 인한 자연인구 증가 등으로 주택 수가 크게 부족하고 주거의 질이 열악한 수준이었다. 이러한 주거의 양적·질적 문제를 해결하기 위해 정부에서는 주택정책이 필요하였다. 그러나 목표를 정하고 다양한 주택정책과 규제를 통해 노력하여 왔음에도 불구하고 전반적으로 개선되지 못하고 심각한 주택난을 경험하였다. 2008년 이후 주택공급 100%를 이룩했으나 주택배분의 불공정, 주거수준의 미달, 주택가격과 임대료의 불안정, 노후주거지의 증가, 주거복지의 취약 등 다양한 문제가 남아 있다.

주택문제는 모든 나라에서 보편적으로 발생하고 있는 주택배분의 불균형, 불량주택의 상존, 주택가격의 상승, 도시빈민이나 특수 집단의 주거문제, 주택 투기와 독점현상, 주거지 분리와 차별, 주택금융과 주택보조금 수혜대상 선정, 지역 간 주택가격차, 주택거래 불안정, 소수인의 주택관련정보 독점, 불공정거래행위 등이 있다.

1) 주거수준의 향상과 서민주거 부족

지난 60여 년간 주택공급확대 일변의 주택정책을 추진한 결과 2008년 이후 주택보급률[1]이 100%를 상회하며 주택의 양적 부족 현상이 전반적으로 완화되었으며 1인당 주거면적도 크게 증가하는 등 평균적으로 주거수준이 향상되었다.

---

[1] 특정 국가 또는 특정 지역의 주택재고가 가구 수에 비하여 얼마나 부족할지 혹은 여유가 있는지를 보여주는 양적 지표이다. 즉 주택 수/일반가구 수×100으로 주택 수에 다가구 주택을 구분하여 거처 수에 반영하고, 1인 가구를 포함한 보통 가구가 일반가구이다.

표 9-1 시대별 주거수준 비교

구 분	'80년	'90년	'00년	'10년	'16년
주택 재고(만 호)	532	716	1,096	1,769	1,988
신 주택보급률(%)	71.2	80.8	81.7	100.5	102.6
가구당 평균면적(m^2)	45.8	46.4	62.4	67.4	70.1
1인당 주거면적(m^2)	10.1	13.8	19.8	25.0	33.2

자료 : 통계청. 각 연도.

그러나 무주택 서민·실수요자들의 내집 마련은 쉽지 않고 공적 규제가 없는 사적 전월세주택에 거주하는 가구가 많아 주거안정성이 취약하다. 2003년 이후 서민용 주택으로 장기공공임대주택을 지속적으로 공급하여 재고를 확충하여 2003년 전체 주택의 2.4%이었던 것을 2016년 126만 호로 6.3%까지 확대하였지만 OECD 평균에는 미치지 못하는 숫자이다.

2) 주택배분의 불균형

우리나라는 2008년도 이후 전체 가구 수에 비해 주택재고량이 충족되었음에도 불구하고 지역 특성에 따라 서울·경기지역에 심각한 주택부족 현상이 발생하고, 저소득층의 주거지역은 불량화·노후화되고 있다. 지난 10년간 주택 재고는 368만 호가 증가하였으

그림 9-1 소득계층별 PIR
자료 : 국토교통부. 각 연도.

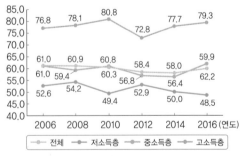

그림 9-2 자가점유가구 및 자가점유율
자료 : 국토교통부. 각 연도.

나, 주택 매매가격은 24.9% 상승하여 실수요자의 내집 마련은 쉽지 않은 상황이다[2]. 전국 연소득 대비 주택가격PIR은 5.6배 수준이지만 저소득층의 PIR은 9.8배에 달하여 내집 마련이 더욱 어려워지고 있다. 자가점유율은 50~60% 수준에서 정체되어 있고, 저소득층(1~4분위)의 자가점유율은 오히려 하락하였음을 알 수 있다.

저소득층의 경우 주거수준도 낮고 연소득 대비 주택가격의 비율이나 소득 대비 임대료 비율도 높아 외부 보조 없이는 적정한 주거생활이 어렵다. 이상에서 볼 수 있듯이 우리나라의 주거수준과 주거자산의 가치는 지역 간·소득계층 간 격차가 심하고 점차 악화되고 있는 것이 문제이다.

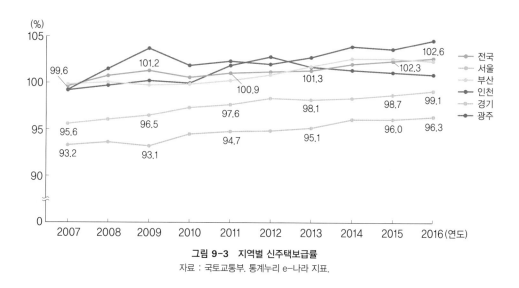

그림 9-3 지역별 신주택보급률
자료 : 국토교통부. 통계누리 e-나라 지표.

3) 노후 · 불량주택의 상존

우리나라도 다른 나라들과 같이 무허가주택, 최저주거기준에 미달하는 불량주택, 노후하거나 관리 소홀 등으로 발생하는 불량주택, 주택보수비가 미흡하여 발생하는 불량화된 공공임대주택 등 안정되고 쾌적한 주거의 질적 수준이 보장되지 않는 문제를 겪고

---

2 • 주택재고량 변화 : ('07년) 1,630만 호 → ('16년) 1,988만 호
  • 내집마련 소요기간('16년 주거실태조사) : 전국 6.7년, 서울 8년, 인천 7.4년

있다. 정부의 공공임대주택의 공급에도 불구하고 정부가 규정한 최저주거수준에 미치지 못하는 불량주택은 상존하고 있다. 2016년 국토교통부에서 실시한 주거실태 조사결과에서 주거환경이 열악한 지하, 반지하, 옥탑에 거주하는 가구의 비율이 3.1%로 나타났으며, 특히 수도권 거주가구의 6.3%가 지하 및 반지하에 거주하여 광역시 0.2%나 도지역 0.1%에 비해 높게 나타났다. 전국의 최저주거기준 미달가구의 비율이 2010년 10.6%에서 2016년 5.4%로 감소하였으나 최저주거기준 미달가구 중 저소득 1인 청년은 쪽방, 고시원에 거주하는 경우가 많았으며 고령자는 노후 불량주택에 거주하는 경우가 많은 것으로 나타났다. 특히 도시빈민들의 주거수준은 매우 열악하여 최저주거기준 미달가구 비율이 평균의 1.5배에 달하며 지하·옥탑방 거주가구의 비율이 1.6배에 달하는 것으로 보고되고 있다.

4) 주택시장의 불안정성과 주택가격의 지속적 상승

우리나라는 1975~1988년까지 소비자 물가는 3.5배, 국민의 실질소득은 2.9배 증가한 반면 주택가격은 4.7배가 상승하였다. 지난 10년간 토지가격은 안정세를 보인 반면 주택가격은 2010년을 제외하고는 매년 상승세를 유지하였다(그림 9-4 참조). 특히 아파트 가격은 IMF 경제위기를 극복하는 과정에서 부동산시장 안정화 규제들을 완화하거나 철폐하여 내수진작 및 경기회복정책으로 전환되면서 2009년을 제외하고 전국 연평균 7% 수준으로 높은 상승을 보였다. 같은 기간 GDP는 연평균 5% 성장을 보여 아파트 가격이 무

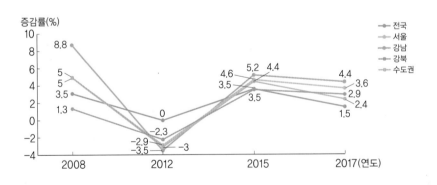

그림 9-4 주택매매 가격 증가율 추이
자료 : 한국감정원. 각 연도.

려 1.4배 높게 상승하였다. 서울지역의 아파트 가격은 2001~2003년 10.7% 상승, 특히 강남지역의 아파트 가격은 GDP 성장률보다 2.5배나 급상승하였다. 이런 현상은 2002년부터 강남 지역 소형아파트를 중심으로 가격이 급상승하여 점차 평형의 규모나 지역에 상관없이 확산되었기 때문이다. 이러한 상황은 우리나라 주택시장이 매우 불안정하다는 것을 보여준다.

2010년도에는 자가 가구(54.25%)와 전세 가구(21.66%) 비율이 2008년보다 감소하고, 월세(보증부 월세 + 월세 + 사글세) 가구의 비율은 3.18%p 증가한 것으로 나타나 임차가구의 부담이 커진 것을 알 수 있다. 또한 2006년 이후 최초 주택을 마련하는 데 소요되는 기간이 길어져 2006년 8.07년에서 2010년 8.48년으로 조사되었으며, 특히 수도권 지역에서는 9.01년, 광역시에서는 8.94년이 소요되는 것으로 조사되었다. 계속되는 저금리 기조와 증시침체 등으로 투자처를 찾지 못한 시중자금이 부동산으로 몰리면서 부동산 가격 폭등의 결과를 가져왔다. 주택가격의 폭등으로 중간 소득층이나 저소득층의 주택 구매능력은 떨어지고, 특히 일부지역의 주택가격은 주기적으로 폭등하고 있어 실수요자의 주택구입이 어려운 실정이다. 이러한 구매능력의 저하는 주택배분의 문제가 된다. 또한 주택가격의 상승에 따른 임대료의 상승으로 임차가구에게 큰 부담이 되고 있다. 따라서 경제적 소외계층이나 사회적 약자 등의 주거권을 보장하기 위하여 주거복지적 차원에서 금융 및 세제정책 등 지원정책이 필요하다.

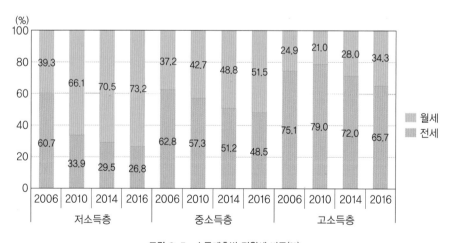

그림 9-5 소득계층별 전월세 비중(%)

5) 주택의 투기와 독점현상

주택은 특성상 지역 이동이 불가능하고, 고정되어 있으므로 수많은 지역시장 때문에 지역 간 주택가격 차이가 크고, 주택거래가 불안정하며, 주택 관련 정보를 소수인이 독점할 가능성이 크고, 불공정거래행위 등이 발생할 수 있다. 또한 이러한 문제들과 관련하여 주택의 투기와 독점현상으로 부당이익을 추구하는 집단이 형성되어 실질적인 주택수요자에게 피해를 줄 수 있다. 더욱 문제인 것은 이제까지 정부는 부동산정책을 경기부양수단으로 자주 사용했으며, 1998년 IMF 사태 이후 경기침체로 전면적인 완화정책을 도입하고 취득세, 양도소득세 등을 감면하며, 분양가 규제를 자율화하는 등 부동산 경기 부양책을 사용한 후유증으로 부동산 가격이 급등하기도 하였다. 주택은 강한 내구성, 장기간의 주택생산과정, 주택공급의 비탄력성, 주택 위치의 고정성, 주택시장의 불완전성 등의 특성 때문에 자유시장경제체제에서는 적정 분배가 이루어지기 어렵다. 이로 인한 주택가격의 폭등, 특수 집단의 주거문제, 주택의 투기와 독점현상 등의 문제를 해결하기 위해서는 주택시장에 정부가 상당 정도의 개입을 해야 한다는 주장의 근거가 된다. 즉, 주택의 생산 및 공급을 시장에만 맡겨둘 경우 일정수준 이하의 저소득층은 적정 수준의 주택을 분배받기 어렵다. 아래 표는 자가와 임차가구의 순자산 비교 시 임차가구의 순자산이 감소하고 있음을 보여준다. 자가 가구는 2012년 대비 2016년에 2.1% 증가했으나 전세 가구는 17.7% 감소, 월세 가구는 17.7% 감소한 것으로 나타났다. 이러한 이유로 주택가격의 적정선 유지와 주택의 평등한 보급·분배가 공공정책의 목표가 되기도 한다.

표 9-2 주택 점유형태별 순자산 비교 (단위 : 만 원)

구 분	자 가	전 세	월 세
2012	36,121	25,934	8,373
2016	36,896	21,352	6,890

자료 : 통계청, 각 연도.

6) 임대주택시장의 문제

지금까지 주택 소유를 목표로 수급계획이 진행되어 전세수급 불균형으로 인한 전세가격 불안이 지속되고 있다. 임차가구는 2006년 715만 가구에서 2016년 826만 가구로 증가했으나, 저렴한 가격으로 장기간 거주할 수 있는 장기임대주택은 126만 호로 부족하고, OECD 평균 8% 및 주요 선진국에 비해 재고율도 낮은 실정이다. 특히, 민간 임대차 시장은 공적 규제를 적용받는 등록 임대주택이 적고, 거주기간이 짧으며 임차인 권리보호 장치도 미흡하다. 개인 다주택자가 임대하는 주택 중 임대기간 4년 이상, 연 5% 이내의 임대료 인상 규제가 적용되는 등록임대는 15%에 불과하여, 국토교통부는 최대 513만 가구가 임대기간 및 임대료에 아무런 제한 없이 주거 안정이 보장되지 않는 사적 전월세 주택에 거주하는 것으로 추정하고 있다. 전세가격 상승과 주거비 부담이 상대적으로 큰 월세 확대 등으로 임차가구의 소득 대비 임대료 부담RIR은 10% 후반을 유지하고 있으며 저소득층의 월세 비중이 73.2%로 중소득층(51.4%), 고소득층(34.5%)보다 높고, 월세 전

김현미 국토부 장관 "민간 임대주택 시장 현황 파악할 통계시스템 구축"

김 장관은 8일 기자간담회를 열고 "다주택자 소유 주택이 516만 채인데 이 중에서 79만 채만 임대주택으로 등록돼 있다. 나머지 집들은 민간임대를 하고 있음에도 미등록 상태다. 전·월세 주민들의 안정적인 주거여건을 만들기 위해서는 어떤 사람이 어떤 조건으로 전·월세를 살고 있는지부터 알아야 한다."며 이같이 밝혔다.

"현재 임대등록은 한국토지주택공사(LH), 확정일자는 한국감정원. 월세 세액공제는 국세청, 건축물 대장은 LH, 재산세 대장은 행정자치부로 자료가 흩어져 있다."며 "관계부처·기관과의 협의를 통해 자료를 통합해서 관리하는 방안을 마련하겠다. 열심히 하면 올해 안에 민간 임대주택 시장 통계시스템 구축이 가능할 것이다. 이를 토대로 등록 임대주택에 대한 세제·건보료 인센티브(유인) 강화 등 임대주택 등록 활성화 방안도 마련하겠다."고 했다.

김 장관은 무주택서민을 위한 주택공급 확대방침도 밝혔다. 그는 "공공에서 신혼부부에게 분양 공급하는 신혼희망타운을 5년 간 5만 호에서 7만 호로 2만 호 확대하겠다."며 "민간 분양주택 특별공급 자격도 현재 혼인기간이 5년 이내면서 자녀가 있는 무주택세대주에서 혼인기간 7년 이내, 무자녀 부부와 예비신혼부부까지로 확대할 계획"이라고 했다.

자료 : 조선비즈(2017.12.03).

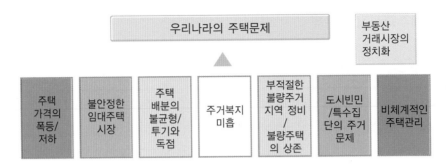

그림 9-6 우리나라의 주택문제

환속도도 빨라 소득 5분위 이하 무주택 임차가구 중 주거비 부담이 매우 큰(RIR 30% 이상) 가구가 32.8%에 이른다.

거주기간은 전·월세의 경우 평균 약 3.5년으로서 자가의 10.6년보다 짧아 임차가구는 거주 안정성도 낮은 수준이며, 보증금 반환 관련 분쟁 등 임대인과 임차인의 갈등도 심화되고 있다.[3] 임대인의 월세 선호, 임차인의 전세 선호 등의 간극도 임대시장의 불안을 초래한다. 국내 주택시장은 순수월세뿐만 아니라 전세와 보증부월세라는 독특한 임대계약 형태가 유지되고 있다. 최근 인구고령화와 1인 가구로 대표되는 소형 가구의 증가, 주택에 대한 인식 변화 등의 이유로 임대주택 거주자가 많아지면서 전세가의 급등과 함께 전세비율의 감소와 반전세의 증가를 포함한 보증부월세 비중이 가파르게 증가하고 있다. 이러한 가파른 증가에도 불구하고 익숙하지 않은 임대계약 형태로 인해 임대주택시장에 대한 정보가 부족하다. 보증금의 기회비용이 시장이자율인가, 임대인의 투자금액을 줄여 레버리지 효과를 추구하는 것인가, 임대가 해소된 후에 발견되는 임대주택의 보수에 따른 비용을 포함할 것인가 등 구조적인 문제를 안고 있다.

7) 주거복지체계 미흡

저성장 고실업은 청년의 일자리 부족과 저출산, 고령화 등으로 인해 구조적인 사회 문제

---

3 • RIR 추이(%) : ('06)18.7 ('08)17.5 ('10)19.2 ('12)19.8 ('14)20.3 ('16)18.1 (주거실태조사)
　　• 월세 비중('06 → '16) : (저소득층) 59.4% → 73.2%, (고소득층) 24.8% → 34.5%
　　• RIR 30% 이상 : ('10년)35.9% → ('12년)32.9% → ('14년)41.3% → ('16년)32.8%

가 심화되고 있다. 사회구조 변화에 대응하여, 청년 등이 학업과 생업에 전념할 수 있도록 뒷받침할 수 있는 생애단계별 맞춤형 주거지원이 미흡하다. 저소득 청년에게 일정기간 주거 시설을 지원하는 데만 그치는 수준이며, 1인 가구(청년층의 47%)에 적합한 양질의 주택도 부족한 실정이다. 그러다보니 부모 도움 없이는 내 집, 전셋집 마련이 어렵고, 육아에 대한 부담으로 결혼과 출산을 포기하는 문제도 발생한다. 은퇴 등으로 소득이 낮은 고령층('15년 675만 명)을 위한 돌봄 서비스 등 복지 서비스와 연계된 주택이 부족하고 무장애설계 보급도 미흡하다. 무주택 저소득층의 경우 공공임대주택이 수요에 비해 부족하고(영구임대주택 대기기간 전국 15개월), 빈곤 아동가구 등 취약계층에 대한 정책적 지원이 미흡하여 취업 → 결혼 → 출산, 저소득 → 중산층 진입으로 이어질 수 있는 주거사다리를 마련하여 세대 간·계층 간 사회통합정책 추진이 필요하다.

2
주택정책의 유형과 수단

1) 주택정책의 유형

주택정책은 기본적으로 자유경제 유형과 계획경제 유형 및 이 양자가 적절히 결합된 혼합경제 유형으로 나눌 수 있다. 자유경제 유형에서는 정부가 주택시장에 최소로 개입하고 자유시장경제체제에 따라 주택가격을 중심으로 각 가구의 지불능력과 지불의사에 따른 경쟁으로 주택을 배분하는 방법을 택한다. 반면 계획경제 유형에서는 주택의 모든 부문에 대하여 정부가 통제하며 조정력을 행사하여 정부, 공공기관 등에서 분배하고 체제의 목표나 개인 또는 집단의 욕구에 따라 주택을 배분하는 방법을 취한다. 이러한 체제에서 주택분배의 궁극적인 목표는 형평성에 있고 이는 수요자의 욕구에 따라 주택을 보장하는 것을 의미한다. 대부분의 국가에서는 실제로 위의 두 가지 방법의 혼합형을 택하고 있으며, 완전 자유시장경제체제 또는 완전통제에 의한 주택배분의 형태를 취하는 예는 찾아보기 힘들다. 최근 추세는 사회주의국가들이 국영 건설회사들을 민간에게 매각하기 시작했고, 일부 자유경제국가에서는 공공주택을 민간임차인들에게 우선 분양하는 공공주택의 민영화가 시작되고 있으며, 자본주의 방식에서 부담능력이 부족한 계층에게 공공임대주택을 확대하는 정책으로 변화되고 있다. 국가가 어떠한 주택배분체제인가는 국가의 정치이념이나 사회·경제적인 발달단계에 따라 각기 다르게 나타난다.

2) 주택정책의 수단

정부가 주택시장에 개입하는 방식은 크게 직접개입과 간접지원으로 나눌 수 있고, 그 내용상 직접 건설 및 공급, 보조금 지급, 가격통제, 세제, 금융 등의 방법으로 나눌 수 있다. 그러나 우리나라의 주택정책수단은 규제 위주로 구성되어 있으며, 주택건설사업 주체 또는 주택의 질·안전성에 대한 규제, 분양자격 규제 등의 비경제적 규제와 채권입찰제·공급물량 규제 등의 경제적 규제를 들 수 있다. 주택에 대한 금융과 세제는 규제와 지원이라는 이중적 성격을 띠고 있다.

(1) 정부 직접 건설 및 공급

대부분의 주택공급은 민간자금에 의존하였으나, 정부는 정치·경제적 위기마다 빈민층의 사회체제에 대한 불안요소로 작용하는 것을 막기 위해 주택의 대량공급 및 저소득층을 위한 주택공급계획을 수립했다. 노동운동과 도시빈민운동이 광범위하게 전개된 1980년대 후반의 200만 호 주택건설계획 및 영구임대주택 건설계획 등이 그 예다. 1990년대 정부는 영구임대주택 공급 확대를 계획하였으며, 민간부문도 소규모 주택건설 의무화, 임대주택건설 의무화, 주택가격통제 등 행정조치로서 저소득층 주택 공급에도 참여하도록 했다.

공공부문의 대표적 공공주택 공급기관은 한국토지주택공사이며, 정부가 출자한 일부의 자본금으로 주택도시기금의 우선적 사용, 토지수용권 등 제도적 지원을 받아 전국적으로 사업을 하고 상대적으로 열악한 지방의 소규모 주택 및 임대주택사업을 해왔다. 서민주거안정대책으로 국민임대주택 건설계획은 세웠지만 실제 건설은 계획의 18.4%에 그

쳤다. 정부가 저소득층, 주거빈곤층을 위하여 주거복지 차원에서 펼치고 있는 주택정책 프로그램으로는 '기존주택 매입임대사업', '기존주택 전세임대사업', '신혼부부전세임대제도' 등이 있다. '보금자리주택'은 2009년 정부의 핵심적인 주택정책으로 서민의 주거안정과 주거 수준 향상을 도모하기 위하여 한국토지주택공사LH에서 재정이나 기금의 지원을 받아 공공이 짓는 중소형 분양주택과 임대주택을 포괄하는 새로운 개념의 주택이다. 특히 국민임대주택의 공급을 지연시킨 대신 1993년 종결된 영구임대주택 공급을 재개하고 중저소득층의 내 집 마련 촉진을 위해 2009년 3월 보금자리주택건설 등에 관한 특별법을 공포하였다. 보금자리주택은 이전에 추진된 것과 같은 형태의 주택공급정책이지만, 입지·청약방식·정책대상자·주택의 공급 유형에 있어 차별적인 공공주택정책이다. 공공주도의 수요자 맞춤형 주택정책으로 저렴한 비용으로 국민들이 원하는 위치에, 원하는 주택에서 거주하도록 하는 수요자 중심의 종합 주택정책이다.

공공임대주택은 정부재원의 부족 등으로 공공부문만의 독자적인 추진은 많은 어려움이 있으며, 민간부문의 참여가 필수적으로 요구된다. 따라서 임대주택사업에 대한 민간부문의 참여를 유도하기 위해서는 임대주택사업의 수익률이 분양주택사업의 수익률을 상회하도록 지원정책을 개선해나갈 필요가 있다. 국토교통부는 2015년 뉴스테이 정책으로 기업형 임대주택사업을 육성하고자 민간임대주택에 관한 특별법을 제정하였다. 이는 임대주택정책에 공공성을 강화한 공공자원 민간임대주택정책이다. 민간임대주택에 대하여도 주택도시기금과 공통택지를 지원하고 입주자 모집에서 주택공급에 관한 규칙을 배제하였다.

(2) 보조금 지급

주택정책 보조금 지급의 대표적인 방식은 주거비보조이다. 미국의 경우 소득의 30% 이상을 임대료로 내고 있는 가정에 대해 시중 임대료와 소득의 30% 금액의 차액을 보조금으로 지급하고 있고 수요자들에게 사용방식에 제한을 두지 않고 일정금액을 지급하고 있다.

주택보조금은 양적 문제가 대부분 해소된 선진국에서는 큰 효과를 발휘할 수 있으나 주택의 절대적인 숫자가 부족하여 가격 상승이 심각한 개발도상국가에서는 바람직하지 않다. 그 이유는 보조금의 지급이 공급 확대로 연결되지 않고 단순히 집주인에 대한 지원으로 끝나기 때문이다.

2003년부터 국민기초생활보장법에 의한 기초생활수급자의 주거급여가 실시되고 있으며, 2017년 주거급여법과 함께 근거하여 보다 나은 주거환경의 거주를 위하여 수급자의 주거실태에 따라 지급한다. 2017년 지원대상은 소득인정액이 중위소득의 43% 이하이면서 부양의무자 기준을 충족하는 임차가구와 자가가구를 포함한다. 주거급여는 임차가구의 임대료 지원과 자가가구의 집수리 지원으로 행해진다.

'전세주택지원사업'은 신혼부부, 소년소녀가정, 교통사고 유자녀가정 등에 대한 주택도시기금의 지원으로 전세주택을 마련하여 지원함으로써 사회취약계층에게 바람직한 주거환경을 제공한다. 입주대상자가 희망하는 주택(전용 84m² 이하)을 선정하여 LH 공사 또는 지방별 도시공사가 집주인과 전세 계약을 한 후 입주대상자에게 저렴하게 임대하는 방식이다.

2017년 11월 현 정부의 주거복지 로드맵은 사회통합형 주거복지망을 구축하였다. 임차가구, 청년, 신혼가정, 고령층에 대한 수요자 맞춤형 지원을 통해 주거안정을 확보하고자 함이다. 이를 위해 정부는 생애단계, 소득수준별 지원, 수요자 중심의 지원방안 모색, 임차인권리 보호 강화, 임대차 시장 투명성 강화 방안 등을 제시하였다.

(3) 가격통제

자유경제체제에서 가격통제는 비상시에만 사용되는 게 원칙이다. 가격통제의 대표적인 예가 제2차 세계대전 당시 루스벨트 정부가 내린 물가동결령이었으며, 이로 인해 모든 임대료 인상이 일시 정지되었으나 전후에는 원상 복귀되고 뉴욕 등 일부지역에서만 임대료 통제가 지속되었다. 임대료 통제는 공급의 위축을 초래하여 결과적으로 저소득층용 임대시장의 상황을 더욱 악화시키는 단점이 있다. 그러나 세입자의 비율이 높은 도시들에서는 임대료 통제를 실시하는 경우가 늘어나고 있다. 유럽의 경우도 전시상황에서 일시적인 임대료 동결령이 발효되기는 했으나 적극적인 주택건설기로 들어가면서 해제되었다. 임대료 통제나 주택가격 통제는 대부분 재고주택의 경우에만 실시되는 게 일반적이다. 그러나 한국에서는 재고주택가격에 대해서는 아무런 조치 없이 신축주택의 분양가만을 통제하기 때문에 채산성이 없는 지역, 즉 서울과 같이 토지가격이 비싼 지역에서는 실제로 공급이 중단되는 사태가 생겨 결과적으로 재고주택가격을 폭등시키는 많은 부작용을 낳기도 한다.

우리나라 주택정책에서 아주 특이한 점은 자유경제국가 어느 곳에서도 실시한 바가 없는 신규주택의 분양가를 통제했다는 점이다. 신규건설주택의 분양가격 규제는 주택가격을 안정시키고 무주택 저소득층에게 주택마련기회를 제공하는 정부의 시장규제정책의 일종으로 1977년 도입되었다. 그러나 분양가 규제 때문에 민간의 신규 건설활동이 위축되고 투기적 수요 증가 등으로 부작용이 심화됨에 따라 지방에서는 미분양 문제가 심각한 가운데 수도권에서는 프리미엄을 노린 과열경쟁이 일어나는 시장 왜곡현상이 나타났다. 이로 인해 1983년에 채권입찰제가 도입되었고 1989년에는 원가연동제가 실시되었다. 분양가격의 규제로 신규주택의 최초 구입자의 경우 시장가격보다 낮은 가격으로 주택을 구입할 수 있게 되었으나 분양가격 규제는 민간의 주택공급을 위축시킴으로써 오히려 주택가격의 상승을 초래하여 시장기능의 왜곡을 초래했다.

또한 신규건설주택의 입주권은 일시에 막대한 부를 창출하는 수단이 되어 청약경쟁률이 급격히 상승하고 실수요자의 입주기회는 축소되었다. 도시화, 핵가족화, 인구증가, 소득증대에 따른 주택의 지속적인 수요증가와 건설비용의 상승 및 지속적인 분양가 규제로 신규 주택건설 공급이 위축되어 실제 거래가격과 분양가격 사이의 격차는 더욱 더 확대되는 경향을 보인다. 주택가격의 안정과 무주택 저소득층의 주택소유기회를 확대한다는 취지에서 실시한 분양가 규제와 채권입찰제는 오히려 저소득층의 주택난이 심화되고 고소득자에게 부를 축적할 수 있는 기회를 제공함으로써 실질적인 소득분배구조를 악화시키는 주요 요인이 되었다. 이는 주택보급률이 낮고 국민들의 주택소유욕구가 강한 우리나라의 현실을 충분히 고려하지 못한 정책으로서 아파트 투기를 조장하는 결과를 초래한 것이다. 이러한 가격규제정책이 실패함에 따라 1998년 아파트 분양가가 완전 자율화되었으나, 아파트 분양가 규제를 계기로 도입된 아파트 선분양제도는 아파트 분양가가 완전 자율화되었음에도 불구하고 그대로 남아 전 세계에 유래 없는 지극히 비정상적이고 후진적인 제도로 존속하고 있다.

2012년 주택법 개정안은 아파트 분양가 상한제를 원칙적으로 폐지하고, 일정한 요건에 해당되면 정부가 예외적으로 적용할 수 있도록 하였다. 주택가격 급등이 우려되는 지역에 국토교통부 장관이 예외적으로 분양가 상한제를 적용할 수 있도록 한 것이다.

현행 선분양제도는 대지의 소유권 확보, 주택도시보증공사의 주택분양보증 등 일정한 조건을 전제로 착공과 동시에 입주자를 모집할 수 있고 청약금, 계약금, 중도금과 같은 입주금을 받을 수 있다. 그러나 현재의 선분양제도는 분양권 전매의 폐해를 야기하고, 주택 소비자가 주택가격의 80% 정도를 완공 이전에 납부해야 하는 위험부담이 있으며 수억 원에 달하는 고가의 재산을 완제품도 보지 못한 채 구매해야 하는 등 소비자에게 불리한 제도이며, 건설사가 부도나면 이미 지불한 청약금, 계약금을 돌려받기가 어렵고, 선분양 당시의 설계도와 다른 부실공사에도 제대로 구제받지 못하는 엄청난 피해를 받을 수 있다. 따라서 주택 소비자들을 위한 주택시장 정상화 정책은 반드시 이뤄져야 하므로 현행 주택 선분양제에 대해서는 재고할 필요가 있다.

(4) 주택 관련 세제 조정

주택세제는 정부가 간접적인 방식으로 주택시장을 일정한 방향으로 유도하고자 할 때 가장 강력한 수단으로 사용된다. 2003년 참여정부는 주택시장 안정을 위한 재건축기준 강화, 종합부동산세 확립, 분양가 규제 등 강력한 규제를 시행하였다. 가장 대표적인 세제는 종합부동산세, 양도소득세이다. 종합부동산세는 보유과세로 현재 보유하고 있는

표 9-3 부동산 관련 세금

구 분	국 세	지방세	
		부동산 관련	관련 부가세
취득 시	인지세(계약서 작성 시) 상속세(상속받은 경우) 증여세(증여받은 경우)	취득세	농어촌특별세(국세) 지방교육세
보유 시	종합부동산세 (일정 기준금액 초과 시) 농어촌특별세 (종합부동산세 관련 부가세)	재산세	지방교육세 지역자원시설세
처분 시	양도소득세	지방소득세 (소득분)	해당 없음

주택(토지 포함)에 대해 일정비율로 부담금을 징수하는 국세이며 재산세는 지방세이다. 2005년부터 일정금액 이상의 부동산에 대해서는 재산세를 부과한 후 추가로 국세인 종합부동산세를 부과한다. 재산세는 개별 건수별로 계산하는 반면 종합부동산세는 개인 소유자별 합산방식을 택하고 있으며 과세표준액에 따라 과세율이 누진적으로 차등 적용된다.

종합부동산세는 전국의 소유 주택가격을 개인별로 합산해 기준시가 6억 원을 넘는 초과분은 재산세와 별도로 높은 세율의 종합부동산세를 납부하며, 1세대 1주택자에게는 기초공제 3억 원을 인정한다. 기초공제 3억 원은 단독명의인 경우에만 적용되므로 부부 공동명의로 1주택을 보유한 경우에는 적용되지 않는다(2009년 1월 기준). 결과적으로 과세기준금액이 9억 원이 넘는 주택 소유자가 과세대상이다. 기준시가가 없는 단독주택 등은 시·군·구청 주택 공시가격을 기준으로 한다. 부동산 투기를 억제하기 위한 참여정부에서는 종합부동산세 강화를, 이명박 정부에서는 부동산 활성화를 위해 종합부동산세를 완화하는 정책을 시행하였다.

양도소득세는 지가급등에 따른 투기를 억제하기 위해 1967년 부동산 투기억제에 관한 특별조치법이 제정되었다. 그리고 이를 1975년 양도소득세와 특별부가세로 대체하였다. 주택 및 토지를 양도할 당시 구입가격과의 차액을 일정비율로 양도차익에 대한 자본소득에 대해 과세하는 양도소득세는 개념상 아주 강력한 투기억제책으로 사용될 수 있다. 양도소득세는 투기억제기능이 강조된 부동산경기 변동에 따라 탄력적으로 운영되고 있으며, 주택이 절대적으로 부족하던 1970~1980년대 양도소득세는 주택투기를 방지하여 주택가격 안정에 일시적으로 기여하였다. 그러나 면제대상이 많아 실효를 거두지 못하였다.

2012년 기준 1가구 1주택이며 실거래가액이 9억 원 미만인 주택의 경우 지역에 관계없이 2년 보유이면 양도소득세가 면제된다(2012년 7월 이후). 2003년부터는 양도소득세가 강화되어 과거 '고급주택' 개념이 '고가주택'으로 바뀌어 주택면적에 상관없이 9억 원을 넘는 주택에 대해서는 많은 양도소득세가 부과된다. 또 부동산 값의 급등으로 투기지역으로 지정된 지역에 있는 부동산에 대해서는 기준시가 대신 실거래가로 양도소득세를 계산하기 때문에 해당 부동산을 매매할 때 세금 부담이 커진다. 그 밖에 상속받은 재산에 대해서도 주택보유 수와 기간에 따라 양도소득세가 부과된다. 이 과정을 통해 주택보유를 강화하거나 억제하기도 한다. 참여정부에서는 보유세율을 단계적으로 강화하여, 1가구 3주택 양도세를 중과하여 주택보유를 억제하는 수단으로 활용하였으나 이명박 정부에서는 주택시장 활성화를 위해 양도소득세를 부분적으로 완화하기도 하였다. 그러나 주택조세감면은 조세부담의 수평적·수직적 형평에 어긋나며 주택시장 및 국민경제에 미치는 여러 가지 왜곡효과를 통해 자원배분의 효율성을 저해하고 역진적인 소득재분배를 유발하며, 자본시장이 불완전한 상황에서는 저소득층 및 젊은 층의 주택구입을 더욱 어렵게 함으로써 주택소유의 계층 간 불균형이 심화되고 소득분배를 더욱 악화시키는 결과를 초래한다. 또한 주택조세 감면은 주택소유를 보다 유리하게 해 주택구입 목적의 저축을 증가시키고, 현재의 소비를 감소시킨다는 측면에서 자본 축적에 기여하는 효과가 있다. 2018년 4월부터는 다시 다주택자를 대상으로 양도소득세 중과제도가 시행되는데 2주택자는 10%, 3주택자는 20%가 각각 가산된다.

(5) 주택금융

우리나라의 경우 주택금융의 미발달로 주택구입자금의 대부분을 저축에 의존할 수밖에 없는 상황에서 주택가격의 상승은 바로 저소득층 및 젊은 층의 유동성 제약을 심화시켜 이들의 주택수요를 제한하는 결과로 연결된다. 주택소유가 높은 투자이익을 가져옴에도 불구하고 이들 계층의 내 집 마련 소요기간이 점차 길어지고 자가 소유율이 계속 낮아지는 것은 주택금융이 미발달된 상태에서 주택가격의 급격한 상승으로 인한 유동성 제약 때문이라고 유추·해석할 수 있다.

우리나라에서 주택금융이 시작된 것은 1954년이며, 1967년 한국주택금고를 설립하여 1969년 한국주택은행으로 개편됨에 따라 본격적인 주택금융시대가 열렸다. 정부는 1981년 국민주택기금을 설치하여 저소득층용 소형 주택 구입자금을 대출하기 시작하였다. 당시의 국민주택기금은 주택채권을 강제 판매하는 방식으로 자금을 조성한다. 1996년부터 주택할부금융제를 시행하고 있으며 이는 국민들이 주택자금을 쉽게 마련할 수 있도록 주택 구입 시 할부금융회사에서 목돈을 빌린 뒤 몇 년간에 걸쳐 이자와 원금을 나누어 상환하는 제도이다. 할부금융 대상은 전용면적 135m²(40.8평) 이하의 완공된 주택이나 분양 전환되는 임대아파트 계약자로, 무주택자나 1가구 1주택 소유자에 한해 지원한다. 한국주택은행은 2001년 11월 국민은행과 합병하여 그간 주택수요공급에 주요 역할을 마감하였다. 그 후 한국주택금융공사를 설립하여 서민의 주거수준 향상을 꾀하고 있다.

한국주택금융공사는 주택금융 등의 장기적·안정적 공급을 촉진하여 국민의 복지증진과 국민경제의 발전에 이바지함을 목적으로 2004년 3월 1일 출범한 공기업으로서 보금자리론과 적격대출 공급, 주택보증 공급, 주택연금 공급, 유동화증권 발행 등의 업무를 수행함으로써 서민의 주택금융 파트너로서의 역할을 하고 있다. 문재인 정부 들어 부동산 가격이 오르고 가계부채 대책을 고민하면서 주택담보인정비율LTV, Loan To Value과 총부채상환비율DTI, Debt To Income에 관심이 집중되고 있다. LTV와 DTI는 가계대출의 상환 능력을 보기 위한 지표이며 금융회사의 건전성을 판단하는 지표인데 실제로는 부동산 시장을 띄우거나 잠재우기 위한 수단으로 사용됐다. 정권이 바뀔 때마다 부동산 시장이 LTV와 DTI에 가장 주목한 이유가 여기에 있다.

LTV는 2002년 김대중 정부 시절 등장했다. 당시에도 집값이 오르고 대출을 받아 집을 사려는 사람들이 늘어나자 LTV를 60%로 축소했다. 그럼에도 집값은 계속 올랐다. 노무현 정부는 2003년 5월 투기지역에서 만기 3년 이하 대출 시 은행의 LTV 상한을 50%로 축소키로 했다. 그럼에도 투기가 멈추지 않자 2003년 10월 만기 10년 이하 은행·보험사의 LTV 상한을 40%로 더 낮췄다. 금융연구원이 2013년 발간한 '가계부채 백서'에 따르면 2000년 이후 상승세에 접어든 주택가격은 2003년 5월과 10월 두 차례에 걸쳐 LTV 규제 강화 조치가 취해지고 난 이후 다소 안정되는 모습을 보였으나 지속되지 못하고 2005년 다시 상승하기 시작했다. DTI는 2006년 노무현 정부 때 본격 도입하였다. 부동산 시장에 부정적 영향을 줄 우려가 커 당시에도 도입을 두고 논란이 많았다. 이 때문에 처음에는 부분적으로만 도입했다.

2005년 8월 노무현 정부는 '부동산 종합대책'에서 30세 미만 미혼자에게 DTI 40%를 적용했고 본격적으로 도입된 때는 2006년 3월과 11월이다. 2006년 3월 투기지역에서 6억 원을 초과하는 아파트를 신규 구입 시 DTI 40% 상한을 적용했고, 그해 11월 투기지역의 모든 아파트 담보 대출에 DTI 규제를 적용했다. 가계부채 백서에는 '2006년 들어 LTV가 주택가격 상승에 대응하는 규제수단으로 유효성을 상실하고 있다는 점이 명백

해지면서 감독당국이 LTV 이외의 새로운 규제 수단을 찾게 됐다'고 제시되어 있다. DTI는 대출 심사 시 소득을 감안한다는 점에서 LTV보다 강력한 대출 규제 수단이었다. 그러나 2008년 글로벌 금융위기 이후 집값이 떨어지면서 이명박 정부는 반대 조치를 취하기 시작했다. 2008년 6월 지방 미분양 아파트 문제 때문에 LTV를 60%에서 70%로 완화했다. 2010년 8월에는 무주택 및 1가구 1주택자 대출에 한해 한시적으로 총부채상환비율DTI 적용을 해제하기도 했다.

박근혜 정부에 들어서도 LTV와 DTI는 큰 틀에서 예년과 변화가 없다가 2014년 8월을 기점으로 기류가 바뀌었다. 최경환 당시 경제부총리 후보자는 2014년 6월 13일 기자들과 만나 지금은 '유명해진' 발언을 했다. 그는 LTV와 DTI를 두고 "한여름이 다시 오면 옷을 바꿔 입으면 되는데, 언제 올지 모른다고 옷을 계속 입고 있어서야 되겠나"고 말했다. 부동산 시장이 꺼져 가고 있으니 LTV와 DTI 규제를 풀어서 대출이 가능하도록 해야 한다는 뜻이었다. '빚내서 집 사라'는 기조가 본격적으로 시작된 시점이다.

2014년 9월 부동산 시장 활성화 목적으로 LTV는 50~60%였으나 전국 동일하게 70%로, 수도권에만 적용하는 DTI는 50%에서 60%로 완화시켰다. 2018년 1월부터 서울·부산·세종 등 청약조정지역에는 신新 DTI(총부채상환비율)가 적용된다. 지금까지는 주택담보대출(주담대)이 있는 사람이 대출받아 추가로 집을 살 경우 기존 주담대의 대출 이자만 DTI에 반영했다. 신 DTI는 대출이자에 원금 상환액까지 포함한다. 다주택자의 대출 한도를 크게 낮춰 주택 매입 수요를 줄이는 효과를 기대한 것이다. 하반기엔 신 DTI보다 더 강력한 총부채원리금상환비율DSR, Debt Service Ratio이 도입된다. DSR은 차주借主의 주택담보대출만이 아니라 신용대출과 마이너스통장, 자동차할부금 등 모든 대출 원리금을 합산해 대출 한도를 더 낮춘다. 과도하게 빚을 내서 부동산에 투자하는 수요를 줄이려는 의도다.

자유경제국가에서는 모기지융자mortgage financing라는 방식으로 20~30년 장기분할상환자금이 80% 정도 지급되고, 공산주의 국가들조차도 주택융자제도를 도입하고 있으며 한국에서도 주택연금제도를 통해 주로 노후 생계를 지속하는 수단으로 활용되고 있다.

3
주택정책의 목표와 관련 법규

대부분의 나라에서 주택정책의 목표는 쾌적한 주택을 편리한 위치에서 적절한 가격으로 모든 국민이 소유 또는 거주하는 데 있다. 이는 주택과 주변환경, 즉 주거환경의 질과 접근성, 주택가격의 적정 수준 확보, 주택소비에 있어서 점유형태의 중립을 의미한다. 우리나라 주택정책에서는 1972년 제정된 주택건설촉진법에 근거하여 분양주택공급에 중점을 두어 왔으나, 2008년에 주택보급률이 100%를 넘어서면서 양적 공급보다는 질적인 측면과 재고주택의 관리 측면을 강조하여 2003년 주택법으로 전면 개정되었다. 주택법은 1~2인 가구 증가 등 시대 변화에 따른 주거정책을 마련하는 데 한계가 있어 2015년 주거에 관한 권리를 국민의 기본권으로 인정한 주거기본법이 제정되었다. 주거기본법은 주택정책의 패러다임을 물리적 주택공급 확대에서 주거복지 향상으로 바꾸는 계기가 되었다. 지금까지 주거 관련 상위법이 주택법이었다면, 2015년 주거기본법이 제정되면서 주택법, 주거급여법보다 상위법의 위치를 점하였다. 주거권이 기본적 인권임은 헌법의 이념과 각 규정에 따라 유추할 수 있을 뿐이었다. 따라서 그동안 주거권의 실제적 권리 여부를 두고 혼선이 있었으나 2015년 제정된 주거기본법은 주거권의 의미와 내용을 명확히 규정하고 주거정책의 근본 규범을 마련하였다. 제2조에서 동법 주거권을 모든 국민은 관계 법령 및 조례로 정하는 바에 따라 물리적·사회적 위험으로부터 벗어나 쾌적하고 안정적

주택건설촉진법 1973.1.15	주택법 2003.11.30	주거기본법 2015.12.23
• 이 법은 주택이 없는 국민의 주거생활의 안정을 도모하고 모든 국민의 주거수준의 향상을 기하기 위하여 주택의 건설·공급과 이를 위한 자금의 조달·운용 등에 관하여 필요한 사항을 규정할 목적으로 입법, 제정 되었다.	• 이 법은 쾌적한 주거생활에 필요한 주택의 건설·공급·관리와 이를 위한 자금의 조달·운용 등에 관한 사항을 정함으로써 국민의 주거안정과 주거수준의 향상에 이바지함을 목적으로 한다.	• 이 법은 주거복지 등 주거정책의 수립·추진 등에 관한 사항을 정하고 주거권을 보장함으로써 국민의 주거안정과 주거수준의 향상에 이바지하는 것을 목적으로 한다.

그림 9-7 주택 관련 법규별 목적
자료 : 각 법령 제1조 재구성.

인 주거환경에서 인간다운 주거생활을 할 권리로 규정하였다.

주택법의 목적은 "쾌적한 주거생활에 필요한 주택의 건설·공급·관리와 이를 위한 자금의 조달·운용 등에 관한 사항을 정함으로써 국민의 주거안정과 주거수준의 향상에 이바지함을 목적으로 한다."고 명시하고 있다. 주택정책과 관련하여 현행 주택법은 주택의 건설, 주택의 공급, 리모델링에 관한 사항을 담고 있다. 주거기본법은 주거복지 등 주거정책의 수립·추진 등에 관한 사항을 정하고 주거권을 보장함으로써 국민의 주거안정과 주거수준의 향상에 이바지하는 것을 목적으로 한다. 주거권을 보장하기 위하여 소득수준 생애주기 등을 고려한 주거비지원, 주거취약계층의 주거수준 향상, 임대주택공급 확대, 쾌적하고 안전한 관리, 장애인·고령자 등 주거약자의 주거지원, 저출산·고령화·생활양식의 다양화 등 장기적인 사회변화에 대응하는 주거정책의 기본 원칙을 제시하였고 이를 위해 국토교통부와 시·도지사는 10년 주기의 주거종합계획을 수립하여야 한다. 2014년 10월 시행된 주거급여법은 생활이 어려운 사람에게 주거급여를 실시하여 국민의 주거안정과 주거수준 향상에 이바지함을 목적으로 한다. 주거급여란 기초생활보장제도의 주거급여를 개편하여 소득, 주거형태, 주거비 부담수준 등을 종합적으로 고려하여 저소득층의 주거비를 지원하는 제도이다. 주거안정에 필요한 임차료, 수선유지비, 그 밖의 수급품을 지급하는 것을 뜻한다. 수급권자에게 임차료와 수선유지비를 지급하고 전달시스템을 체계화하는 데 필요한 사항으로 구성되었다. 2015년 7월부터 시행 중인 주택

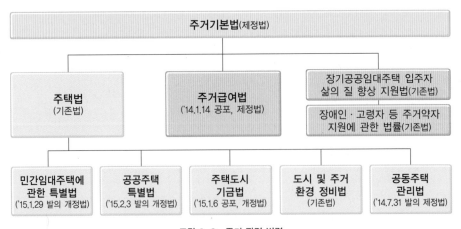

그림 9-8 주거 관련 법령

그림 9-9 임대주택 관련 법령

도시기금법은 주택도시기금을 설치하고 주택도시보증공사를 설립하여 주거복지 증진과 도시재생 활성화를 지원함으로써 국민의 삶의 질 향상에 이바지함을 목적으로 한다. 기금은 국민주택건설, 준주택건설, 국민주택규모 이하인 주택의 리모델링, 국민주택을 건설하기 위한 대지조성사업비로 활용한다.

주택의 건설과 공급 중 택지개발을 목적으로 하는 법으로 택지공급 위주의 국토이용관리법(1991)과 도시계획법은 2002년 폐지되고 주민중심의 지속가능한 살기 좋은 지역 만들기를 위한 국가균형발전특별법(2008.12), 도시개발법(2017.7) 국토의 계획 및 이용에 관한 법률(국토계획법, 2017.9), 도시 및 주거환경정비법(도시정비법, 2017.11)[4] 등을 시행하고 있다. 국토의 이용·개발 및 보전 계획 수립과 도시개발에 필요한 사항을 규정하여 계획적이고 체계적인 도시개발을 도모하고 쾌적한 도시환경을 조성하여 공공복리를 증진시키고 국민의 삶의 질을 향상시키는 것을 목적으로 한다. 또한 도시기능의 회복이 필요하거나 주거환경이 불량한 지역을 계획적으로 정비하고 노후·불량건축물을 효율적으로 개량하기 위하여 필요한 사항을 규정함으로써 도시환경을 개선하고 주거생활의 질을 높이는 데 이바지함을 목적으로 한다. 주택금융지원은 주택도시기금법, 한국주택금융공사법 등에 의거하여 정책이 수행된다.

임대주택정책의 기본은 1984년 임대주택건설촉진법에서 시작하여 1993년 임대주택법으로 제정되었다가 2015년 공공임대주택법과 민간임대주택특별법으로 이원화하여 발전하였다. 임대주택건설촉진법은 임대주택의 건설 공급을 확대함으로써 국민의 주거생활

---

4 2003년 도시재개발법, 도시저소득주민의 주거환경 개선을 위한 임시조치법, 주택건설촉진법으로 각각 진행되던 정비사업을 통합하여 도시 및 주거환경정비법을 제정하였고 민간임대주택에 관한 특별법, 공공주택특별법과 함께 뉴스테이 3법이라 한다(국토교통부 보도자료. 2015.8.11).

안전을 도모하기 위하여 필요한 사항을 규정하였다.

이는 1993년 임대주택법으로 개정하여 임대주택건설 공급 관리와 주택임대사업에 필요한 사항까지 포함하였고, 2015년 공공주택특별법과 민간임대주택에 관한 특별법으로 발전하였다. 민간임대주택에 관한 특별법은 준주택, 준공공주택, 종합부동산세 감면기준, 기업형 민간임대주택사업자의 토지매입 등에 대한 내용을 포함한다.

4
주택정책의 변천

주택정책의 변천과정을 시대별 주요 정책목표와 관련 법규에 따라 정리해 보면 그림 9-10과 같다. 1960년대 이전에는 전쟁과 인구증가 등으로 인한 절대적인 주택부족 등 긴급한 주택수요를 충족시킬 필요성이 컸던 시기이므로 구호적 측면의 주택공급이 이루어졌다. 1960년대는 정책기반조성기로 주택의 대량공급을 위한 자원마련을 위해 주택금융을 체계

그림 9-10 연대별 주택정책과 관련 법규의 변화

화시켰으며, 주택공급의 주체로서 대한주택공사를 설치하기 위한 법, 집 지을 토지를 대량 공급하기 위한 토지구획정리사업법을 제정하였다. 1970년대는 경제성장과 개발을 주요 목표로 주택정책 측면에서는 간접정책주도기로 주택의 양적 확대와 주택가격안정에 치중하였던 시기이며, 주택의 대량공급을 위한 주택건설촉진법(1972)을 제정하였다. 1980년대는 정부의 주택시장에 직접 개입확대기로 주택가격안정과 투기적 수요를 억제하는 데 치중하였다. 이를 위해 저소득층을 위한 임대주택건설촉진법, 주택임대차보호법, 다세대 주택법 시행령 등을 제정하였다. 1990년대는 토지공개념적용기로서 주택의 질적 측면에 관심을 가졌던 시기로 주택건설 및 관리기준의 강화, 택지소유상한제법, 개발이익환수법 등을 제정하였다.

2000년대는 주거복지실현기로서 전 국민의 주거복지실현을 위한 최저주거기준에 관심을 가졌으며, 공급 위주의 주택건설촉진법을 시대 상황에 맞추어 주택법으로 개정함으로써 신규주택의 공급확대보다는 기존주택의 효율성 유지 및 적절한 관리에 중점을 두었으며, 재고주택의 질 향상을 위해 리모델링에 대한 기준을 마련하였다. 부동산 가격의 안정을 위한 대책으로 양도소득세의 중과(2005), 투기지역 내 주택담보 대출비율LTV을 낮추고(2005), 고가주택에 대한 총부채상환비율DTI을 적용하는 등 강력하게 투기수요 차단을 위한 조치를 취했다. 그러나 정부에서는 '시장자율과 규제철폐'를 근간으로 한 친시장정책을 표방하고, 시장경제원리를 바탕으로 과도한 규제를 완화하며 충분한 공급확보를 통해 가격안정을 도모함으로써 사실상 마비상태에 있는 부동산시장의 기능회복에 중점을 두고 있다. 그 주요 내용으로는 2008년 강남 3구를 제외한 투기지역 및 투기과열지구 해제, 재건축규제 완화, 지방미분양주택 매입 시 양도세 중과 및 한시적 면제, 장기보유 시 양도세 최대 80% 공제, 거주요건 강화 백지화 등이다. 지방미분양 해소를 위해 한시적 대책으로 지방주택 구입 시 1년간 주택담보대출비율 10% 상향, 취득세 및 등록세 50% 감면, 매매임대주택사업 기준완화 등 지방미분양 해소와 수요활성화대책을 발표하였다(2009). 수요활성화와 건설경기를 살리기 위해 분양가상한제와 양도세와 종합부동산세의 일부 완화, 민영주택에 대한 후분양제의 폐지, 재건축의 규제완화와 세제완화(1가구 1주택자의 장기보유특별공제 범위확대, 고가주택에 대한 범위 인상 및 실제 비과세 거주요건강화) 대책, 그린벨트 해제, 보금자리주택 건설방안 및 임대주택공급 등이 있다. 이는 침체된 부동산시장의 경기활성화에 중점을 둔 종래의 규제를 완화 내지 한시적으로 해제하는 것을 주요 내용으로 하고 있으나 실제 시장에서의 효과는 기대에 못 미치고 있다.

2010년대는 주거복지확대기로서 국민 누구나 혜택을 받을 수 있는 보편적 주거복지를 추구한다. 2012년 8월 장애인·고령자 등 주거약자의 안전하고 편리한 주거생활을 지원하기 위하여 필요한 사항을 규정함으로써 주거약자의 주거안정과 주거수준 향상에 이바지함을 목적으로 한 장애인·고령자 등 주거약자 지원에 관한 법률을 시행하였다 (자세한 내용은 제10장 참조). 2015년 주거기본법을 비롯하여 주거급여법 등을 제정하여 보편적 주거복지시대를 열었다는 평가를 받고 있다. 주거권을 국민의 기본권리로 인정했을 뿐만 아니라 국가 및 지방자치단체가 주거정책을 수립·시행할 때 준수하여야 할 의무를 체계화·구체화하였다. 주택종합계획을 주거종합계획으로 명칭 변경하고 주거복지 및 주택시장에 관한 사항을 포함하였다. 또한 최저주거기준 미달가구가 감소함에 따라, 국민의 주거수준을 그 이상으로 향상시키기 위한 유도주거기준을 신설하였다. 이외에 주거실태조사에 주거복지 수요에 관한 사항을 추가하거나 국가·지자체에 주거복지 전달체계 구축을 의무화하였다. 따라서 주거복지센터 설립근거, 주거복지정보체계 구축, 주거복지 전문인력 양성 및 배치 등 보다 더 나은 주거복지체계를 구축하는 데 힘쓰고 있다.

5
주택정책의 평가 및 향후 과제

1) 주택정책의 평가

기존 주택정책의 문제점은 정부가 부동산정책을 일관성 없이 경기상황에 따라 투기억제책과 경기부양을 위한 규제완화정책을 반복 시행한 결과, 주택가격의 급등과 결과적으로 주택투기를 유발하는 요인으로 작용하기도 했다. 이러한 부동산이나 주택투기는 국민경제 차원에서 비생산적인 요소에 자금이 집중됨으로써 경제성장을 저해하고, 주택가격 폭등의 결과를 가져오며, 실수요자인 서민들에게는 내 집 마련의 기회를 얻기 어렵게 만들고 임차가구에게는 임대료의 부담이 커지게 했으며 조세 형평성을 저해하였다. 또한 정부가 주택시장에 직접 개입하였으나, 저소득층을 위한 공공주택의 건설이 미미한 수준이며, 주택소비에 있어서 서울과 수도권 중심의 정책이 수립됨으로써 상대적으로 지방도시와 농촌의 주거문제가 외면당해왔다. 이 외에도 주택정책이 문제해결에 급급한 단기적인 경향이 강했으며, 인센티브보다는 규제 중심적이었고, 국민의 주택가격 상승에 대한 기대심리가 만연되었으며, 신도시 중심의 택지개발과 난개발로 교통 및 자연환경 악화 등이 문제점으로 제기되었다.

2) 주택정책의 향후 과제

앞으로는 그 시점에서의 문제해결을 위한 장기적인 차원에서 다음과 같은 주택정책 수립이 요망된다.

첫째, 장기적인 주택정책을 수립하여 일관성 있고 신뢰할 수 있는 정책의 실현이 요구된다. 기존 주택정책의 가장 큰 문제점은 일관성 없이 경기상황에 따라 투기억제책과 경기부양을 위한 규제완화정책이 반복되었다. 그러나 이러한 단기적인 주택정책의 전환은 국가의 주택정책이 장기적으로 수행된다는 신뢰감을 상실하게 함으로써 주택정책의 효과를 반감시키고 가격변동성만 키우는 결과를 가져왔다. 따라서 향후 주택정책은 장기적인 주택에 대한 수요를 예측하고 이에 적절한 공급계획을 수립해야 될 것이다. 예를 들면 향후 출산율의 저하, 평균수명의 연장, 노년기 부부의 가구구조의 변화 등 전반적인 1~2인 가구의 증가와 같은 인구구조의 변화를 예측하고 이에 적합한 소형 주택이나 임대주택의 공급 필요성에 대해서도 대처해야 할 것이다. 또한 주택보유비율이 높은 베이비부머 세대가 노년기에 진입하면서 보유주택 처분 가능성에 대해서도 장기적인 대책이 필요할 것으로 예상된다.

둘째, 주택정책 대상에 대한 재인식이 필요하다. 소득이나 물가 대비 전셋값, 집값이 급등하여 국민의 주거비 부담이 증가하고 있을 뿐만 아니라 내 집 마련 부담을 증가시켜 임대시장의 과열이 예상된다. 2003~2015년까지의 상승률을 비교하면 전세 가격 86%, 아파트 가격 66%, 소득 54%, 소비자물가 36%가 증가한 것으로 나타나고 있다.

PIR은 2006년 4.2에서 2016년 5.6으로 나타나 내 집 마련이 점점 어려워질 뿐만 아니라 모든 소득계층에서 대출금 상환에 부담을 느끼나 특히 저소득층일수록 크게 부담을 느끼고 있다. 자가보유율은 2016년 크게 늘었으나 저소득층은 계속 감소하여 계층 간 양극화 현상이 심화되고 있다. 주거문제 핵심대상계층은 저소득 청년가구와 노인가구, 1인 가구에 집중되어 있다. 미혼청년가구의 72.5%가 단독주택 및 주택 이외의 거처에 살면서 월세 형태에 집중 거주하며 임차나이 연령이 높을수록 보증부월세나 월세 형태로 거주하는 경우가 많다.

2016년 국토교통부 주거실태조사에 의하면 청년가구 중 1인 가구는 52.5%, 노인가구 중 1인가구는 42.5%, 중년가구 중 1인 가구는 42.5%, 노인임차가구 중 1인 가구는 65.5%이며 1인 가구의 약 97%가 소득 4분위 이하 저소득층이다. 정부는 청년가구, 고령화에 따른 노인주거빈곤대책, 주거불안계층 증가에 따른 대책으로 생애맞춤형 주거복지 정책과 이들이 주거약자에서 벗어날 수 있게 지원하는 방안을 함께 모색하여야 한다.

셋째, 부동산투기를 막아야 한다. 부동산투기를 막기 위해서는 주택보유세 강화, 두 주택 이상 보유자 양도소득세 중과세, 토지공개념제도, 개발부담금제도 등을 강화해야 한다. 또한 토지공개념제도의 강화를 통해 부동산 투기근절과 국토의 효율적 이용을 도모해야 한다. 실수요자를 제외하고는 토지 취득이 허용되지 않기 때문에 투자목적의 땅 매입이 불가능하여 부동산투기를 막을 수 있는 토지거래허가제를 강화한다. 부동산 관련 세제 중 주택 관련 보유세는 외국과 비교해 볼 때(일본, 미국은 자산가액의 1% 부담) 매우 낮은 수준(자산가액의 0.17% 수준)이므로 상향하는 수준으로 개선해야 한다. 또한 가능한 한 모든 토지의 종합합산과세, 과표현실화, 각종 특례제도의 폐지, 부동산 실명제의 올바른 실시 등 투기를 근절할 수 있는 다양한 대안을 모색한다. 부동산투기를 잡기 위해 가격통제의 방식이 사용되기도 하나, 이는 비상시에만 사용하는 것이 원칙이다. 신규 분양주택에 대한 분양가 통제는 토지가격이 높은 지역에 주택공급이 중단되는 사태가 생겨 결과적으로 재고 주택가격을 폭등시키는 결과를 가져오기도 했다. 또한 아파트 분양에도 개선이 요구되는데 현재 선분양제도를 후분양제로 전환한다거나 기업의 건설원가 공개 등을 생각해볼 수 있다.

넷째, 복지 수요 증가에 대응한 '주거복지정책'의 수립이 필요하다. '주거복지'하면 언뜻 사회적 약자를 위한 공공임대주택의 공급을 생각할 수 있지만 '주住'는 인간생활의 가장 기본으로 근원적인 욕구와 권리이기 때문에 국민 전체의 주거수준을 향상시키는 보편적 주거복지 역시 간과해서는 안 될 내용이다. 특히 '주거'는 인간의 가장 기초적인 권리이면서 복지의 기틀이 되므로 주거복지의 문제는 당연히 중요한 정책과제가 아닐 수 없다. 삶의 공간이 제대로 보장되지 않는 상황에서 교육이나 의료 등의 다른 복지는 부차적일 수밖에 없기 때문이다. 저출산, 고령화라는 인구구조 변화 역시 '복지수요 증가'에 주요한 원인을 제공하고 있다. 최근에는 고령화문제, 청년층의 주거불안 등이 제기되면서 '생애 주기별 맞춤형 주거복지'의 필요성을 제기하는 목소리도 높다. 이런 주거복지의 특성 때문에 주거복지를 제대로 시행하려면 많은 비용이 필요하다. 그러므로 시장에서 해결이 가능한 사람들은 시장에서 스스로 주거복지를 해결할 수 있게 하고 정부의 예산 투입은 좀 더 사회적 약자에게 집중되어야 할 것이다. 또한 주거복지를 확대한다고 해서 새로운 정책을 추가하는 것보다 '정치적·경제적 지속가능성'과 실제 집행상의 정책 사각지대를 축소할 수 있는 실천전략이 더 중요하게 부각되어야 할 것이다.

일반적으로 공공임대주택 건설에 정부가 직접 재정을 투입하는 비용은 주택공급원가의 18~20% 수준이다. 그 나머지는 주택도시기금의 차입, LH 예산, 임대보증금으로 충당하고 있다. 따라서 분양주택을 임대주택으로 전환하기 위해서는 공공재정의 추가확보가 필요하며 LH나 주택도시기금의 자금 사정도 검토되어야 한다. 공공사업 시행자인 LH의 부채문제가 심각한 상황이므로 공공임대 물량을 늘릴 경우 재정투입비중을 높이거나 생산단가를 현격하게 낮추는 등 근본적으로 비용과 재원의 문제를 해결해야 한다. 또한 각 부처에 산재해 있는 일반복지를 주거복지와 연계함으로써 관할부처 및 적용기준의 상이함에 따른 사각지대를 최소화하는 노력이 필요하다.

다섯째, 임대주택시장 확장에 대한 대비를 해야 한다. 지금까지 우리는 사회변화에 따라 임대거주의 증가로 인해 전세가의 앙등과 함께 반전세의 증가를 포함한 보증부월세 비중의 증가에 대한 관심이 높아지고 있다. 이러한 변화가 장기적으로 볼 때 임대시장에서 전세의 소멸과 순수월세로의 수렴과정의 시작인가에 대한 논의가 강해지고 있다. 주택임대시장에서 나타나는 보증부월세로의 전환은 인구고령화와 인구감소가 예상되는 근미래 주택시장 상황에 대한 우려와 결합하여 국내 주택시장의 구조적인 변화의 시작으로 이해된다. 그러나 커지는 임대시장에 비해 임대주택시장 기제에 대한 불완전성이 존재한다. 최근 전국 아파트의 전세가격이 8년 9개월 만에 하락세로 돌아섰다.[5] 입주물량이 많아지고 내년에도 상당한 입주물량이 예정돼 있어 전세·매매가격이 동반 하락하고 있다. 입주물량 증가는 역전세난 → 전세가격 하락 → 급매물 증가 → 매매가격 하락의 과정으로 이어질 수 있기 때문이다. 특히 2018년도에는 DTI 규제, 금리인상 등의 위협요인도 있어 임대시장이 위축될 수 있다고 한다. 기업화된 민간임대사업보다는 매매시장의 자본차익을 추구하는 임대사업이 이루어져 왔다. 다주택자에 대한 국민의 반정서로 인해 다주택자에 대한 다양한 규제가 있었고 이로 인해 민간임대주택에 대한 효율적인 투자가 원활히 이루어질 수 없었기 때문이다. 어찌 보면 국내 주택임대시장은 우리가 모르는 것이 무엇인가에 대하여도 명확한 이해조차 부족할 정도로 정책의 관심에서 벗어나 있었다. 주택임대시장은 지나치게 주택매매시장 상황에 연동되어 움직여 왔다. 지금이 주택임대시장 정상화를 위한 전월세상한제, 중계수수료 지불 규정, 관리책임소재의 명료화, 전월세전환율 등 기업형 임대주택시장을 정상화시킬 정책들을 실험하고 제도를 보완하기에 적합한 시기일 것이다.

여섯째, 노후지역 재생을 위한 도시재생사업을 지원할 수 있는 제도가 마련되어야 한다. 도시재생사업은 도시기능의 회복이 필요하거나 주거환경이 불량한 지역을 계획적으로 정비하고 노후·불량건축물을 효율적으로 개량하여 도시환경을 개선하고 주거생활의 질을 높이는 데 이바지한다. 이는 지역역량 강화를 지원함으로써 지속가능한 사업추진 기반 구축을 도모한다는 점에서 기존 정비사업과 차별화된다. 주민, 민간단체, 기업, 지방자치단체 등이 협조체계를 이루어 지역자원에 기반한 자율적 재생을 추진하는 것이 국가도시재생기본방침에 제시된 원칙이다.

2014년 선정된 도시재생 선도지역의 경우 4년간 공공지원을 통해 재생 기반을 구축하고 원칙적으로 2018년부터 자력재생 단계로 전환할 예정이다. 서울시는 노후주거지 8곳

---

5 KB부동산 주택시장동향보고(2017.12.3).

을 도시재생활성화 지역으로 지정하고 공공의 통합적 지원을 통한 민간주도를 기본방향으로 하여 재생사업을 추진하고 있다. 과거의 주거환경개선사업과는 달리 사업주체가 주민주도, 민간주도로 이루어지는 특징을 가지고 있다. 그러나 많은 도시재생사업이 공공지원 중심의 재생사업 완료 후에 자력재생으로 진행하는 데 어려움이 있어 이를 지원할 수 있는 방안을 구축해야 할 것이다. 특히 노후주택 개량과 사회·경제적 재생을 동시에 추구해야 하는 노후주거지 재생사업의 특성을 감안할 때, 주택 및 건설 분야와 도시재생사업의 연계를 강화하는 방안에 대한 검토가 필요하다.

이상 제시한 모든 과제는 지역에 따라 문제의 상황이나 시급성이 다르다. 진정 주민을 위한 주택정책이 수립되기 위해서는 주택정책의 지방분권화가 이루어져야 한다. 수도권에서의 주택문제 인식과 다른 시·도에서의 주택문제 인식은 다르다. 과거 주택의 공급 위주의 시기에는 전 국토를 같은 상황으로 보고 규제하거나 정책을 추진하는 경향이 강했다. 그러나 이제는 양적인 확대보다는 질적인 측면이 강조되므로 지역적인 주택시장의 특성과 주택수요에 대한 파악을 통해 차별화된 전략을 수립해야 한다. 특히 주택시장은 지역에 따라 세분화되고 지역적 여건이 다르므로 동일한 전략으로는 실효성을 거두기 어렵다. 결국 주택정책도 지역에 따라 차별화된 전략을 수립해야 할 것이다. 그러려면 주택정책이 이제는 중앙정부 주도에서 지역맞춤형 지방정부 주도로 전환할 수 있는 준비가 필요하다. 주택정책에 대한 계획, 집행에 대한 지방정부로의 권한 분권화가 중요한 숙제이다.

생각해 보기

1. 주택법, 주거기본법을 비교분석한 후 제2차 주거종합계획에 대해 토론해 보자.

2. 아파트 후분양제도와 선분양제도 각각의 장단점을 논의해 보자.

3. 행복주택은 청년, 신혼부부, 고령자, 주거취약계층 등의 주거수준 향상에 도움이 되었는지 조사해 보자.

BROAD
PERSPECTIVE
ON HOUSING

10장
주거복지

우리나라는 지난 수십 년간 주택부족 문제를 해결하는 데 중점을 두고 주택건설 중심의 주택정책을 펴온 결과, 꾸준히 주택보급률이 상승하여, 2016년에는 102.6%에 이르렀다. 주위를 둘러보면 고층아파트들이 빼곡히 들어차 있는 모습을 쉽게 볼 수 있다. 오래된 도심지역의 재개발과 서울 강남권을 비롯한 70~80년에 지어진 아파트 밀집지역에서는 재건축 바람이 불면서 도심의 새로운 주거문화가 형성되고 있다. 반면에 여전히 주택가격은 상승하고 있고 서민들의 내 집 마련은 쉽지 않다. 임차가구들은 대부분 사적 전월세주택에 거주하는 비율이 높고 치솟는 전월세 가격에 주거안정을 보장받지 못하고 있다.

도대체 우리에게 적정한 주거수준과 주거안정을 담보하면서 감당할 만한 가격에서 주택을 구입하거나 임대하는 것은 가능한 것일까? 헌법과 주거기본법에서 명시하는 인간답게 살 권리와 주거권을 보장받는 것이 저소득층, 노인, 장애인, 쪽방 거주자, 노숙인 등 다양한 취약계층들에게 가능한 일일까? 이러한 취약계층들이 인간답게 살기 위한 요건 중의 하나가 쾌적한 주거환경을 확보하는 것이라면 협소하고 노후화되고 안전을 위협받는 주거환경에서 과다한 주거비 부담을 안고 살아가는 사람들의 주거문제를 어떻게 해결해 나가야 할까? 이들의 주거문제를 주택공급을 넘어서서 거주자의 생활까지 포괄하는 복지적 차원에서 접근하고 해결하는 방법은 없을까? 얼마 전 정부에서 주거복지 로드맵이 발표(2017.11.29)되어 이제는 주택정책이 아닌 삶의 질을 강화한 주거복지정책이 핵심 주거정책임을 확실히 보여주고 있다. 그럼 과연 주거복지란 무엇일까? 국민의 주거복지 실현을 위해 국가에는 어떠한 법, 제도, 프로그램들이 있을까?

이 장에서는 주거복지의 개념을 이해하고 국가의 개입이 적극적으로 필요한 취약계층들의 주거실태를 살펴보고 이들을 위한 주요 주거복지정책에 대해서 알아본다.

1

주거복지의 이해

주거housing는 인간다운 삶의 영위를 위한 기본 욕구이다. 의식주가 해결되지 않아 욕구 충족이 결핍된다면 인간의 기본적인 생활은 보장될 수 없다. 그러나 스스로의 노력으로 자신의 기본 욕구를 충족하지 못하는 경우가 발생하기도 한다. 사회가 인간의 기본적인 권리인 주거권housing right을 국민이 보장받을 수 있도록 적정 수준의 주거비 부담으로 적절한 주거기반 시설 및 서비스 접근이 가능한 주거를 확보하여 건강하고 안전한 환경을 제공하는 것은 국민의 행복한 삶의 기본 요건이며 이것이 주거복지 구현이다.

그렇다면 주거복지housing welfare의 개념은 무엇일까? 주거복지라는 용어가 사용되기 이전에는 주거안정, 주거권 등의 용어가 유사한 개념으로 주로 사용되었다. 주거권은 주거에 대한 인간의 권리 차원에서 접근한 개념으로 헌법에서 보장하는 국민의 권리이나 헌법에서는 이를 간접적으로만 규정하고 있다. 즉 헌법은 행복을 추구할 권리(제10조), 인간다운 생활을 할 권리(제34조), 건강하고 쾌적한 환경에서 생활할 권리(제35조), 국가가 주택개발 등을 통해 쾌적한 주거생활에 노력할 의무(제35조) 등을 근거로 주거권에 접근하고 있다. 그러나 주거기본법에서는 주거권이 기본적인 인권임을 직접적으로 표명하였다. 즉 주거권을 보장함으로써 국민의 주거안정과 주거수준의 향상에 이바지하는 것이 목적임을 명시하여 주거권을 명확히 하고 정부 주거정책의 기본원칙으로 설정하였다.

그간 주거복지는 학자에 따라서나 분야마다 그 개념과 범위를 다르게 정의하기도 하였으나 그 핵심적인 개념은 광의적으로는 국민 전체, 협의적으로는 저소득층 등 취약계층의 주거수준 향상과 주거안정을 도모하여 복지를 증진하는 것이다. 주거학연구회 (2006)는 "주거복지란 협의적으로는 정부의 적극적인 개입으로 사회의 불평등을 해소하고 주거 빈곤에서 벗어나게 하며, 주거 불안전 요소를 제거하고 최저주거기준을 충족시키는 주거수준을 유지하도록 하여 저소득층의 주거안정을 도모함으로써 주거를 통한 국민의 복지를 증진하는 것을 의미하고, 광의적으로는 저소득층 등의 취약계층뿐만 아니라 중산층 이상을 포함한 국민 전체의 주거수준 향상으로 사회의 안정을 도모하고 복지를 증진하고자 시행하는 제반 정책과 노력을 의미한다."고 정의하였다. 장영희(2011)는 "주거복지란 저소득층을 위한 주택정책 수단으로 물리적 측면뿐만 아니라 사회적 측면 까지를 포괄하는 개념으로 물리적으로 필요한 주택을 제공하거나 주거환경을 개선하는 것에서 더 나아가 지역사회에 근거한 사회적 유대관계를 구축하여 지역사회 차원의 보 호시스템을 구축하는 것을 포함한다. 따라서 주거복지는 주택뿐만 아니라 지역사회 내 에서 주거생활, 즉 지역사회에서의 통합적인 생활까지를 포괄하는 개념"이라고 하였다. 최근 국가의 주거복지 정보체계로 구축된 마이 홈 포털www.myhome.go.kr에서는 "주거복 지란 쾌적하고 안정적인 주거환경에서 인간다운 주거생활을 할 권리의 실현을 목표로, 국민 모두가 부담 가능한 비용, 일정 수준 이상의 주거환경을 누릴 수 있도록 제공하는 지원을 의미한다."고 정의하고 있다.

이와 같은 주거복지의 정의들을 보면, 주거복지는 복지의 개념뿐만이 아니라 권리의 개념을 포괄한다. 우리나라 주거복지정책은 주거빈곤층의 주거불안을 해소하는 것에 더 초점을 맞추어 협의적인 주거복지 개념에서 접근하여왔다. 그러나 주거복지를 권리적 차 원에서 접근한다면 국민 전체를 대상으로 하는 광의적 개념으로 접근하여 중산층이상 계층에게는 임대차 안정과 주거여건 개선, 주택보유의 안정성 향상, 주거 품질 향상 등에 기여하는 주거서비스의 제공도 포함되는 개념이다. 즉 주거복지는 국민 모두의 주거권을 보장함으로써 국민의 주거안정과 주거수준을 향상시켜 사회적 안정을 도모하고 복지를 증진하는 것이 목표이다.

2
주거실태

1) 전반적인 주거실태

우리나라는 2006년도부터 국민의 주거생활에 관한 전반적인 사항을 파악하기 위해 가

표 10-1 우리나라의 주요 주거실태

지표명			'06년	'08년	'10년	'12년	'14년	'16년
주거 안정성	자가 점유율(%)		55.6	56.4	54.3	53.8	53.6	56.8
	자가 보유율(%)		61.0	60.9	60.3	58.4	58.0	59.6
	임차가구 중 전세(월세) 비율(%)	전 국	54.2 (45.8)	55.0 (45.0)	50.3 (49.7)	49.5 (50.5)	45.0 (55.0)	39.5 (60.5)
		수도권	62.1 (37.9)	62.7 (37.3)	57.1 (42.9)	55.9 (44.1)	53.9 (46.1)	46.7 (53.3)
	주거환경 만족도(4점 만점)		2.86	2.75	2.84	2.83	2.86	2.93
주거수준	최저주거기준 미달 가구 수 (총가구 대비 미달 가구 비율, %)		268만 (16.6%)	212만 (12.7%)	184만 (10.6%)	128만 (7.2%)	100만 (5.4%)	103만 (5.4%)
	1인당 평균 주거면적(㎡)		26.2	27.8	28.5	31.7	33.5	33.2
주거 이동성	평균 거주 기간(년)	전체가구	7.7	7.7	7.9	8.6	7.7	7.7
		자가가구	11.0	10.8	11.4	12.5	11.2	10.6
		임차가구	3.1	3.3	3.4	3.7	3.5	3.6
	주거이동률(%) (최근 2년 내 이사가구 비율)		37.5	35.2	35.2	32.2	36.6	36.9
주거의식	주택 보유 의식(%)		–	–	83.7	–	79.1	82.0

주 1) '12년도 주거환경 만족도는 5점 척도로 조사되어, 다른 연도의 시계열 자료와 비교하기 위해 4점 척도로 재계산.
　　2) 임차가구에는 전세와 월세(보증금 있는 월세, 보증금 없는 월세, 사글세 및 연세)로 거주하는 가구가 포함되며, 무상 거주가구는 제외.
자료 : 국토교통부. 각 연도.

구설문조사를 실시하고 있다. 정부는 주거실태조사 결과를 다양한 국민계층에 부응하는 주거정책을 수립하는 데 활용하고 있다. 이제까지 6차례 실시된 주거실태조사에서 나타난 주요 결과를 정리하면 표 10-1과 같다.

　주거안정성의 주요 지표인 자가 점유율[1]은 지난 10여 년간 지속적으로 50% 이상 수준을 유지하고 있으나 자가 점유율은 2008년 이후 점차 감소하다가 2016년에 들어서 다시 증가세(56.8%)를 보이고 있다. 전반적으로 해마다 자가 보유율[2]은 자가 점유율에 비해 높다. 이는 소유하고 있는 집이 있어도 직접 살지 않는 집들이 상당수 있음을 보여준

---

1 자가 점유율은 일정한 공간적 범위 내에서 자가 소유 세대의 비율을 나타내는 것으로, 자기 소유의 집에 사는 비율(자가거주 가구 수/전체가구 수×100)이다.
2 자가 보유율은 현재 거주하거나 거주하지 않거나 상관없이 자기주택을 소유한 비율(자가거주 가구 수+전월세, 무상 가구 중 타지주택 소유가구 수)/일반가구 수×100)이다.

다. 전국적으로 임차가구 중에서 전세가구의 비율은 2010년까지는 더 높았으나 2012년부터는 역전되어 월세가구 비율이 크게 높아졌고 급기야 2016년에는 월세가구의 비율이 전세가구보다 약 20% 정도 더 많은 60.5%에 이르고 있다. 현재 살고 있는 주거환경에 대한 전반적인 만족도도 2012년 이후 지속적으로 상승하고 있고 수도권(2.96점), 광역시(2.91점), 도지역(2.90점) 순으로 높게 나타났다.

주거수준 측정 지표인 최저주거기준의 미달가구 수는 꾸준히 큰 폭으로 감소하여 2014년에는 전체 가구의 5.4%까지 떨어져 국민의 주거수준은 어느 정도 향상되었으나 여전히 100만 가구 이상의 가구가 최저주거기준에 미달되는 환경에서 살고 있다. 주거 이동성, 즉 한 집에서 얼마만큼 거주했는가를 보면 2016년 기준으로 전국적으로는 7.7년이고 자가가구는 10.6년, 임차가구는 3.6년으로 자가가구와 임차가구의 이사하는 간격의 차이는 매우 컸다. 주요 이사 이유는 내 집(자가주택) 마련(23.9%)과 주택규모 확장(22.4%)이었다. "내 집을 꼭 마련해야 한다"는 생각을 하고 있는 비율은 매우 높았고 2016년 기준으로 국민의 82.0%가 주택 보유 의식을 갖고 있었다.

전체가구의 주택유형을 연도별로 살펴보면(그림 10-1), 단독주택에 거주하는 가구 비율은 점차 감소하는 반면, 아파트에 거주하는 가구 비율은 증가하고 있다. 2016년 조사 결과에 따르면 우리나라 전체 가구의 35.3%가 단독주택에 살고 48.1%가 아파트에 살고 있다.

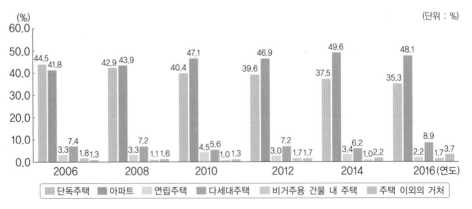

그림 10-1 우리나라 주택유형 추이
자료 : 국토교통부. 각 연도.

2) 취약계층의 주거실태

취약계층이란 아직까지 명확히 통일된 정의가 없다. 통상 취약계층은 인간이 살아가면서 소득, 주거, 의료 등 필요한 특정 욕구가 충분히 충족되지 못하는 이들을 일컫는 개념이라 할 수 있다(이태진, 2009). 주거복지정책 측면에서는 취약계층을 소득계층을 기준으로 한 취약계층(저소득층), 장애 혹은 노화 등에 따른 취약계층(노인, 장애인 – "주거약자"라고도 함), 가구 유형에 따른 취약계층(1인 가구, 청년가구, 노인가구, 장애인가구, 여성가구, 한부모가구, 외국인가구 등), 비주택이나 부적합한 주택에 거주하는 취약계층(노숙인, 쪽방, 비닐하우스, 여관·여인숙, 컨테이너, 움막 등 거주자, 거리노숙인, 노숙인 쉼터 거주자 등 – "주거취약계층" 혹은 "주거빈곤계층"이라고도 함) 등으로 분류하기도 한다.

이러한 취약계층의 주거수준은 여전히 열악하다. 주거비 부담이 큰 저소득층이나 장애나 노화에 대응하는 적정한 주거환경을 확보하지 못하는 주거약자계층, 독거로 인해 적정 규모와 설비, 그리고 적정 주거비의 주거안정망 확보가 어려운 1인 가구, 안정된 거처를 마련하지 못하고 주거공간이라고 여기기 어려운 곳에서 생활하는 주거취약계층은 주거안정성, 주거비 부담, 주거수준, 주거이동성 측면 등에서 일반가구보다 상대적으로 더 큰 취약성을 갖고 있다. 본 절에서는 취약계층 중 주거비부담가구, 비주택 거주가구, 노인가구, 장애인 가구의 주거실태에 대해서 살펴본다.

(1) 주거비 부담가구(경제적 취약계층)

열악한 주거수준과 과중한 주거비 부담을 안고 있는 주거빈곤housing poverty 가구의 증가는 주거복지 대책이 시급하다는 것을 설명해주는 중요한 사항이다. 대개 주거빈곤 가구는 소득에서 주거비가 차지하는 비율이 20~30%를 넘어서는 경우 또는 최저주거기준(그림 10-2)에 미달하는 주택에 거주하는 경우가 해당된다.

소득분위[3]로는 소득분위를 10분위로 나눌 때, 소득 1~2분위에 속하는 계층이 주거비

---

3 소득분위란 전국 가구의 평균 소득 금액 순으로 5개 집단(5분위), 10개 집단(10분위)으로 나누는 것으로 1분위가 최저소득층, 10분위는 최고소득층을 의미한다. 정부에서는 매해 이와 같이 소득을 10분위로 구분하여 가구당 월평균 가계소득을 산출하고 주거정책대상 선정의 기준으로 삼고 있다.

주거기본법에 따른 최저주거기준(2015.6.22. 제정)

제1조(목적)

이 기준은 주택법 제5조의2 및 동법 시행령 제7조의 규정에 의하여 국민이 쾌적하고 살기 좋은 생활을 영위하기 위하여 필요한 최저주거기준을 설정함을 목적으로 한다.

제2조(최소 주거면적 등)

가구구성별 최소 주거면적 및 용도별 방의 개수는 〈별표〉와 같다.

제3조(필수적인 설비의 기준)

주택은 상수도 또는 수질이 양호한 지하수 이용시설 및 하수도시설이 완비된 전용입식부엌, 전용수세식 화장실 및 목욕시설(전용수세식화장실에 목욕시설을 갖춘 경우도 포함한다)을 갖추어야 한다.

제4조(구조·성능 및 환경기준)

주택은 안전성·쾌적성 등을 확보하기 위하여 다음 각 호의 기준을 모두 충족하여야 한다.

1) 영구건물로서 구조강도가 확보되고, 주요 구조부의 재질은 내열·내화·방열 및 방습에 양호한 재질이어야 한다.

2) 적절한 방음·환기·채광 및 난방설비를 갖추어야 한다.

3) 소음·진동·악취 및 대기오염 등 환경요소가 법정기준에 적합하여야 한다.

4) 해일·홍수·산사태, 절벽의 붕괴 등 자연재해로 인한 위험이 현저한 지역에 위치하여서는 아니 된다.

5) 안전한 전기시설과 화재 발생 시 안전하게 피난할 수 있는 구조와 설비를 갖추어야 한다.

〈별표〉 가구구성별 최소 주거면적 및 용도별 방의 개수

가구원 수(인)	표준 가구구성[1]	실(방) 구성[2]	총 주거면적(m²)
1	1인 가구	1 K	14
2	부부	1 DK	26
3	부부 + 자녀 1	2 DK	36
4	부부 + 자녀 2	3 DK	43
5	부부 + 자녀 3	3 DK	46
6	노부모 + 부부 + 자녀 2	4 DK	55

1) 3인 가구의 자녀 1인은 6세 이상 기준

  4인 가구의 자녀 2인은 8세 이상 자녀(남 1, 여 1) 기준

  5인 가구의 자녀 3인은 8세 이상 자녀(남 2, 여 1 또는 남 1, 여 2) 기준

  6인 가구의 자녀 2인은 8세 이상 자녀(남 1, 여 1) 기준

2) K는 부엌, DK는 식사실겸 부엌을 의미하며, 숫자는 침실(거실 겸용 포함) 또는 침실로 활용이 가능한 방의 수를 말함

3) 비고 : 방의 개수 설정을 위한 침실분리원칙은 다음 각 호의 기준을 따름

  1. 부부는 동일한 침실 사용

  2. 만 6세 이상 자녀는 부모와 분리

  3. 만 8세 이상의 이성자녀는 상호 분리

  4. 노부모는 별도 침실 사용

부담능력 취약계층에 해당하고, 소득 3~4분위 계층도 자가주택 구입능력 취약계층에 속한다(표 10-2). 따라서 이러한 계층은 자력으로 주택을 임대하거나 구입할 수 없으므로 공적 지원이 절실한 계층이다. 주거비 부담은 연소득 대비 주택가격의 비율PIR과 월소득 대비 임대료 비율RIR을 가장 중요 지표로 삼고 있다. 주거실태조사에 따르면, 전체 가구의 연소득 대비 평균 주택구입가격PIR은 6.3배인 반면에 저소득층은 11.6배로 나타났고, 월소득 대비 임대료 비율RIR은 전체 가구 평균이 21.4%, 고소득층은 20.6%인 반면에 저소득층은 26.7%로 나타나 주택가격이나 임대료 측면 모두에서 저소득층 가구의 주거비 부담이 높았다. 통상 RIR의 적정 수준을 소득의 20~30%로 볼 때, 우리나라의 2016년 주거비 부담 수준은 적정 수준을 유지한다고 볼 수 있으나 2014년까지 저소득층의 RIR이 평균 30%를 웃돌았던 것(2014년 34.1%, 2012년 33.6%, 2010년 31.1%)을 고려할 때, 임대료가 상승한다면 저소득층의 주거비 부담은 적정 수준을 넘어설 가능성이 크다.

최저주거기준 미달가구는 주거빈곤가구의 또 다른 지표가 된다. 최저주거기준 미달가

표 10-2 10분위별 가구당 월평균 소득분포(2017년 3분기 기준) (단위 : 원)

구 분			월평균소득*	소득범위**
저소득층	주거비 부담능력 취약계층	1분위	966,337	~1,413,612
		2분위	1,862,735	1,413,613~2,367,387
	자가주택 구입능력 취약계층	3분위	2,562,685	2,367,388~3,026,991
중간 소득층		4분위	3,148,268	3,026,992~3,623,854
	정부지원 시 자가가능계층	5분위	3,775,625	3,623,855~4,211,374
		6분위	4,348,164	4,211,375~4,782,339
고소득층	자가주택 구입가능계층	7분위	4,973,795	4,782,340~5,385,733
		8분위	5,782,799	5,385,734~6,319,447
		9분위	7,083,488	6,319,448~7,693,925
		10분위	10,823,870	7,693,926~11,423,562
전체 평균			4,537,192	5,028,695

* 근로자가구와 근로자외가구를 포함한 전체 가구의 월평균소득임.
** 도시근로자가구의 소득만을 기준으로 함.
자료 : 통계청(2017) 재구성.

표 10-3 최저주거기준 미달가구 비율(2016) (단위 : %)

구 분		최저주거기준 미달	면적기준 미달	시설기준 미달	침실기준 미달
지 역	수도권	51.7	66.8	37.9	60.8
	광역시	18.5	15.5	22.9	11.2
	도지역	29.8	17.7	39.2	28.0
	계	100.0	100.0	100.0	100.0
소득 계층	저소득층	65.4	52.0	89.1	33.4
	중소득층	28.2	38.9	9.4	45.6
	고소득층	6.4	9.1	1.5	21.0
	계	100.0	100.0	100.0	100.0
점유 형태	자가	22.8	14.2	27.2	23.3
	전세	12.0	15.3	6.3	12.5
	보증금 있는 월세	37.5	47.7	21.8	49.7
	보증금 없는 월세	22.4	19.5	37.3	9.2
	무상	5.3	3.3	7.4	5.3
	계	100.0	100.0	100.0	100.0

주 1) 일세, 사글세 또는 연세는 보증금 없는 월세에 포함하여 분석함.
　 2) 소득계층은 저소득층(4분위 이하), 중소득층(5~8분위), 고소득층(9분위 이상).
자료 : 국토교통부(2016).

구의 분포는 저소득층이 65%, 수도권 41.7%, 월세(보증금 유무 포함) 가구가 54.3%, 전세가구가 12.2%를 차지하였다(표 10-3). 즉 수도권에서 월세에 거주하는 저소득층이 최저주거기준 미달가구일 가능성이 가장 높다고 볼 수 있다. 특히 저소득층의 경우, 시설기준 미달 비율(86.9%)과 면적기준 미달 비율(48.5%)도 가장 높았다. 결국 저소득층은 주거비 부담으로 주거수준이 열악한 주거환경에서 살고 있는 비율이 높다.

(2) 비주택 거주가구(주거취약계층)

주거취약계층은 비닐하우스, 쪽방, 여관·여인숙, 고시원, 지하·옥탑방, 컨테이너, 움막, 거리노숙이나 노숙 시설 등 비정상적인 거처에 거주하거나 부적합한 일반주택에 거주하는 경우를 말한다. 이들은 과도하게 주거비를 지출하고 있거나 적정한 주거decent housing를 확보하지 못하고 최저주거기준에 미달되는 열악한 환경에서 거주하는 주거빈곤 가구

표 10-4 전국 비주택 거주 가구 규모 (단위 : 가구, 명)

구 분	쪽 방	고시원	여관·여인숙	비닐하우스촌	비닐하우스· 컨테이너·움막	합 계
인구 수	6,214	123,971	15,440	6,914	32,053	184,592
가구 수	5,784	123,355	13,640	2,964	13,906	159,649
평균 가구원 수	1.07	1.00	1.13	2.33	2.30	1.16

자료 : 보건복지부(2011).

표 10-5 서울시 비주택 거주 가구 및 인구 추정 (단위 : 가구, 명)

구 분	쪽 방	고시원	여관·여인숙	합 계
가구	2,977	138,805	2,847	144,629
인구	3,099	144,357	3,019	150,474
평균 가구원 수	1.04	1.04	1.06	1.04

자료 : 서울특별시(2013).

로서 상당수가 거주자의 안전, 위생, 건강과 같은 인간의 기본적인 욕구조차 충족되지 않는 상황에서 살고 있는 계층이다. 이들의 거주환경은 화장실이나 부엌이 없다든지, 빛을 제대로 보지 못하고 습하고 냄새나는 곳에서 산다든지, 협소한 공간에서 과다한 인원이 거주하는 등 열악한 주거시설과 주거환경에서 생활하고 있어 생리적·정신적으로 심각한 상황에 처해 있다. 그러나 이들은 최악의 주거상황에도 불구하고 경제적 능력 부족으로 외부의 지원 없이는 주거이동이 불가능한 것이 현실이다. 본 절에서는 주거취약계층 중 비주택 거주 가구인 비닐하우스, 쪽방, 여관·여인숙, 고시원, 거리노숙이나 노숙 시설 거주자의 주거실태를 중점적으로 살펴보고자 한다. 전국과 가장 주거취약계층의 비중이 가장 높은 서울시의 비주택 거주가구의 분포는 표 10-4, 10-5와 같다.

① 비닐하우스

흔히 비닐하우스촌은 무허가 불량주거지를 통칭하고 있으며 행정용어로는 '신발생 무허가주택'의 밀집지역을 의미한다. 비닐하우스촌은 건축허가를 받지 않고 주거용으로 건설된 불법건축물이므로 소유권 및 점유권이 인정되지 않거나 주민등록에 미등재되거나 개별 주택 자체가 불량하거나 비닐하우스들이 입지한 주거지가 불량하다. 대부분이 비좁은 골목길에 소방도로도 부재하여 화재에 매우 취약하다. 주택의 외부는 초기에는 비닐을 사용하였으나 개조과정에서 목재합판을 사용하기도 하고 보온성을 위해 겨울에는 보온 덮개를 사용하며 한 동의 비닐하우스를 여러 세대로 분리하여 사용하기도 한다.

인구주택 총 조사(2010년)에 따르면 비닐하우스·판잣집 수는 전국에 15,344호로 16,475가구(37,992명)가 거주하고 있고 서울은 3,255호에 3,689가구(7,913명)가 거주하고 있다. 가구현황을 보면 1인 가구도 17.1%를 차지하나 부부+자녀가구(31.7%), 한부모+자녀가구(24.4%)가 가장 비율이 높다(한국도시연구원, 2009). 비닐하우스촌의 주거환경을 살펴보면, 상당수의 거주민이 습기(92.7%), 노후(90.2%), 악취(75.6%), 냉난방(73.2%) 등에 문제를 느끼고 있고, 항상 철거의 위협(70.7%)과 화재의 위험(80.5%)을 느끼고 있었다. 단독화장실(14.6%), 단독주방(7.3%), 개별 목욕시설(46.3%)이 없는 경우도 있다. 인근의 전선에서 계량기 없이 선을 따와 전기를 사용하는 등 비정상적인 방법의 전기 사용은 항시 누전 등 전기사고의 위험을 안고 있다. 또한 비정상적인 상수도 설비 또는 상수도 및 하수도 설비의 부재 그리고 최소한의 편의시설을 갖추지 못한 열악한 상황에 처해 있다. 비닐하우스 거주자가 원하는 주거대책은 정부가 지원하는 저렴한 공공임대주택에 입주를 가장 많이 원하고 있다.

② 쪽 방

쪽방은 '주거용도로 사용되는 주택 이외의 거처로서, 임대차계약에 의하지 아니한 무보증월세 또는 일세로 운용되는 시설'로 정의할 수 있다(이태진, 2009). 쪽방은 이미 오래전부터 단신 상경자나 일용노동자, 하층서비스업 종사자 등 도시빈곤층의 거처로 이용되어 왔고 보통 대중교통, 인력시장, 재래시장, 노숙 장소 등과 가까운 곳을 중심으로 형성되어 주로 서울, 대전, 대구, 부산 등 대도시에 밀집 분포되어 있다.

쪽방은 성인 한 사람이 잠만 잘 수 있을 정도인 0.5~1평의 면적으로, 5~10개의 쪽방이 한 건물을 구성하고 있고, 욕실이나 화장실 등은 층별 혹은 건물당 하나 정도가 설치되어 있다. 창문이 없거나 크기가 작아서 환기가 어려우며 일부 쪽방은 판자로 지어져 있기 때문에 화재위험에 노출되어 있다. 또한 기존 단층건물을 중이층中二層으로 개조한 경우도 있는데, 2층 방의 높이가 1~1.2m 정도로 허리를 제대로 펴기도 힘들다. 이러한 열악한 쪽방의 거주환경 때문에 거주인들은 방, 주거설비, 유지 보수상태, 사생활 보장, 안전 등의 측면에서 매우 취약하다. 방음, 환기, 채광이 불량하고, 실 면적이 최저주거기준 미달일 뿐만 아니라 모든 설비도 열악하다. 취사할 수 있는 부엌이 없어 휴대용 가스버너로 취사를 하거나, 위생상태가 청결하지 못한 공동 화장실을 사용하거나, 건물이 노후가 심각하여 누전, 화재, 수해 등 각종 재해에도 취약하다. 대부분의 쪽방 주민(89.4%)이 1인 가구이고 평균연령이 53.1세로 50대 이상과 남성이 대다수이다. 과반수이상이 수급자이고 무직이며 1/4 이상이 건설일용직 근로자이다. 전체 가구의 2/3가 만성질환을 앓고 있고 1/3 정도가 장애를 갖고 있다(김선미, 2007). 소득은 없거나 낮은데 이에 비해 주거비 부담(월임대료 15~25만 원 혹은 일세 7~8천 원)은 커서 쪽방 주민의 56.6%가 월소득의 30% 이상을 주거비로 지출하고 있다. 또한 쪽방에서 6개월 이상 장기 거주하는 가구가 전체의 64.6%나 되는 것을 보면, 이제 쪽방은 단순히 이동성이 높은 일용노동자들의 임시숙소 이상의 의미가 있다.

③ 여관·여인숙

1910년 이후 도시인구의 증가, 상공업과 교통의 발달과 함께 숙박시설도 늘어났고, 1960년 이후에 공업화·도시화가 본격적으로 이루어지면서 인구 이동이 잦아지고 여관의 수도 급격히 늘어났다. 이후 노후화된 여인숙은 주거가 불안정한 계층의 장기적인 거처로 전락하여 현재는 쪽방 수준보다 조금 낮거나 그와 비슷한 수준으로 운영되고 있는 곳들을 흔히 볼 수 있다. 그러나 여인숙은 취사, 목욕, 세탁시설 등 기본적인 시설이 갖추어지지 않은 경우가 많아 주거생활을 하는 데 많은 문제점을 안고 있으나 주택이 아닌 숙박시설이기 때문에 거주환경 개선 대책 마련이 쉽지 않다. 쪽방 밀집지역에 위치한 여관·여인숙은 이미 쪽방 상담소의 서비스가 이루어지는 곳도 있다. 국가인권위원회(2009)에서 조사한 바에 따르면 여관·여인숙은 주거지역(50%)과 상업지역(41.7%)에 주로 분포되어 있고, 장기거주자의 평균 58.3%가 일반수급자이다. 여관·여인숙 거주자의 특성을 보면 다양한 연령대가 거처하고 있고 가족이 해제된 단신가구가 많으며(91.6%), 중졸 이하(53.8%)로 학력이 낮고 현 거주지에 주민등록이 되어 있는 경우가 많았다(77.8%)(홍인옥, 2009). 서울의 경우 1995년부터 2010년 사이에 여관·여인숙과 같은 숙박업소 거주 가구수와 가구원 수가 3배나 증가하였는데 이는 고용불안, 비정규직 양산, 빈부격차가 심해지고 중산층이 빈곤층으로 추락하는 일이 많았음을 의미한다. 소방방재청에 따르면 2017년 현재 전국에 여관·모텔은 23,377개, 여인숙은 2,718개가 있다.

④ 고시원

고시원은 대도시에서 생활하는 주거비가 부담스러운 1인 가구들에게 저렴한 거주시설의 대표적인 유형으로 자리 잡고 있다. 원래 고시원은 건축법상 제2종 근린생활시설로 분류된다. 고시원은 다중이용업소의 안전에 관한 특별법에 따른 다중 이용업 중 독립된 주거형태를 갖추지 아니한 것으로, 구획된 실 안에 학습자가 공부할 수 있는 시설을 갖추고 숙박 또는 숙식을 제공하는 형태를 말한다. 그러나 2010년에 주택법에 '준주택' 개념이 도입되면서 고시원은 주택으로 분류되지는 않지만 사실상 주거기능을 제공하는 주거유형인 준주택에 포함되면서 부족한 소형·저렴주택의 대안으로 활용되고 있다.

고시원은 고시열풍이 불었던 1980년대부터 급격히 늘어나기 시작했고 그 당시 주택재개발의 급증으로 서울의 빈민가(달동네)가 아파트로 바뀌면서 도심 빈민들이 살 수 있는 저렴주택이 사라져 갈 곳을 잃은 달동네 거주자들이 근처의 고시원을 장기거처로 살기 시작했다. 그 이후에도 IMF 외환위기 등 경제 불황으로 저소득층의 주택 마련이 더 어려워졌고 최근 들어서는 1인 가구가 급격히 증가하면서 이들에 대한 거처로도 자리 잡고 있다.

소방방재청에 따르면 2017년 현재 전국에는 11,800개의 고시원이 있다. 지역별로는 서

그림 10-2 고시원 내부

그림 10-3 고시원 공동부엌

울이 5,868개로, 전체 고시원 수의 과반수 이상으로 가장 많고 그 다음은 경기도(2,963개)이다. 서울은 해마다 고시원의 수가 꾸준히 증가하고 있고, 2016년 기준으로 자치구별로는 관악구(14.5%), 동작구(8.5%), 강남구(7.1%), 동대문구(6.1%), 영등포구(5.6%) 순으로 높게 분포되어 있다.

서울의 고시원 실태를 보면 남성(60.0%)이 여성(40.0%)보다 좀 더 많고 주로 20대(55.0%)와 30대(35%.0)이며 직업별로는 사무/영업직 종사자(56.0%)와 취업준비생/학생(34.5%)이 높았고, 6개월 이상 거주자가 절반 이상(56.0%)이었다. 고시원 생활에서 가장 불편한 점으로 대다수가 좁은 방(91.6%), 소음(89.6%), 공동생활의 불편(87.7%), 창 구조(82.1%), 화재 등 사고에 취약한 구조(70.5%)를 꼽았다.

⑤ 노숙인 시설

노숙인은 영어로 홈리스homeless라 하며 거리에서 잠을 자는 사람이라는 개념이 일반적이다. 그러나 이는 거리노숙인이며 노숙인 쉼터 등 일시보호시설 이용자와 같은 시설노숙인도 노숙인의 범위에 포함된다. 노숙인의 발생 원인을 사회적 측면에서 보면 만성적 빈곤의 연속, 저렴한 주택의 공급 부족, 열악한 경제적 조건으로 인한 경기 후퇴, 높은 실업률과 고용구조의 변화에 따른 부적응을 들 수 있다. 또 개인의 측면에서 보면 실직, 정신 및 신체 건강문제, 사회적 관계의 단절을 볼 수 있다. 노숙인 쉼터 및 보호시설 설치기준 및 종사자 자격, 배치 등에 관한 법적 근거 마련을 위해 2008년 부랑인 및 노숙인 보호시설 설치, 운영규칙이 개정되면서 노인복지법처럼 개별 조항 없이 사회복지사업법 내의 규칙으로만 존재해오다가 마침내 2011년 노숙인 등의 복지 및 자립에 관한 법률이 제정되었다.

2011년 12월 말 기준 전국의 노숙인은 4,492명이며, 이 중 거리노숙인이 1,375명(30.6%)이고 나머지는 쉼터(노숙인 시설)에서 기거한다. 노숙인은 서울에 가장 많은 2,784명(62.0%)이 있으며 부산에 463명(10.3%), 경기도에 442명(9.84%)이 분포하고 있다. 쉼터 기거 노숙인 비중도 서울(81.1%), 부산(52.9%), 경기도(49.8%) 순이며 서울의 비중이 가장 높다. 노숙인은 IMF 외환위기(1997년) 이후 실직 등으로 노숙인이 급격히 증가하였다가 점차적으로 2000년대 중반까지 감소하였으나, 2008년 세계금융위기 이후 다시

서울시 노숙인 주거안정 지원 - 임시주거 지원사업 성공 사례

- 12년 전 독립을 위해 집을 나온 후 부모님, 형제들과 단절됨.
- 2007년부터 2012년까지 서울-부산 간 화물운송업에 종사하면서 화물차에서 숙식을 하게 되면서 건강이 악화됨. 그런 중 몇 번의 사고로 인해 운전면허가 취소되고 2012년 12월부터 노숙을 하게 됨. 아웃리치 상담원을 통해 옹달샘(노숙인 일시보호시설)로 연계함. 상담 후 새희망사다리 지원사업을 통해 자활근로 후 고시원 생활을 시작함.
- 2013년 서울시 자격증 취득 프로그램으로, 취소된 운전면허를 재취득하고 자활의지가 확고하여 본인이 지불하던 고시원 비용으로 대형면허(버스, 대형화물)를 취할 수 있도록 기회를 주고, 임시주거지원을 통해 고시원 월세비용을 지원함. 세 달간 임시주거지원을 받으면서 화물차를 운전했던 경력을 활용하여 버스 운전에 도전을 해 버스운전면허를 취득하고 버스회사 취직을 위해 연수를 받음.
- 2014년 9월 초에 한 달 연수기간 동안 주거 유지에 어려움이 있어 9월 한 달 더 연장 지원하게 됨.
- 2014년 9월 20일 정식 배차를 받아 ○○운수에서 버스운전을 하게 됨.
- 오늘도 많은 사람들을 목적지로 이동시켜주는 일을 하면서 보람 있게 살아가고 있음.

증가세로 전환되었다.

서울시는 2012년부터 노숙인 주거안정 지원으로 노숙인 임시주거지원사업을 해오고 있다. 주거안정을 통해 안정적인 생활을 유지하게 해주고 더 나아가 사회복귀를 할 수 있도록 돕고 있다. 또한 최근에는 노숙인을 위한 지원주택supportive housing 사업도 하고 있다. 지원주택이란 독립적인 생활을 위해 서비스 지원이 필요한 가구를 대상으로 한 주택으로 취약계층에 대한 시설보호 관점을 지역사회보호 관점으로 전환하는 것이다(남원석, 2017). 지원주택을 통해 노숙인들은 자신만의 공간을 저렴한 임대료로 사용하고 다양한 서비스를 통해 탈노숙을 돕고 있다.

미국 등 해외에서 노숙인을 위한 지원주택의 공급이 확대되고 있는데, 지원주택을 운영하기 위해서는 3가지 요소가 필요하다.

첫째는 '주거제공의 우선성'이다. 주거우선housing first 전략으로 주거와 서비스의 결합에서 주거제공이 우선성과 1차성을 가진다.

둘째는 '제공되는 주거의 안정성'이다. 임차인은 해당 주거에 지속적으로 거주할 수 있는 권한을 가지도록 해야 한다고 본다. 2년 등 일정 기간을 한도로 하는 전환주거 프로그램 같은 경우 역시 노숙인 지원주택 프로그램이라 하기 어려워진다.

노숙인 대상 서울시 지원주택 사례 – 굿피플 행복하우스

㉠ 공급방식
- 운영 : 사회복지법인 굿피플
- 방식 : LH 소유 임대주택 한 동(총 26호)
  - 총 임대료 : 보증금 52,200만 원 / 월세 285만 원(법인 부담)
- 입주자 : 탈노숙 준비자
  - 알코올중독, 결핵, 정신질환 등으로 노숙인재활(치료)센터에서 1차 치료를 받은 퇴소(예정)자
㉡ 주택현황
- 1인 1호, 커뮤니티 공간 및 사무실, 옥상 텃밭 조성지원서비스(*입주자는 월 11만 원의 복지이용료 납부)
- 생활지원, 경제활동 상담, 의료, 신체 / 인지 활동지원 등

자료 : 남원석(2017), p.139.

셋째는 '서비스 참여나 이용성과의 요소가 주거의 조건이 되지 않을 것'이다. 주거우선 전략에서는 지원주택 프로그램에 따른 임차인이 서비스에 참여하는 것은 소비자 선택에 의한 것이다. 주거준비 전략이나 기존의 많은 프로그램이 부과하는 조건이 부적절할 수 있다.

(3) 노인가구(주거약자계층)

우리나라는 다른 선진국에 비해 인구고령화 속도가 매우 빠르게 진행되어 2017년에 고령인구의 비율이 14%가 넘는 고령사회aged society로 진입하였고 베이비붐 세대(1955~1963년 출생자)인 약 730만 명이 고령층에 진입하기 시작하고 저출산이 심화되면서 고령화 속도는 더 빨라져 2024년에는 노인인구 비율이 20%가 넘는 초고령 사회superaged society로 진입할 것으로 예측되고, 노인인구는 2049년에 1,882만 명까지 증가할 것으로 예상되고 있다. 이와 같은 급속한 고령화로 과거 노인의 주거문제는 노인 자신과 그 가족의 문제라는 인식은 줄고 노인문제가 사회문제로 부각되어 노인을 위한 주거복

표 10-6 노인가구의 주거실태 (단위 : %)

구 분		빈 도
가구형태	노인독거가구	23.0
	노인부부가구	44.5
	자녀동거가구	28.4
	기타 가구	4.0
	계	100.0
점유형태	자 가	69.2
	전 세	8.4
	보증금 있는 월세	9.8
	보증금 없는 월세(사글세)	1.7
	무 상	11.0
	계	100.0
주택유형	단독주택	51.7
	아파트	34.7
	연립·다세대주택	11.8
	기 타	1.9
	계	100.0
거주기간*	5년 미만	19.0
	5~10년 미만	18.5
	10~15년 미만	20.3
	15~20년 미만	16.2
	20~30년 미만	19.1
	30년 이상	6.9
	계	100.0

* 노인단독가구(노인독거가구, 노인부부가구)만을 대상으로 함.
자료 : 보건복지부(2014) 재구성.

지정책에 대한 필요성이 대두되었다. 노인은 대다수의 시간을 집에서 보낸다. 따라서 그 어떤 연령층보다도 집이 모든 생활의 기반이 되므로 이러한 주거공간을 안전하고 자립적인 생활이 가능하게 하는 것은 노인의 삶의 질 향상에 매우 중요하다.

과연 우리나라의 노인들은 어떠한 주거상황에서 살고 있을까? 최근에 조사된 노인실태조사 자료를 통해 살펴보자(표 10-6). 우리나라 노인인구는 독거노인이나 노인부부 등 노인만으로 구성된 가구가 증가하고 있다. 노인가구 중에서 노인 혼자 살거나 노인부부만 사는 가구가 67.5%로 3가구 중 2가구는 노인끼리만 살고 있다. 자가주택 비율은 앞서 살펴보았던 일반 가구보다 높은 69.2%로 나타났고 도시보다는 읍면부의 농촌지역에서 더 높다. 다만 소득이 낮을수록 자가점유율이 낮고, 월세비중이 높다. 주택유형을 보면, 일반적으로 아파트 등 공동주택 거주가구가 늘어나는 추세이나 단독주택에 거주 비율이 과반수를 넘고 아파트 거주비율은 1/3 정도에 그치고 있다. 특히 단독주택의 경우 20년 이상 살고 있는 비율이 26.0%로 나타나 노후화된 단독주택일 가능성이 높다. 이렇듯 노인가구는 부양해줄 자녀와 살지 않으면서 농촌에서 오래된 단독주택에 거주할 가능성이 크다.

노인들은 경제적인 측면뿐만이 아니라 신체적으로도 주거약자이다. 노화가 진행됨에 따라 시력, 청력, 근골격 등 퇴행성 질환이 심해지면 더 이상 현재 살고 있는 주택이 노후생활에 안전하지 않을 수 있다. 주거실태조사를 보면 주택개조에 대한 노인가구의 수요도 높게 나타난다. 따라서 현재 살고 있는 주택의 안전사고를 방지하고 자립적인 생활이 가능하도록 단차 제거, 안전손잡이 설치, 미끄럼 방지 바닥마감재 시공, 문폭 확장, 응급비상벨 설치 등 노후에 대비한 주택개조home modification가 필요하다(표 10-7). 주택개조는 노인들이 원하는 주거환경에서 가능한 한 오랫동안 살 수 있도록 하는 데 매우 중요한 실천방안이다. 세계적으로 노인들의 지속거주aging in place는 노인을 위한 주거대책에서 매우 중요한 지향방향이다. 자신이 살던 집과 동네에서 자신의 오랫동안 거주한 집이나 혹은 노인을 배려한 다른 유형의 주택에서 살 수 있도록 하는 것은 지역사회 노인대책으로 매우 중요하다. 또한 노인들은 경제적인 측면에서 볼 때 소득이 없거나 적은 경제적 취약계층이 상당히 많다. 특히 임차노인가구는 소득이 없거나 적어 RIR이 높아 (32.6%) 주거비 부담이 매우 크다. 따라서 이들이 부담가능한 주거비로 생활할 수 있는

표 10-7 노인가구의 거주주택 내 안전시설 설치 여부 및 필요성 (단위 : %)

구 분	현재 설치	향후 필요성
복도나 계단손잡이	36.1	61.1
화장실이나 욕실 지지대 손잡이	6.6	61.5
열고 닫기 쉬운 화장실문	58.6	68.5
문턱, 주택 내 계단 등 단차 제거	18.0	61.5
화장실 양변기	81.4	82.0
미끄럼 방지 등 안전 바닥재	13.5	69.8
휠체어가 통행 가능한 넓은 출입문과 복도	18.9	54.9
주택내 응급 비상벨	6.3	62.0
적절한 높이의 부엌 작업대	72.2	74.9

자료 : 국토교통부(2007).

주거대안이 필요하다.

(4) 장애인 가구(주거약자계층)

장애인에는 지체장애, 시각장애, 청각장애, 언어장애 또는 지적장애 등 신체적 장애로 오랫동안 일상생활이나 사회생활에서 상당한 제약을 받는 자들이 해당되며 장애 정도에 따라 1~6급으로 구분한다. 2014년 장애인 실태조사에 따르면(한국보건사회연구원, 2014), 우리나라의 장애인 출현율(인구 100명당 장애인 수)은 5.59%로서 전국의 장애인은 약 273만 명이고 이 중 지역사회에 거주하고 있는 재가 장애인의 출현율은 5.54%(264만 명)로 대다수가 시설이 아닌 일반주택에 거주하고 있다.

2015년 장애인가구 주거실태조사에 따르면, 이들의 월평균 소득(세전)은 1,835,000원으로 일반가구의 월 평균소득(2,807,000원)의 65% 수준에 그치고 있다. 가구원 수는 주로 1~2인 가구가 과반수 이상(58.1%)을 차지하며, 특히 장애인만으로 구성된 가구와 고령자 장애인가구가 빠르게 증가하고 있다(표 10-8). 자가주택의 비율도 과반수 이상(58.5%)이고 단독주택 거주자가 가장 많으나(43.8%), 희망 주택유형은 아파트 비율이 가장 높다. 거주기간은 5년 미만이 가장 많았고 임차인이나 자가가구 모두 임대료나 대출금 상환에 부담을 느끼고 있었다. 최저주거기준 미달가구도 8.6%로 일반가구에 비해 상

노인을 위한 새로운 주거대안 사례 – 보린주택

"여기 오기 전엔 죽을 날만 셌는데 이젠 언니·오빠들 생겨 괜찮아"
서울 금천구 '두레 보린 주택'
區, 저소득 나홀로 노인 대상 월세 9만 원에 '원룸' 제공… 서로 의지하며 가족처럼 생활

서울 금천구 시흥3동 가파른 언덕 중턱 4층 건물. '이웃끼리 서로 돕고 사는 주택'이란 뜻에서 '두레 보린(保隣)주택'이라 이름 붙은 이 건물엔 65세를 넘긴 독거노인 10명이 모여 산다. 금천구가 저소득층 노인들에게 1,000만 원대 보증금과 월 9만 원대 임대료를 받고 공용 거실과 간단한 조리 기구, 화장실 등이 갖춰진 거주 공간을 제공한 것이다. 노후를 제대로 준비하지 못해 물질적·경제적 궁핍을 겪고 외롭게 지내온 '어르신'들이 이곳에서 새로운 가족을 이뤘다.

보린주택을 찾아간 지난 7월 28일 각자 방에서 TV를 보거나 2층 경로당에서 시간을 보내던 할아버지·할머니들이 3층으로 모여들어 저마다 사연을 털어놓았다. 전남 장성에서 남편과 농사를 지었다는 임정덕(80) 할머니는 30여 년 전 남편이 사고로 숨지면서 가세가 급격히 기울었다고 했다. 아들(60)도 뇌경색으로 쓰러져 순식간에 1,000만 원이 넘는 돈이 치료비로 들어갔다. "농사짓던 땅을 팔아 그 돈을 마련했지. 의지할 곳이 없어 그 뒤로 서울로 올라와 20여 년 동안 지하 단칸방을 전전했어." 이야기 내내 고난의 흔적이 묻어났지만 임 할머니의 목소리는 밝았다. "예전엔 죽을 날만 세며 살았지. 이젠 괜찮아. '언니'들이 있으니까."

임 할머니가 언니라고 부른 최소자(85) 할머니는 부산에서 추어탕을 팔아 두 아들을 키웠다. 넉넉지 않은 형편이었지만 "매달 200만 원 수입 대부분을 두 아들 교육에 쏟았다"고 한다. 자식들만 출세하면 만사형통(萬事亨通)이라는 생각으로 별다른 노후 준비는 하지 않았다. 하지만 두 아들은 다 커서도 최 할머니를 돌봐줄 여력이 없었다. "자식들에게 짐이 되고 싶지 않았다"는 최 할머니는 혼자 책 보고, TV 보는 생활을 수십 년 계속하다 이곳으로 들어오게 됐다. 그는 "나라에서 약도 주고, 집도 주고, 가족까지 만들어 주니 그저 고맙고 또 고맙다"고 했다. 이들은 매주 자원봉사나 치매 예방 프로그램에 참여하고, 옥상에 작은 텃밭을 가꾸며 시간을 함께 보낸다. 어르신들은 입을 모아 "우리 죽을 때까지 이렇게 함께 살자"고 말했다.

금천구 김은영 주무관은 "경제적으로 곤궁해지면서 기댈 곳을 잃어가는 어르신들에게 가족 공동체를 선물한다는 점이 이 정책의 가장 큰 의미"라고 말했다. 금천구는 두레 보린주택을 포함해 4곳의 공공 원룸 주택을 운영, 독거노인 50여 가구를 지원하고 있다. 이 사업이 모범 사례로 평가되면서 동작구·은평구 등 서울 다른 자치구에서도 비슷한 정책을 도입 중이다.

김현미 독거노인종합지원센터 부센터장은 "실버 파산을 겪는 노인들의 가장 큰 어려움 중 하나가 바로 '관계의 단절' 현상"이라며 "노인들이 서로 돌보고 유대감을 느낄 수 있도록 개인 공간과 공동 공간이 공존하는 형태의 공동 주택을 앞으로 더 늘리는 게 바람직하다"고 말했다.

자료 : 2016년 9월 8일자 조선일보 기사.

당히 높았다. 장애인 3가구 중 1가구는 주거생활에 차별을 당한 경험이 있었고 대표적인 차별이유는 가족 중에 장애인이 있다는 것이었다. 임대료 상승, 임대주택을 찾기 어

표 10-8 장애인가구의 주거실태

구 분		빈 도
가구형태	1인 가구	20.9
	2인 가구	37.2
	3인 가구	18.8
	4인 가구	14.5
	5인 가구	6.1
	6인 가구	2.5
	계	100.0
점유형태	자 가	58.5
	전 세	11.0
	보증금 있는 월세	20.2
	보증금 없는 월세	1.9
	사글세 또는 연세	0.8
	무 상	7.7
	계	100.0
주택유형	단독주택	43.9
	아파트	41.6
	연립 / 다세대주택	12.1
	비주거용 건물 내 주택	1.4
	주택 이외의 거처	1.1
	계	100.0
거주기간	5년 미만	33.7
	5~10년 미만	19.6
	10~15년 미만	13.7
	15~20년 미만	11.3
	20~25년 미만	8.5
	25년 이상	13.4
	계	100.0
임대료 및 대출금 상환 부담 정도	매우 부담됨	41.5
	조금 부담됨	28.7
	별로 부담되지 않음	6.4
	전혀 부담되지 않음	1.1
	해당 없음	22.3
	계	100.0
최저주거기준 미달가구	최저주거기준 미달	8.6
	면적기준 미달	3.6
	시설기준 미달	5.8
	침실기준 미달	0.5

자료 : 국토교통부(2015) 재구성.

려움, 임대기간 중에도 주인이 나가달라는 요구 등 세를 살면서 여러 측면의 불안감을 느끼고 있었다.

장애인가구는 공공에서 지원하는 대부분의 주거지원 프로그램에 대해 모르고 있고 이용경험도 매우 낮았다. 즉 주거복지 정책의 요구는 높으나 정책 접근성의 어려움과 정책프로그램에 대한 인지도가 낮다. 당장 필요로 하는 주거지원 프로그램은 주거비 보조와 주택구입자금 저리융자이었고 생활에 적합한 구조와 설비 등 주택의 구조 및 성능의 질적 수준과 접근가능성accessibility 문제가 열악한 경우가 많았다. 따라서 장애인가구가 우선적으로 필요를 느끼고 있는 단차 제거 및 안전손잡이, 미끄럼 방지 바닥재, 문손잡이, 응급비상벨 등을 설치해주는 주택개조가 절실하다.

3
주거복지정책

우리나라에서 지난 수십 년간 주택정책은 공급 위주 정책으로 주거복지의 인식이 부재하다가 2000년대 전후로 주거복지를 정책의 이념으로 반영하기 시작하였고 2015년에 주거기본법이 제정되면서 국가정책이 양적 공급 중심의 주택정책을 벗어나 국민의 주거권 보장을 기본으로 한 질적 관리 중심의 주거복지 실현으로 바뀌게 되었다. 이로써 국가에서는 저소득층 등 취약계층의 주거문제를 해소하는 데 주거정책의 목표를 두고 다각적인 주거 지원정책을 펼치고 또한 그 대상에 중산층까지 포함하여 주거복지 대상을 넓혀가고 있다. 이제 주거복지는 새로운 주거정책의 방향이자 주요 목표로 우리나라 주거문제를 해결할 수 있는 핵심방향이다. 주거복지정책이 새로운 전환점이 된 것은 2015년 12월 제정된 주거기본법이다.

정부는 주거기본법에 주거정책의 기본법 지위를 부여하고 주택법, 주거급여법, 장기공공임대주택 입주자 삶의 질 향상 지원법, 장애인·고령자 등 주거약자 지원에 관한 법률 등의 기존 주택정책 관련 법령을 그 하위에 둠으로써 주택정책에 대한 개별법의 제정 근거로 삼았다.

주거복지정책은 크게 대물보조와 대인보조로 분류할 수 있다. 대물보조는 주택공급의 증대를 목적으로 주택이나 택지를 직접 공급하는 방식이고 대인보조는 주거비 경감을 목적으로 하는 주거급여, 임대료 규제, 임대료 보조, 전세자금 지원과 같은 형태이다. 본절에서는 공공부분에서의 주요 주거복지정책에 해당하는 대물보조방식의 공공임대주택과 주거약지지원정책, 대인보조방식의 주거급여, 그리고 주거복지전달체계의 핵심인 주거복지 전문인력에 대해 살펴본다.

1) 임대주택

(1) 공공임대주택

공공주택이란 한국토지주택공사LH 등 공공주택사업자가 국가 또는 지방자치단체의 재정이나 주택도시기금HUG을 지원받아 건설, 매입 또는 임차하여 공급하는 주택을 뜻한다. 공공주택은 공급 목적에 따라서 임대 또는 임대 후 분양전환을 목적으로 공급하는 공공임대주택과 분양을 목적으로 공급하는 공공분양주택으로 구분된다. 이때, 공공분양주택은 국민주택규모[4] 이하로 제한된다.

우리나라의 공공임대주택은 영구임대주택, 국민임대주택, 5년과 10년 공공임대주택, 전세임대주택, 다가구매임대주택, 행복주택 등이 있고 공공지원 민간임대주택인 기업형 민간임대주택이 있다(표 10-9). 이처럼 종류도 다양하고 그 종류에 따라 주호 규모, 입주대상 계층, 임대기간, 정부의 재정지원 및 임대료 수준 등이 다양하다. 좀 더 세부적인 공공주택의 시기별·대상자별 흐름을 살펴보면 그림 10-4와 같다.

그동안 공공임대주택의 공급은 증가해왔고 2016년에는 공공임대주택 재고가 약 126만 호였으며 5년, 10년 후 분양 전환되는 공공임대주택을 제외하고도 100만 호를 넘어섰다(표 10-10). 그러나 여전히 공공임대주택의 재고율은 6.3%로 OECD 평균(8.0%) 이하이다. 현재 정부에서는 주거복지로드맵을 통해 이러한 공공임대주택 재고율을 10% 수

---

4 국민주택규모란 주거전용면적(주거의 용도로만 쓰이는 면적)이 1호(戶) 또는 1세대당 85㎡ 이하(수도권을 제외한 도시지역이 아닌 읍 또는 면 지역은 1호 또는 1세대당 주거전용면적이 100㎡ 이하)를 말한다.

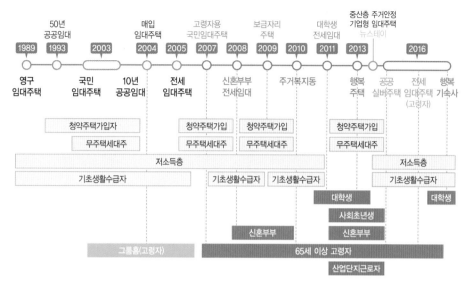

그림 10-4 우리나라 공공임대주택의 시대적 흐름과 수혜 대상
자료 : 정소이 외(2016).

준까지 끌어올릴 계획이다.

① 영구임대주택

영구임대주택은 임대만을 목적으로 한 우리나라 최초의 장기공공임대주택이다. 1980년대 말 '주택 200만 호 건설계획'의 일환으로 도시영세민의 주거안정을 위하여 건설·공급되기 시작한 영구임대주택은 우리나라 최초로 시도된 사회복지적 성격의 임대주택으로서 의의를 가진다. 1989년 11월 서울시 중계동 영구임대주택단지 최초 입주를 시작으로 이후 약 19만 호가 건설·공급되었으나, 이후 영구임대주택 건설을 위한 복지재정이 과다 투입된다는 문제점과 지역 슬럼화의 우려로 1993년에 신규 건설이 중단되기도 했다. 이후 영구임대주택 입주대기자가 계속 증가하고 저소득층의 주거문제가 심각하게 대두되자 입주자대기 해소와 최저소득계층의 주거안정을 목적으로 2009년 LH 공사에서 영구임대주택의 신규 건설을 재개하였다. 2009년 이후 신규 건설된 영구임대주택의 입주는 2013년에 시작되었다.

영구임대주택은 소득 1~2분위의 최저소득층을 대상으로 생활보호대상자 중 거택보

표 10-9　주요 공공임대주택 유형별 특성

주택유형	개요	임대기간	입주조건	임대조건	주택규모
영구임대	기초생활수급자 등 사회보조계층의 주거안정	50년	• 기초생활수급자, 국가 유공자, 일군위안부, 한부모가족, 북한이탈주민, 장애인, 65세 이상 수급자선정자, 아동복지시설 퇴소자, 도시근로자 가구 월소득 50% 이하 등	보증금 + 임대료 (시세의 30% 수준)	40m² 이하
50년 공공임대	영구적인 임대	50년	• 전년도 도시 근로자 가구원 수별 가구당 월평균소득 100% 이하인 자 • 보유총자산 215,500천 원 이하, 자동차가액 28,250천 원 이하	보증금 + 임대료 (시세의 90% 수준)	50m² 이하
국민임대	무주택 저소득층의 주거안정	30년	• 전년도 도시 근로자 가구원 수별 가구당 월평균소득 70% 이하인 자 전용면적 50m² 이하인 임대주택의 경우, 월평균소득 50% 이하인 자에게 우선공급 • 보유 총자산 228,000천 원 이하, 자동차가액 25,220천 원 이하	보증금 + 임대료 (시세의 60~80% 수준)	60m² 이하
행복주택	젊은 세대 및 고령자의 주거 안정 및 주거복지 향상	6~10년	• 대학생, 재학 중이거나 졸업, 중퇴 후 미혼 무주택자로서 본인과 부모님의 소득 합이 도시근로자 월평균 소득의 100% 이하, 본인 자산이 7,200만 원 이하(자차 미보유)	보증금 + 임대료 (시세의 60~80% 수준)	45m² 미만
		6~10년	• 사회초년생 : 경우 공급지역에서 재직을 하고 있거나 취업한지 5년 또는 취직한지 1년 이내의 미혼 무주택자이면서 전년도 도시근로자 월평균 소득의 80% 이하, 본인 자산은 1억 9,900만 원 이하(자차 2,500만 원 이하)		
		6~10년	• 신혼부부, 산단근로자 : 공급지역 인근에서 재직 또는 재학 중이며 혼인기간이 5년 이내, 무주택세대 구성원으로서 도시근로자 월평균 소득의 100% 이하, 세대자산은 2억2,800만 원 이하(자차는 2,500만 원 이하)		
		20년	• 고령자 : 도시근로자 월평균 소득의 100% 이하, 총자산 228,000천 원 이하(자동차 25,000천 원 이하) 주거급여수급자		

표 10-10　공공임대주택 유형별 재고현황　　　　　　　　　　　　　　　　　　(단위 : 호)

공공임대주택										총 계
영구임대 (영구)	50년 임대 (50년)	국민임대 (30년)	행복주택 (6~20년)	장기 전세 (20년)	공공임대 (10년)	공공임대 (5년)	사원 임대 (5년)	매입 임대 (20년)	전세 임대 (20년)	
196,699	108,140	471,110	847	28,063	132,240	72,113	21,881	82,298	142,070	1,257,461

자료 : 국토교통부(2017), p.555.

호자와 자활보호자, 의료부조자, 저소득보훈대상자, 저소득모자가정, 일군위안부, 철거세입자 등이 포함된다. 영구임대주택은 정부가 호당 85%의 사업비를 제공하고 나머지 15%만 임대보증금 형식으로 입주자가 부담한다. 시중 임대료의 30% 수준으로 공급되는 가장 저렴한 공공건설임대주택이라는 점에서 중요한 역할을 갖지만, 한 번 입주한 가구가 쉽게 퇴거하지 않아 주거순환율이 매우 낮고, 취약계층이 집단으로 거주하고 있어 사회적 단절을 초래한다는 문제점을 안고 있다.

② 50년 공공임대주택

50년 공공임대주택은 영구임대주택을 대체하기 위하여 1992년에 도입되었다. 그러나 영구임대주택은 재원의 85%가 정부 재정으로 지원되고 입주자의 부담이 15%였던 것에 비하여, 50년 공공임대주택은 정부 재정부담률이 50%로 하향되고 입주자의 부담률이 30%로 증가하여 영구임대주택을 완전히 대체하지 못하고 중단되었다. 입주대상자는 청약저축 가입자, 국가유공자, 철거민 등이다.

③ 국민임대주택

1998년 국민의 정부가 출범한 이후 국민임대주택이 처음 도입되었다. 국민임대주택이란 국가나 지방자치단체의 재정이나 주택도시기금의 자금을 지원받아 저소득서민의 주거안정을 위하여 30년 이상 장기간 임대를 목적으로 공급하는 공공임대주택으로, 50년 임대주택 건설이 중단된 이후 1998년 2월부터 중점적으로 공급되기 시작하였다. 1998년부터 10~40% 수준의 재정 지원하에 전용면적 85m² 이하의 규모로 건설·공급되고 있다. 입주대상자는 도시근로자 월평균소득의 70% 이하인 소득 4분위 이하 계층으로 청약저축 가입대상자이고 임대료 수준은 시세의 60~80%이며, 주호 규모에 따라 정부 재정이나 주택도시기금의 지원 규모가 다르기 때문에 입주자의 임대료 부담이 차이가 난다. 소형주호는 정부의 재정이나 주택도시기금 지원 수준이 상대적으로 높아서 입주자의 부담이 적기 때문에 소득수준이 더 낮은 계층을 대상으로 공급하고 있다. 특히 국민임대주택은 장애인과 노약자가 입주할 경우에는 분양 시 신청을 받아 입주 전에 편의시설을 설치하도록 해주었다.

④ 매입임대 및 기존 주택 전세임대 주택

매입임대주택이란 임대사업자가 건설이 아닌 매매 등으로 소유권을 취득하여 임대하는 주택으로, 도시 빈곤층의 주거복지 증진을 위해 2004년에 도입된 임대주택 정책이다. 도심에서 부담 가능한 주택을 찾지 못하는 저소득 계층에게 새로이 공급되는 공공임대주택은 이들의 생활터전에서 멀리 떨어진 곳에 위치하여 접근성이 떨어진다. 따라서 매입임대주택은 도시빈곤층의 열악한 주거여건을 개선하면서도 접근성이 양호하고 생계활동이 편리한 현 생활권에서 거주지를 마련하는 방식이다. 수도권과 대도시에서 임대주택을 효과적으로 공급할 수 있고 또한 기존의 소규모 민간주택(단독주택, 다세대/다가구주택 등)을 공공이 매입하여 공공임대주택으로 활용한다. 즉, 매입임대제도는 택지가 부족한 대도시 내에서 임대주택을 확보하기 위한 새로운 방법으로서 기존의 공공임대주택의 공급방식을 다양화할 수 있다는 점과 도심 저소득층의 선호에 부응하여 대도시 내부에 영구임대주택 임대료 수준의 저렴한 임대료(시세의 30%)로 입주할 수 있는 임대주택을 확보한다는 특징이 있다. 그러나 주택의 위치, 규모 등에 따라 임대료에는 큰 차이가 나타난다. 최근 한 조사에 따르면, 매입임대주택의 월 임대료(전국 평균)는 전용면적 44.8m² 기준으로 약 99,592원이며 수도권은 126,746원, 비수도권은 93,326원이었다(조승연·최은희, 2016.12).

2005년부터는 다가구 매입뿐 아니라 사업시행자가 기존주택 소유자와 전세계약 후 저렴하게 재임대하여 수요자가 원하는 지역과 주택을 원하는 시기에 공급할 수 있는 기존주택 전세임대제도를 시행하고 있다. 최근에는 공동주택의 입주물량 감소에 따른 전세난에 사전 대응하고자 민간이 신축하는 다세대·연립주택을 매입하여 장기(10년) 전세형으로 공급하는 임대주택도 있다. 이 이외에도 신혼부부 전세임대, 소년소녀가장 전세임대, 쪽방 및 비닐하우스 거주자를 위한 매입임대 지원 등이 있다. 앞으로도 다양한 수요자 맞춤형 지원형태로 대규모 공급방식이 아닌 수요에 따라 공급량을 조정하는 임대주택은 꾸준히 증가할 것으로 보인다.

⑤ 행복주택

행복주택은 국가나 지방자치단체의 재정이나 주택도시기금의 자금을 지원받아 대학생,

그림 10-5 행복주택
자료 : 국토교통부.

사회초년생, 신혼부부 등 젊은 층의 주거안정을 목적으로 공급하는 공공임대주택으로 철도부지, 유수지 등을 활용하여 교통이 편리한 곳에 주변지역 시세보다 저렴한 임차료로 공급하는 임대주택이다. 2015년 11월 서울시 송파구 삼전동 행복주택이 첫 입주를 시작하였다. 행복주택은 일반형과 산업단지형으로 구분하여 입주자격자별 공급비율과 거주기간을 정하고 있는데, 일반형 행복주택은 80%를 대학생, 사회초년생, 신혼부부에게 공급하고 나머지 20%를 고령자와 주거급여 수급자에게 공급하도록 하고 있다. 산업단지형 행복주택은 90%를 산업단지 근로자, 대학생, 사회초년생, 신혼부부에게 공급하고 10%를 고령자에게 공급한다. 행복주택 거주기간은 대학생, 취업준비생(재취업준비생 포함), 사회초년생, 산업단지 근로자는 최장 6년(산업단지 근로자는 경우에 따라 2년씩 연장 가능), 신혼부부는 자녀 수에 따라서 최장 10년, 주거급여 수급자와 고령자는 20년 등 계층에 따라 상이하다.

⑥ 5년·10년 공공임대주택

5년 공공임대주택과 10년 공공임대주택은 임대의무기간인 5년 또는 10년간 주호를 임대하여 임차인이 목돈을 마련할 기회를 제공한 뒤 분양 전환하여 입주자가 우선하여 소유권을 이전받을 수 있도록 한 임대주택을 말한다.

(2) 공공지원 민간임대주택

기업형 임대주택이란 기업형 임대사업자가 8년 이상 임대할 목적으로 취득하여 임대하는 민간임대주택을 말한다. 민간임대주택을 8년간 연 5%의 임대료 상승률로 제한하여 공급하며 이사, 육아, 청소, 세탁, 하자보수 등의 주거서비스를 제공하는 것이 특징이다. 처음에는 중산층 대상 기업형 임대주택인 뉴스테이New Stay로 시작되었으나 점차 뉴스테이의 장점은 살리면서도 무주택자에게 우선 공급하고, 시세 90~95% 임대료로 일반 공급하거나 시세 대비 70~85% 임대료로 20% 이상을 주거지원계층(청년·신혼부부 등)에게 특별 공급하는 등 공공성을 강화한 민간임대주택이다.

2) 주거급여

주거급여는 주거급여법과 국민기초생활보장법에 근거하여 기초생활수급자[5]에게 매월 지급되는 일종의 주거비 보조금으로, 수급자에게 주거안정에 필요한 임차료, 유지수선비 등을 지급하는 방식이다. 2015년 7월 국민기초생활 보장법이 개정되면서 기존 소득수준이 보건복지부장관이 매년 고시하는 최저생활비에 미치지 못하는 가구가 생계급여, 의료급여, 주거급여, 교육급여를 모두 수급하던 포괄급여all or nothing 방식에서 기준 중위소득 대비 가구 소득의 비율에 따라 생계급여, 의료급여, 주거급여, 교육급여를 맞춤형으로 지급받는 개별급여 방식으로 전환되었고, 주거급여법 제정으로 국민기초생활보장사업 중 주거급여의 소관부처가 보건복지부에서 국토교통부로 이관되었다.

개편 전의 주거급여는 실질적으로 주거문제를 해결하는 데 사용되기보다는 제반 생계비용을 보완하는 용도로 인식되는 경우가 많아 저소득 가구의 주거문제를 직접적으로 해결하지 못한다는 점과 지역에 따른 주거비 차이를 반영하지 못하고 지급된다는 한계

---

[5] 기초생활수급자는 가족의 소득 합계가 최저생계비 이하인 자이다. 국민기초생활보장법에 의하면 기초생활수급자는 급여를 받는 사람이고, 기초생활수급권자는 급여를 받을 수 있는 자격을 가진 사람으로서 부양의무자가 없거나, 부양의무자가 있어도 부양능력이 없거나 부양을 받을 수 없으며, 소득인정액이 최저생계비 이하이어야 한다.

표 10-11 표 10-11 자가가구의 수선유지 급여 지원금액과 지원주기

구 분	경보수	중보수	대보수
지원금액(주기)	350만 원(3년)	650만 원(5년)	950만 원(7년)

구 분	보수범위에 대한 정의	수선내용
경보수	설비 부분 교체 및 채광, 통풍, 주택 내부 시설 일부 보수	마감재 개선 예 도배, 장판 및 창호 교체
중보수	건축 마감 불량 및 주요 설비상태의 주요 결함으로 인한 보수	기능 및 설비 개선 예 창호, 단열, 난방공사
대보수	지반 및 주요 구조물의 결함으로 인한 보수	구조 및 거주 공간 개선 예 지붕, 욕실개량, 주방 개량 공사 등

자료 : 국토교통부(2015).

점이 있었다. 이에 개편된 주거급여제도는 크게 세 가지 면에서 기존 주거급여방식과 차이가 있다. 첫째, 지급대상 소득 기준이 완화되어 그 대상가구 수가 증가된다. 즉 소득인정액이 현금급여 기준선(중위소득**6**의 43%) 이하인 가구를 그 지급대상으로 하여, 지급대상 가구가 증가하였다. 둘째, 실제 주거비 부담을 고려하여 지원수준이 대폭 현실화되었다. 기존에는 소득 및 가구원 수별로 책정된 금액이 지급되었으나, 개편된 주거급여 제도에서는 실질적인 주거비 부담을 고려하기 위하여 임차가구에게는 각 지역별 기준임대료에 따라서 전국을 크게 4개 급지로 구분하고 이에 따른 차등적인 주거급여를 지급함으로써 가구당 평균 지급액이 인상되었다. 셋째, 임차가구에게는 임차료를 지원하고, 자가가구에게는 유지수선비를 보조하는 등 주거유형에 따라 지원방법이 차별화되었다. 자가가구에게는 구조안전·설비·마감 등 주택의 노후도에 따라 보수범위를 경보수, 중보수, 대보수로 구분하고 보수범위와 소득인정액에 따라 차등적으로 주택개량을 지원하거나 주거약자용 편의시설을 추가로 설치해 주는 서비스를 제공한다(표 10-11).

2017년 11월에 발표한 주거복지 로드맵에는 이러한 자가가구 수선급여제도를 개선하여 고령 주거급여 수급가구에 대한 수선유지급여 외에 편의시설 지원금액을 50만 원 추

---

6 중위소득이란 모든 가구를 소득 순서대로 줄 세웠을 때 중간에 있는 가구 소득을 말한다. 중위소득 가운데 50~150% 범위에 속하면 OECD에서는 중산층으로 본다. 이 중위소득은 향후 가장 중요한 복지 선정 기준이 될 것으로 예상되며 현재 주거급여 대상 선정 시 소득 산정 기준이 되고 있다.

가 지원하여, 문턱 제거, 욕실 안전 손잡이 설치 등 생활 편의시설 확충하도록 하였다.

3) 주거약자 주거지원 정책

그동안 우리나라에서 노인의 주거복지와 관련된 제도나 법규를 살펴보면, 1981년 제정된 노인복지법을 필두로 1998년에 제정된 장애인·노인·임산부 등의 편의증진에 관한 법률 (약칭 편의증진법)이 있었으나 최근 들어 2012년 8월에 장애인·고령자 등 주거약자 지원에 관한 법률(약칭 주거약자법)이 제정되어 본격적인 고령자 주거지원에 관한 근거를 마련하였다. 이 법률에는 주거약자용 주택에 대한 최저주거기준, 편의시설 설치기준, 주택건설기준, 주택개조비용 지원, 주거지원센터의 설치 등 노인의 주거안정과 주거수준 향상을 목적으로 하는 사항들이 정해져 있다. 주거약자법에서 정의한 주거약자는 65세 이상 고령자, 신체적·정신적 장애인을 비롯하여 상이등급을 받은 국가유공자와 보훈대상자, 5·18 민주화 운동 부상자, 고엽제 후유의증 환자 등이 해당된다. 주거약자법에서 정의한 주거약자용 주택은 임대사업자가 주거약자에게 임대할 목적으로 건설하는 건설임대주택과 건설임대주택이나 매입임대주택 중 주거약자에게 임대할 목적으로 개조한 주택, 그리고 주거약자가 거주한 주택 중 정부의 지원을 받아 개조한 주택 등으로 공공임대주택 건설 시 의무적으로 수도권에서는 8% 이상, 비수도권에서는 5% 이상을 주거약자용 주택으로 건설하여야 한다.

장기임대 신규공급 시 주거약자용 주택 의무공급 및 국민임대주택을 우선 공급하고 입주자 모집 시 노인·장애인 등을 위한 편의시설 설치에 대한 안내 후 입주자의 희망에 따라 신청을 받아 편의시설을 설치하도록 하는 맞춤형 주택을 제공하고 있다(표 10-12). 이 밖에도 2010년에는 노인복지주택 활성화를 위해 준주택 제도를 도입하여 노인복지주택이 포함되었고, 2012년부터 영구임대주택 단지에 주거복지동 건립사업이 시작되었으며 행복주택에도 고령자가 입주할 수 있고, 2015년부터 공공실버주택 공급이 추진되고 있다.

노인가구의 기존주택 개조에 관한 제도로는 국토해양부(현 국토교통부)에서 2006년 노인가구 주택개조기준과 이에 따른 노인가구 주택개조 매뉴얼을 마련하여 기존 주택 거주 노인의 안전하고 자립적인 생활을 지원하기 위한 주택 개보수 내용과 방법을 제공

표 10-12 장애인·노약자를 위한 편의시설 설치기준*

구 분		설치내용	제공대상	비 고
현 관	마루굽틀 경사로	휠체어 이동에 지장이 되는 단차 극복을 위한 경사로 설치	지체 장애인	신규
	도어카메라 높이 조정	휠체어에 앉아서 이용이 가능한 높이(1.2m)		
욕 실	단차 없애기	통행에 지장이 되는 바닥의 단차를 줄임	고령자 지체 장애인	–
	미끄럼 방지 타일	바닥에 미끄럼 방지 타일을 시공(일반 세대에 적용하는 바닥타일 마찰계수 이상의 제품을 적용)		
	출입문 규격 확대	출입구의 폭 800mm 이상(구조변경이 가능한 지구에 한함)		
	개폐방향 변경	출입문 개폐방향 변경(안 여닫이 → 밖 여닫이)		
	좌식 샤워시설	욕조 제거 후 샤워공간 확보 및 안전손잡이 설치 (L자형 2개, –자형 1개)		
주 방	좌식 주방 싱크대	의자 사용이 가능한 싱크대(물버림대)를 설치	지체 장애인	무료 변경
	가스밸브 높이 조정	휠체어에 앉아서 이용이 가능한 높이(1.2m)	지체 장애인	–
거 실	비디오폰 높이 조정	휠체어에 앉아서 이용이 가능한 높이(1.2m)	지체 장애인	–
	시각경보기	세대 내 1개소 설치	청각 장애인	–
	야간센서등	욕실 출입구 벽체 하부에 설치	지체 장애인	신 규
주동 · 통로 유도시설	음성유도 신호기	상가, 관리소, 시각장애자가 거주하는 주동 입구에 설치	시각 장애인	–
	점자스티커	시각장애인이 거주하는 주동 현관입구의 램프 난간, 계단 난간, 내부 경사로 난간에 점자스티커 부착		

* 2004년 처음 도입 시 편의시설은 11가지였으나, 2005년 12월에 14가지로 확대되었음.

하고 있다. 이러한 노인가구 거주 주택의 개조에 대한 내용은 최근 주거약자법 지원에
도 반영되어 주택개보수 비용을 지원하는 내용이 포함되었다. 이 법의 시행령에서는 주
거약자를 위한 신규건설임대, 기존주택 개조 등 주택유형별로 주거약자용 편의시설 설
치항목을 규정했다. 기본적으로 주거약자의 생활에 꼭 필요한 설치항목(바닥 높낮이 차
제거, 미끄럼 방지 바닥재 등)은 반드시 적용토록 의무화하고, 선택항목(좌식 싱크대, 높
낮이 조절 세면대 등)은 임대사업자가 입주자의 신청을 받아 장애유형, 휠체어 사용 여
부 등을 고려해 설치해야 한다. 개조비용을 지원받아 주거약자용 주택으로 개조한 임대
사업자는 입주일로부터 4년 동안 주거약자에게 의무적으로 임대해야 한다. 또 다른 정
책으로는 자가주택을 활용하여 노후 자금을 마련하는 제도인 주택연금제도도 있다. 주
택연금이란 주택금융공사에 만 60세 이상 노인이 소유하고 있는 주택을 담보로 맡기고

표 10-13 우리나라 노인주거복지시설의 구분

시 설	설치목적	입소(이용) 대상자
양로시설	노인을 입소시켜 급식과 그 밖에 일상생활에 필요한 편의를 제공함을 목적으로 하는 시설	1. 국민기초생활 보장법 제7조 제1항 제1호에 따른 생계급여 수급자 또는 「국민기초생활 보장법」 제7조 제1항 제3호에 따른 의료급여 수급자로서 65세 이상의 사람
노인공동 생활가정	노인들에게 가정과 같은 주거여건과 급식, 그 밖에 일상생활에 필요한 편의를 제공함을 목적으로 하는 시설	2. 부양의무자로부터 적절한 부양을 받지 못하는 65세 이상의 사람 3. 본인 및 본인과 생계를 같이 하고 있는 부양의무자의 월소득을 합산한 금액을 가구원 수로 나누어 얻은 1인당 월평균 소득액이 통계청장이 통계법 제17조 제3항에 따라 고시하는 전년도(본인 등에 대한 소득조사일이 속하는 해의 전년도를 말함)의 도시근로자 가구 월평균 소득을 전년도의 평균 가구원 수로 나누어 얻은 1인당 월평균 소득액 이하인 자로서 65세 이상의 사람 4. 입소자로부터 입소비용의 전부를 수납하여 운영하는 양로시설 또는 노인공동생활가정의 경우는 60세 이상의 사람 ※ 입소대상자의 배우자는 65세 미만인 배우자는 해당 입소대상자와 함께 양로시설·노인공동생활가정에 입소할 수 있다.
노인복지 주택	노인에게 주거시설을 임대하여 주거의 편의·생활지도·상담 및 안전관리 등 일상생활에 필요한 편의를 제공함을 목적으로 하는 시설	단독취사 등 독립된 주거생활을 하는 데 지장이 없는 60세 이상의 사람 ※ 입소자의 배우자와 입소자격자가 부양을 책임지고 있는 19세 미만의 자녀·손자녀는 함께 입소할 수 있다.

자료 : 노인복지법 제32조 제1항.

자기 집에 살면서 매달 금융회사로부터 노후생활자금을 연금방식으로 수령하는 제도를 말한다. 가입요건은 만 60세 이상, 부부기준 1주택 원칙, 9억 원 이하 주택이다.

노인을 위한 주거복지시설을 위한 법적 근거는 노인복지법이다. 노인복지법에는 노인주거복지시설의 종류와 공급 및 운영에 대한 내용을 규정하고 있다. 노인주거복지시설은 양로시설, 노인공동생활가정(그룹홈), 노인복지주택으로 분류된다(표 10-13). 노인주거복지시설은 시설수와 입소정원이 점차 늘어나고 있지만 고령화 속도에 비해 그 수는 극히 한정적이어서 노인주거복지시설의 정원수는 노인인구의 0.3% 수준에 그치고 있다.

4) 주거복지 전문인력 : 주거복지사

주거복지정책이 현장에서 수요자 맞춤형으로 실현되기 위해서는 주거복지전달체계 정비가 매우 중요하다. 이에 주거복지 전달체계에서 주거복지 업무 수행에 핵심적인 역할을 수행하는 전문인력의 필요성이 커지고 있다. 주거복지 전문인력이 제공하게 될 주거서비스의 내용은 다양하고 광범위하다. 그리고 앞으로도 지속적으로 고유한 영역을 명확하게 하기 위한 노력과 효율적인 전달체계에 대한 정비가 필요하다. (사)한국주거학회www.housingwp.or.kr에서는 주거복지 전문인력인 공인민간자격 주거복지사를 운영하면서 주거복지사가 수행할 업무를 다음과 같이 제시하고 전문성 강화를 위해 꾸준히 그 업무 내용을 정비해가고 있다.

　주거복지사의 주요 업무 영역은 주거문제 상담과 정보 제공, 조사·평가·기획, 주택개선(개량)서비스, 주거교육, 커뮤니티 개선과 주거복지자원 네트워크 구축 등이며 주거기본법에도 주거복지 전문인력 양성 등에 관한 사항이 제24조에 명시되어 있는데 제3항에는 '국가, 지방자치단체 및 공공기관은 대통령령으로 정하는 주거복지업무를 효율적으로 수행하기 위하여 주거복지 전문인력을 우선하여 채용·배치할 수 있다.'고 규정하고, 주거기본법 시행령 제16조 제1항에서는 '대통령령으로 정하는 주거복지업무'를 다음과 같이 정하고 있다.

- 주택조사 등 주거급여 업무
- 임대주택법에 따른 영구임대주택 단지 등 공공임대주택의 운영·관리
- 취약계층 주거실태조사
- 저소득층 주거문제 상담 및 주거복지 정책 대상자 발굴
- 지역사회 주거복지 네트워크 구축
- 그 밖에 주거복지 관련 전문성이 요구되는 업무

　향후 주거복지 업무는 주거기본법에 명시한 업무 이외에도 보편적 주거복지 차원에서 주거복지 대상도 넓어지고 사회의 인구학적·경제적, 산업적·기술적 측면 등의 변화에 대응하여 업무의 다양성과 전문성에 대한 요구도 커질 것이다. 또한 민간 차원에서의 주거복지 업무 영역과 공적 차원의 주거복지 업무 수준을 끌어올리기 위한 노력이 필요하며 주거복지 업무가 미래의 주거산업으로도 연결되어 신직업으로 육성될 수 있도록 발전되

어가야 한다. 주거복지 로드맵에도 주거복지센터의 역량 강화를 위해 주거복지사 등 전문인력 확충을 추진하고, 더 나아가 2022년까지 최대 100개의 마이홈센터를 확대하며, 주거복지사의 우선채용을 통해 주거복지 전문인력을 확보하도록 되어 있어 향후 주거복지 전달체계 강화에 따른 주거복지사의 역할이 강화될 것이다.

1. 다양한 주거취약계층의 주거문제 해결을 위한 주거지원 사례를 찾아보고 문제 해결책을 생각해 보자.

2. 주거복지 정보 포털인 마이 홈 웹사이트(www.myhome.go.kr)를 통해 어떠한 정보들을 제공하고 있는지 검색하고 그 특징을 알아보자.

3. 고령사회에 대응한 새로운 주거대안으로는 어떠한 것들이 가능할지 국내·외 사례를 통해 생각해 보자.

4. 주거복지사에 대해 탐색해 보고 주거복지 구현을 위한 주거복지 전문인력의 역할에 대해 알아보자.

BROAD
PERSPECTIVE
ON HOUSING

11장
주거관리와 서비스

주택은 건축 후 건축물의 수명을 유지시키고 기능을 제대로 발휘하기 위해 관리가 필요하다. 고정되어 있는 건축물에 사는 사람들의 생활주기와 생활양식을 지원하고 자산 가치를 증진시키며, 이웃과 교류하면서 공동체로서 지속 가능한 삶을 영위하기 위해서는 건물의 물리적 유지 관리 이상의 주거관리가 필요하다. 과거에는 단독주택들이 많았으나 점점 줄고 있다. 이는 단독으로 택지를 구입하여 짓고 관리하기가 어려운 점도 영향을 미치고 있다. 기존의 단독주택 지역도 개별 관리가 어려운 저소득층은 제도권에서 관리를 지원하는 방향으로 정책이 바뀌고 있으며, 개별적으로 건축하기보다는 단지형 단독주택으로 커뮤니티를 지원하는 타운하우스 단지도 주목받고 있다. 사업승인을 받은 20세대 이상의 공동주택은 법적으로 관리인을 두게 되어 있으나 이는 의무 관리 대상은 아니다. 의무 관리 대상의 공동주택은 300세대 이상, 150세대 이상의 중앙난방 방식(지역난방 방식 포함), 엘리베이터가 있는 공동주택이며 이들은 제도권의 감독을 받게 되어 있다. 또한 최근에는 주거기본법 제정으로 사람 중심 주거복지의 중요성과 함께 거주자의 삶의 질 향상을 지원하는 주거서비스에 대한 관심과 욕구도 증가하고 있다.

이 장에서는 우리나라의 약 70%에 해당되는 공동주택의 관리제도, 업무 내용 및 공동체 활성화 방안들을 먼저 살펴보고, 단독주택 관리는 간단히 서술하기로 한다. 더불어 최근 이슈가 되는 주거서비스에 대한 개념과 내용, 인증제도를 들여다보고 주거서비스 프로그램을 알아본다.

1

공동주택의 관리

공동주택이란 대지 및 건물의 벽, 복도, 계단, 기타 설비의 일부 또는 전부를 공동으로 사용하는 각 세대가 동일한 건물 내에서 각각 독립된 주거생활을 영위할 수 있는 구조로 된 주택을 말한다. 우리나라에서는 통상 연면적 660m² 이하인 4층 이하의 다세대주택, 연면적 660m² 이상인 4층 이하의 연립주택, 5층 이상의 아파트가 이에 해당된다.

제도권의 적용을 받는 공동주택의 범위는 300세대 이상의 공동주택, 150세대 이상의 중앙난방(지역난방 포함) 아파트, 엘리베이터가 있는 공동주택이며, 임대주택을 포함하여 주거복합건물도 의무관리대상으로서 주택관리사(보)를 두게 되어 있으므로 각종 관리정책과 제도의 영향을 받는다.

공동주택의 공급 초기인 1960년대는 공영주택의 입주자 관리, 관리조직 등이 공공정책의 관심 대상이었다. 이 시기의 소규모 공동주택관리 업무는 대한주택공사(현 한국토지주택공사)와 입주자 사이에 체결한 관리계약에 따라 달랐다. 본사에서 파견한 직원이나 임시직으로 고용한 직원들의 주 업무는 기본적인 하자보수 업무 정도였고, 입주 초기에 단지 내 질서 정리와 하자보수 업무 등을 수행하였으며, 입주와 동시에 직원은 철수하고 입주자들이 스스로 관리를 맡는 방식이었다. 단지 형태로 아파트가 건설되면서 내부구조 변경이나 애완동물 사육, 고성방가 등의 행위에 따른 여러 가지 문제가 발생하자 주택관리계약 내용을 점차 개선·보완하였고, 관리계약 이외에 입주자 유의사항을 만들어 집단생활의 준거로 삼았다. 이러한 초기의 공동주택관리제도는 1972년 주택건설촉진법이 제정되면서 정립기(1971~1986년)를 거쳐, 1979년에 공동주택관리령이 제정되고, 1987년에는 주택건설촉진법에 주택관리업자 관련 규정이 신설되었다. 1990년에는 제1회 주택관리사(보)가 배출되는 정착기(1987~2002년)를 거치면서, 주택건설촉진법이 폐지되고 주택법이 제정된 2003년을 기점으로 성숙기(2003년 이후)에 이르게 되었다. 그 후 2015년 주거기본법 제정과 함께 공동주택관리법이 만들어짐으로써 이제 공동주택 관리의 중요성이 더욱 부각되고 있다.

우리 사회는 사회경제적인 발전이 이루어지면서 다양한 사람들의 다양한 욕구를 충족시키는 디자인 대안 및 새로운 주거관리시스템이 요구되고 있다. 특히 물리적인 차원의 관리를 넘어선 효율적이고 경제적인 관리시스템을 도입하고 공동체가 함께 살아나가는 공동체 환경을 조성하는 종합적인 주거관리 개념으로의 변화가 요구된다.

1) 공동주택관리의 의의

공동주택관리의 발전과정에서 이론적인 근거로 주로 이용되는 것은 사회구성주의 이론 social constructionism이다. 그간 공동주택관리 발전 과정에서도 알 수 있듯이 제도의 발생배경에는 사회문화적인 요구가 있기 마련이고structural context, 정책적으로 마련된 제도institutional context는 또한 잘 구성된 조직organizational context으로 움직여야 제 기능을 하며, 조직이 있다 하더라도 현장에서 활용할 수 있는 작업규칙operational context이 확실치 않으면 표준화가 어렵고, 이를 활용하여 움직이는 구성원들의 적극적인 네트워크 intersubjective context 없이는 제대로 작동하지 않는다. 이처럼 사회문화부터 제도, 조직, 작업현장과 작업 구성원들의 실천에 이르기까지 모두 변모해야 변화를 초래할 수 있고 발전할 수 있다는 것이 사회구성주의 이론의 핵심이다.

현재 우리나라의 각종 공동주택 관리정책도 사회 변화와 더불어 발전하는 과정에 있다. 전국적으로 공동주택 거주자가 70%를 상회하는 만큼 공동주택관리의 중요성은 크게 인식되고 있으며, 각종 제도와 조직이 정비되어 가고 있다. 그러나 직업적인 전문성과 보수가 따라주지 않아 여전히 작업현장은 열악하고, 열정적으로 관리문화를 창조하려는 노력이 더욱 필요한 실정이다. 국토교통부 자료에 의하면, 우리나라 기존 아파트를 신축 아파트로 교체하는 데 소요되는 기간은 평균 27년으로 영국 128년, 미국 72년, 일본 54년 등 선진국들에 비하면 그 수명이 매우 짧다(한국일보, 2014.9.2). 결국 내용연수 50년인 철근콘크리트를 그 용도만큼 충분히 사용하지 못한 채 재건축이 이루어지므로 국가적 차원에서 경제적 손실이 많다. 따라서 공동주택관리 제도와 조직, 작업, 상호 주관적 측면을 모두 변화시켜 좀 더 선진적인 공동주택관리 문화를 창출할 필요가 있다. 공동주택 관리를 체계적으로 하지 않으면 빠른 노후화로 인해 재건축을 앞당기게 되고 그

럴 경우 자원 낭비라는 환경적 문제뿐 아니라 그동안 쌓아 온 주거문화가 단절되어 문화적 측면에서도 결코 바람직하지 않다.

공동주택의 관리를 체계적으로 잘하면 첫째, 재건축이라는 자원 낭비로부터 환경을 보호할 수 있으며, 둘째, 양질의 공동 사회적 자산으로서의 풍요로움이 더하여 가치를 상승시킬 수 있고, 셋째, 시간의 흐름에 따른 물리적 노후화를 지연시키고 각종 안전사고를 예방할 수 있을 뿐 아니라, 넷째, 지속적인 공동체가 유지되어 더불어 사는 공동체 삶의 주거문화가 계승될 수 있다.

2) 공동주택관리 정책과 제도의 필요성

공동주택관리는 다음과 같은 특성으로 그 정책과 제도가 점점 중요해지고 있다.

첫째, 공동주택의 공급 비율과 거주 비율이 날로 증가하고 있고, 고밀화 및 고층화가 가속화됨으로써 각종 공동체 공간과 시설 설비의 배치가 집중화·첨단화되어 있으므로 이를 전문적으로 관리할 수 있는 기술 인력 및 시스템 기반이 필요하다.

둘째, 각종 공용공간 시설물 및 각종 주거서비스 제공에 있어 소요 비용을 공동 관리하는 규모는 매우 크다. 따라서 관련법에 근거하여 회계 업무를 공정하고 효율적으로 집행해야 하며, 장기수선계획을 수립하거나 그에 따른 장기수선충당금 등의 납부에 있어서는 이를 납부자에게 충분히 고지함으로써 손실과 갈등을 줄이는 방안이 필요하다.

셋째, 공동주택은 전유부분 이외에 천장, 바닥, 벽을 비롯해 복도, 계단 등 여러 부분을 공유하며 살기 때문에 공동생활에 대한 이해가 필요하다. 소음과 애완견 사육 등의 생활상의 문제와 주민의 공동 이익을 위한 관리업무에 있어서는 입주자들의 의견 조정과 판단 기준이 필요하다.

3) 공동주택관리 관련법과 주요 내용

(1) 공동주택관리 관련법

공동주택관리는 2015년 주거기본법이 제정되면서, 국가 및 지방자치단체는 국민이 살기 좋은 주거생활을 영위할 수 있도록 투명하고 효율적인 공동주택관리 체계를 구축하여야 한다고 명시되어 있으며, 이에 필요한 사항은 따로 법률로 정한다(주거기본법 제12조)고 밝히고 있다. 공동주택관리에 관한 법률은 2015년에 제정된 공동주택관리법과 2003년에 제정된 주택법이며, 여기서 규정하고 있지 않은 사항은 민법이나 집합건물 소유 및 관리에 관한 법률 및 기타 관계 법률을 적용하고 있고, 이들 법률 범위 안에서 각 단지별로 관리규약을 정하여 운영하도록 되어 있다.

공동주택관리제도를 보면, 분양공동주택은 공동주택관리법의 적용을 받으나 임대공동주택은 민간임대주택에 관한 특별법과 공공주택 특별법에 따라 관리되며 그 외 여러 관련법의 적용을 받는다(그림 11-1).

의무관리대상 공동주택에서는 주택관리사(보)를 관리사무소장으로 채용해 의무관리를 하도록 되어 있으나 그 소속과 성격은 조금 다르다. 분양공동주택의 경우, 자치관리

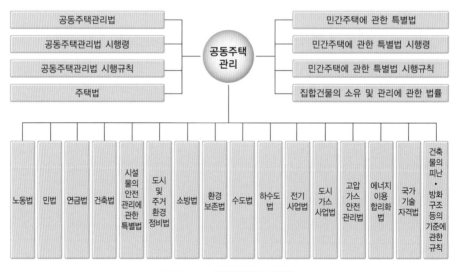

그림 11-1 공동주택관리 관련법

일 때는 입주자대표회의를 통해 채용되며, 위탁관리의 경우는 위탁관리업체에서 파견한 유자격자가 관리사무소장으로 배치된다. 임대주택법에서는 300세대 이상이거나 승강기가 설치된 경우 또는 중앙난방인 경우는 임대사업자 사업 주체가 자체 관리하거나 전문적인 주택관리업자에게 위탁 관리하도록 되어 있다. 임대공동주택은 세입자가 거주하는 주택이므로 관리비, 사용료 및 특별수선충당금의 징수와 적립체계에 있어서 분양공동주택과는 다르지만 형평성을 고려하여 제도를 더욱 완비해 나갈 필요가 있다. 20호 이상의 임대공동주택의 경우는 임차인대표회의를 구성할 수 있으며 이들은 관리규약에 대한 제정과 개정, 관리비, 공용부분·부대시설 및 복리시설의 유지·보수에 관한 사항에 대해 임대사업자와 협의할 수 있도록 하였다.

(2) 공동주택관리법의 주요 내용

분양공동주택에 적용되는 공동주택관리법에 명시된 관리의 내용은 제1장 총칙, 제2장 공동주택의 관리방법, 제3장 입주자대표회의 및 관리규약, 제4장 관리비 및 회계운영, 제5장 시설관리 및 행위허가, 제6장 하자담보 책임 및 하자분쟁 조정, 제7장 공동주택의 전문관리, 제8장 공동주택관리 분쟁조정, 제9장 협회, 제10장 보칙, 제11장 벌칙으로 세분화되어 있다. 관련 법조항을 내용별로 주요 골자만 서술하면 다음과 같다.

공동주택의 관리방법은 크게 자치관리와 위탁관리로 구분할 수 있으며, 사업주체가 건설 후 일시적으로 수행하는 사업주체관리가 있다. 사업주체는 입주 예정자가 과반수 입주하였을 때 입주자에게 자치관리 혹은 위탁관리 등의 관리방법을 결정하도록 통보해야 한다. 각 관리방법마다 장단점이 있는데 최근에는 고층주택과 첨단설비가 갖추어진 공동주택이 늘어나면서 전문적인 주택관리가 요구됨에 따라 위탁관리에 대한 전문 관리 수요가 늘어나고 있다.

입주자대표회의는 위탁관리업자 선정 시 관련 규정에서 정하는 기준에 따라야 하며, 혼합주택단지의 관리에 관한 사항은 입주자대표회의와 임대사업자가 공동으로 결정해야 한다. 시장, 군수, 구청장은 입주자대표회의의 구성원에게 관리에 대한 운영교육을 실시하여야 하며, 입주자 등은 전자적 방법을 통해 공동주택 관리와 관련된 의사를 결정할 수 있다.

공동주택관리규약이란 입주자 및 사용자의 보호와 주거생활의 질서 유지를 위하여 관련법 등을 근거로 공동주택의 관리 또는 사용에 관한 규정을 단지 실정에 맞게 설정한 규약을 말하는데, 관리규약은 입주자 과반수의 서면합의로 결정하고 있다. 그러나 입주자의 1/10 이상 또는 입주자대표회의가 제안하고 입주자 과반수의 찬성을 얻는 경우 개정이 가능하다.

관리비는 공용공간의 관리를 비롯해 입주자 등이 공동으로 사용함으로써 발생하는 제반 비용으로 입주자 및 사용자는 당해 공동주택의 유지관리를 위해 필요한 관리비를 관리주체에게 납부해야 한다. 관리비 비목은 일반관리비, 청소비, 경비비, 소독비, 승강기유지비, 지능형 홈 네트워크 설비유지비(설치된 경우), 난방비, 급탕비, 수선유지비, 위탁관리수수료이다. 그리고, 장기수선충당금, 안전점검의 대가, 안전진단 실시비용과 안전점검비용, 각종 사용료는 관리비와 구분하여 징수한다. 또한 관리비 등의 납부와 공개는 규정에서 정하는 방법에 따라 해야 하며, 관리비 예치금과 회계서류의 작성, 보관, 계약서의 공개 등에 관한 사항도 규정에 따르도록 하고 있다(표 11-1).

공동주택의 건설, 공급 시 사업주체는 장기수선계획을 수립하여야 하며, 입주자대표회

표 11-1 법정 관리비 비목(공동주택관리법 시행령 제23조)

항 목	관리비 내용
일반관리비	관리사무소 직원의 인건비, 관리사무소 운영에 소요되는 사무비용 등
청소비	청소용역비용, 직접 운영 시에는 청소요원의 인건비, 복리후생비, 청소용품비 등
경비비	경비용역비용, 직접 운영 시에는 경비요원의 인건비, 복리후생비, 경비용품비 등
소독비	소독용역비용, 직접 운영 시에는 소독용품비 등
승강기유지비	용역비용, 직접 유지 시에는 제반 부대비용, 자재비 등
지능형 홈네트워크 설비유지비	용역비용, 직접 유지 시에는 인건비, 제반 부대비용 등
난방비	난방에 소요되는 기름, 수도비
급탕비	급탕에 소요되는 기름, 수도비
수선유지비	공용부분의 수선, 보수에 소요되는 비용(용역비용 또는 자재비 및 인건비), 냉난방시설의 청소비 등 공동이용시설의 보수유지비 및 제반 검사비, 건축물의 안전점검비용, 재난 및 재해 등의 예방에 따른 비용 ※ 장기수선계획에 의한 수선비용은 제외함
위탁관리수수료	위탁관리의 경우 주택관리업자에게 지불하는 월간 비용

의와 관리주체는 이를 3년마다 검토하고 문제가 있을 시 주요 시설을 교체하거나 보수하여야 한다. 이를 위해서는 장기수선충당금을 적립하여야 하며, 안전점검과 안전관리계획 및 안전 교육을 통해 안전성을 확보해야 한다.

공동주택의 하자란 공사상의 잘못으로 균열, 처짐, 비틀림, 침하, 파손, 붕괴, 누수, 누출, 작동 또는 기능 불량, 부착 또는 접지 불량 및 접선 불량 등으로 건축물 또는 시설물 등의 안전상·기능상·미관상 지장을 초래하는 것을 말한다. 사업주체는 공동주택의 사용검사일 또는 건축법 규정에 의한 주택의 사용승인일로부터 공동주택의 내력 구조부 및 시설공사별로 10년 이내의 범위에서 별도로 정하는 담보책임기간 안에 하자가 발생한 때에는 공동주택 입주자의 청구에 따라 그 하자를 보수해야 한다. 하자보수책임기간은 시설공사별로 1년, 2년, 3년, 4년, 5년, 10년으로 구분되며, 보와 바닥 및 지붕은 5년, 기둥과 내력벽은 10년을 하자보수책임기간으로 정하고 있다. 모든 사업주체는 하자보증금을 예치하고, 담보책임기간 안에 중대한 하자가 발생한 때에는 손해를 배상할 책임이 있다. 또한 분쟁의 신속한 해결을 위해 국토교통부 산하에 하자심사·분쟁조정위원회를 설치하여 분쟁을 조정하도록 되어 있다. 공동주택관리와 관련된 분쟁조정은 중앙 및 지방 공동주택관리 분쟁조정위원회를 두고 운영한다.

공동주택을 전문관리하는 주택관리업을 하기 위해서는 자본금 등 규정에서 정하는 사항을 갖추어 시장, 군수, 구청장에게 등록하도록 하고 있으며, 주택관리업의 등록과 말소, 지원과 감독에 관한 사항도 법 조항으로 제시되어 있다. 관리주체의 업무는 공동주택 공용부분의 유지 보수 및 안전관리, 공동주택단지 안의 경비, 청소, 소독 및 쓰레기 수거, 관리비 및 사용료의 징수와 공과금 등의 납부대행, 장기수선충당금의 징수·적립 및 관리, 관리규약으로 정한 사항의 집행, 입주자대표회의에서 의결한 사항의 집행 등이다.

주택관리사(보)는 공동주택의 전문관리를 수행할 수 있는 능력을 갖춘 인력을 배출하기 위해 만들어진 자격이다. 주택관리사(보)는 공동주택의 입주자와 사용자가 살기 좋은 쾌적한 주거환경을 조성하고 보다 전문적인 관리를 통해 공동주택의 수명을 연장시키며, 관리비의 효율적 운영으로 입주자와 사용자의 재산권 등을 보호하는 역할을 수행한다. 궁극적으로는 국가, 사회 및 경제 발전에 일익을 담당하는 것에 의의를 둘 수 있다. 주택관리사(보)는 자치관리를 하는 입주자대표회의에서 고용할 수도 있지만 주택관리업자가 고용하여 각 공동주택단지에 파견된다. 주택관리업은 위탁관리계약을 체결하여 공동주택관리업무를 수행하는 것이 기본적인 역할로서 공동주택의 입주자를 위해 공동주택의 관리주체가 더욱 전문적인 기능을 수행할 수 있도록 적절한 인력·시설 및 장비를 보유하며, 공동주택단지의 관리서비스를 제공하는 것이다. 주택관리업체는 해당 단지의 특성에 적합한 방식으로 현장의 직원들이 관리·운영을 잘 수행하도록 지도하고 지침을 내린다. 또한 관리현장에서 직접 해결할 수 없는 문제 혹은 사고가 발생했을 경우에 신속하게 초기대응을 할 수 있도록 지원체계를 갖추어야 한다.

4) 공동주택 주체별 관리 업무

공동주택에는 중요한 관리사항을 의결하는 입주자로 구성된 입주자대표회의와 의결된 관리업무를 집행하는 관리주체인 두 개의 조직이 있다.

(1) 공동주택의 입주자

공동주택 입주예정자의 과반수가 입주하였을 때 입주자를 대표하는 입주자대표회의를 구성해야 한다. 동별 세대수를 기준으로 동별 대표자 수를 정하며, 입주자대표회의를 구성하는 동별 대표자는 전체 입주자를 대표해서 공동주택의 유지관리를 위한 중요한 사안을 결정하기 때문에 단지를 위해 힘쓸 인재를 선발한다. 입주자대표회의는 관리·운영상의 주요 사항을 의결하는 기구이다. 의결내용은 크게 관리규약의 개정, 관리비 등 예산 수립과 결산, 공용부분의 보수, 장기수선계획의 조정 및 안전관리계획의 수립 등이고, 기타 의무로는 입주자 등의 권리보호, 주택관리업자의 권한 보호 등이 있다. 정기회의와 임시회의 등 회의를 통해 운영되며, 관리비의 청구가 적절하게 이뤄졌는지 회계업무를 감사한다.

그러나 구성원들이 건축, 기술, 회계 등의 세부업무에 대한 전문성이 있다고 볼 수 없으므로 2010년 7월부터 입주자대표회의의 운영 및 윤리교육이 의무화되었다. 개별 입주자 등은 공용부분에 대한 기본적인 에티켓을 항상 염두에 두고 생활해야 한다. 입주자의 생활관리는 관리주체의 교육 및 계몽을 통하여 공동생활의 규범을 준수하는 것도 중요하지만 입주자 스스로 입주자대표회의나 관리주체가 공지하는 관리정보를 잘 확인하여 협조하고 준수사항, 금지행위 등 생활 및 단지 이용상의 규약을 숙지하고 준수함으로써 바람직한 공동생활환경을 조성하도록 노력해야 한다.

(2) 공동주택의 관리자

관리주체의 장은 관리사무소장 또는 생활지원센터장으로, 관리사무소장은 입주자대표회의와 관리주체의 직원 사이에서 관리직원을 총괄하는 관리자이다. 관리자는 주거환경을 유지하고 운영하여 입주자의 재산을 보호하고 쾌적한 생활을 보장해야 하는 사명을 가지고 있을 뿐만 아니라 도시의 환경을 보호해야 하는 사회적인 사명도 갖고 있다. 공동주택관리법 제3조에서 정하는 관리주체의 업무는 입주자대표회의에서 의결하는 업무(공동주택의 운영·관리·유지·보수·교체·개량 및 리모델링에 관한 업무, 업무를 집행하기 위한 관리비·장기수선충당금이나 그 밖의 경비의 청구·수령·지출 업무), 장기수선계획의 조정, 시설물 안전관리계획의 수립 및 건축물의 안전점검에 관한 업무, 안전관리계획의 조정, 기타 관리주체 업무의 총괄 및 지휘 등이다(표 11-2). 관리자는 '선량한 관리자의 주의 의무'를 다하여 공정한 절차를 거쳐 입주자와 신뢰관계를 구축한다. 선량한 관리의 주의 의무를 위반한 관리자는 고의성 여부에 상관없이 입주자에게 끼친 손해의 배상책임이 있고 이에 대비하여 배상책임보험에 가입한다. 공동주택의 관리조직은 업무 특성에 따라 사무관리, 회계관리, 시설관리업무로 구성되며 이를 담당하는 관리사무소 직원은 노동부의 근로기준법에 준하여 근로자로서의 대우를 받는다.

표 11-2 관리주체의 업무(공동주택관리법 제63조)

1. 공동주택의 공용부분의 유지·보수 및 안전관리
2. 공동주택단지 안의 경비·청소·소독 및 쓰레기 수거
3. 관리비 및 사용료의 징수와 공과금 등의 납부대행
4. 장기수선충당금의 징수·적립 및 관리
5. 관리규약으로 정한 사항의 집행
6. 입주자대표회의에서 의결한 사항의 집행
7. 그 밖에 국토교통부령으로 정하는 사항(공동주택관리 업무의 공개·홍보 및 공동시설물의 사용방법에 관한 지도·계몽, 입주자 등이 공동 사용하는 단지 내의 토지·부대시설 및 복리시설에 대한 무단점유행위의 방지 및 위반행위 시의 조치, 공동주택단지 안에서 발생한 안전사고 및 도난사고 등에 대한 대응조치 등)

5) 공동체 활성화

공동체란 아파트라는 집합적 주거공간에 함께 거주하면서 구성원들이 공동생활을 영위하는 단위를 말한다. 이 공동체의 주체는 입주민이다. 이들이 서로 호응하며, 서로의 자원을 활용하여 지속가능한 활동을 도모하는 일이 공동체 활동이다. 공동체 활성화를 이루기 위해서는 3가지 요소가 필요하다. 입주민들이 소통하고 교류할 수 있는 시설 등의 물리적 환경으로서 주민공동시설인 하드웨어가 제공되어야 하고, 그곳에서 입주민들이 관심을 갖고 참여할 수 있는 프로그램 운영 활동 등의 소프트웨어가 필요하며, 이를 기획·운영하고 주민의 참여를 끌어들이는 활동주체와 참여자들의 네트워크인 휴먼웨어가 함께 갖추어져야 한다.

(1) 주민공동시설-하드웨어

공동주택은 입주민들이 함께 공용으로 사용하는 진입로, 복도, 엘리베이터, 놀이터, 주차장, 공동체시설뿐 아니라 상가, 공원, 주민자치 센터 등의 지역시설들과의 관계망 속에서 존재한다. 그러나 대단지의 공동주택 증가로 인해 단지는 그 바깥 공간과 분리되고, 단지 안에서도 오로지 개별주택과 관리사무소만의 축소된 관계만으로 살아가는 사람들이 많다. 이로 인해 지역사회에 무관심한 상태로 고립 및 소외되어 살아가는 삶의 방식은 사회 문제화되었고, 공동체 의식 등 지속 가능한 사회를 만들기 위한 노력이 점차 중요해지고 있다.

공동주택단지에서 공동체 관리는 주거단지 내의 외부 공유공간을 매개로 하여 특히 공동체시설 등의 공간을 중심으로 공동체 활동을 통해 공동체 의식과 주거단지에 대한 애착이 형성될 수 있다.

1990년대까지의 공동주택은 단위주택의 집적과 관리사무소, 경로당, 주민운동시설과 같은 부대복리시설 공급에 그쳤지만, 2000년대의 공동주택은 단위 동뿐만 아니라 녹지공간 및 공동체시설 등 건설사들이 경쟁적으로 나섬으로써 물리적으로 많은 향상을 가져왔다. 기존의 아파트단지에서는 단지 내 지하주차장이나 상가건물 일부, 지하 공간 등을 주민공용공간으로 개조하여 사용하면서 공동체 활동의 거점으로 사용하려는 시도

표 11-3 복리시설 필수 설치기준(2013.03.12 이후 적용기준)

구 분	150세대 이상	300세대 이상	500세대 이상	비 고
어린이 놀이터	●	●	●	
어린이집		●	●	
경로당	●	●	●	
주민 운동시설			●	실외체육시설 반드시 포함
작은 도서관			●	도서관법 시행령 별표 1 도서관의 종류별 시설 및 도서관자료의 기준[제3조 관련] 1. 공공도서관 다. 작은 도서관 건물면적 33m² 이상, 열람석 6석 이상, 도서관자료 1,000권 이상

자료 : 박경옥(2014). p.173.

가 성공적으로 이어지고, 이러한 것은 다시금 신규 아파트를 공급하는 건설사들이 자사의 이미지를 향상시키고 성공적인 분양목적을 위해 경쟁적으로 세대수별 부대복리시설 기준을 초과하는 주민공유공간과 시설을 공급하는 등 디자인과 규모, 내외부의 다양한 공간 면에서 많이 향상되었다.

이러한 경향에 촉진제 역할은 2000년도 이후 급속하게 공급이 확대된 초고층 주거복합건물의 주민공유공간에서 찾아볼 수 있다. 철골조 초고층 주거복합건물은 고가의 분양가를 책정하면서 일반 아파트와의 차별화를 위해 서비스를 확대하기 시작하였다. 공유공간으로 도서실, 회의실, 실내놀이터, 실내수영장, 사우나, 라커룸, 헬스클럽, 에어로빅실, 골프연습장, 연회장, 공동부엌, 휴게실, 코인세탁장, 카페, 게스트룸, 키즈룸, 예능연습실, 냉장이 가능한 택배보관실 등 주민편의시설 공급이 가속화되었다. 이는 공동체시설이 들어서고 외부공간에도 운동시설이나 휴게공간, 물놀이 시설, 산책로 조성 등 적극적인 활용공간과 시설을 확대하는 방향으로 신축 일반 아파트에도 영향을 미쳤다. 그리하여 2000년대 중반부터는 초고층 주거복합건물에서나 볼 수 있었던 주민공유공간과 시설들이 일반 아파트단지에도 속속 등장하기 시작하였고, 이는 관리비 상승 등의 문제로 인해 주민 마찰로 비화되기도 하였다.

연구에 의하면 공동체시설은 이웃 간 교류를 증진시키고 소속감이나 결속력을 강화시키는 것으로 나타났다. 충실하게 공동체시설을 잘 활용하는 단지에서는 주민 교류 정도

단지 내 연못과 외부카페

골프연습장

실내수영장

헬스장

키즈룸

그림 11-2   아파트 단지 내 공동체시설(반포 R아파트)

와 만족도가 높고 단지 내 공동체시설의 제공 정도와 활용 정도는 비례한다. 이는 물리적인 공동체시설이 주민 공동체 형성에 필수적(손세관 외, 2009)임을 보여주는 결과이다. 오래전에 지은 공동주택에서는 관리사무소, 노인정 위주로만 되어 있는 공동체 공간 이외에 개발 가능한 공간을 발굴하여 활용할 수 있는 방안이 모색되고 있다. 예를 들면 주거동의 지하층, 주거동의 필로티, 단지 내 막힌 도로, 단지 입구 마당, 어린이 놀이터, 주거동 입구 현관, 전자 출입증 도입으로 폐쇄된 경비실, 관리사무소 건물 내 유휴공간 등을 찾아볼 수 있다. 이들 공간은 용도 변경과 지역자치단체 지원을 이용하여 개조할 수 있다. 그러나 아무리 공동체시설의 하드웨어가 마련되어 있다 하더라도 그 안에서 운영하는 프로그램의 소프트웨어와 인적 자원의 휴먼웨어가 함께 공존하지 않으면 지속가능성이 없다.

(2) 공동체 프로그램-소프트웨어

공동체 프로그램은 프로그램의 대상과 목적, 내용에 따라 다양하다. 국내외에서 이루어지고 있는 아파트 공동체 활성화 프로그램의 사례를 집대성하고 주민들의 좋은 평가를 얻은 프로그램을 추출하여 이를 유형별로 정리해 보면 친환경 생활 실천 관련 프로그램, 주민들과의 소통, 화합 관련 프로그램, 취미 및 창업 프로그램, 운동 등 건강 관련 프로그램, 이웃돕기, 사회봉사 프로그램의 6가지 유형으로 나뉜다(표 11-4).

공동체 프로그램은 내용에 따라 그 효과가 조금 다를 수 있는데 이를 공동체적 어울림과 경제적 기대효과를 축으로 주요 프로그램을 분류하여 도식화하면 그림 11-3과 같다.

(3) 공동체 활동 주체-휴먼웨어

아파트 공동체의 활동 주체는 아파트에 거주하는 모든 입주민이다. 다만, 사명감을 가지고 주도적으로 공동체를 이끌어가는 핵심리더의 발굴이 우선적으로 필요하고, 리더를 중심으로 조직을 구성하여 입주민들에게 호응을 받을 수 있는 프로그램을 개발하고 실행하면서 지속하는 것이 중요하다. 주요 운영주체로는 공동체 활성화를 위해 활동할 단지 내 입주민으로 구성되는 "공동체 활성화 단체[1]"이다. 공동체 활성화 단체는 기존의

---

1 서울시의 관리규약준칙에서는 공동체 사업을 추진하기 위하여 기존 자생단체나 주민 중 공동체를 주도적으로 이끌 활동가들이 10인 이상으로 단체를 구성하고 입주자대표회의 승인을 받아 활동할 수 있게 되어 있다.

표 11-4 공동체 프로그램 유형 및 종류

유 형	종 류
친환경 생활 실천 / 체험	• 친환경제품만들기 : 친환경 비누 만들기, EM효소 만들기, 제습제 만들기
	• 에너지절약교육 / 생활용품 공유 : 에너지 교실 / 관리비 절감, 공구생활용품 공유카페, 의류 및 잡화 공유카페
	• 녹색장터
	• 텃밭
	• 도농교류
	• 생태체험 : 나무이야기
소통 / 주민화합	• 주민축제 : 주민축제 / 품앗이, 동네음악회
	• 소통 / 의견나누기 : 북카페, 포스트잇프로젝트(소통게시판)
취미 / 창업	• 취미교실 : 노래교실, 요리교실, 종이접기
	• 부업 / 창업교육 : 바리스타 교육, 캘리그라피
교육 / 보육	• 자녀교육 : 엄마와 함께하는 글짓기&스토리텔링
	• 보육 / 공동육아 : 공동육아방, 베이비 마사지, 이유식 만들기
건강 / 운동	• GX / 헬스 : 요가교실, 댄스로빅, 헬스교실
	• 구기종목 : 탁구교실
	• 건강 / 치매예방 : 건강강좌
이웃돕기 / 사회봉사	• 이웃돕기 / 봉사활동 : 밥상나눔, 어르신보안관

자료 : 강순주 외 1인(2015). p.62.

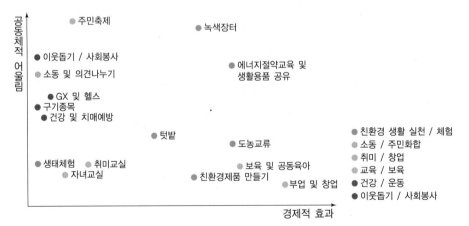

그림 11-3 공동체프로그램의 공동체적어울림과 경제적 효과의 관계
자료 : 강순주(2015). p.78.

주민 자생단체인 부녀회, 동호회, 노인회 등과 통합하거나 협력할 수 있으며 공동체 전문가나 지역 활동가도 참여할 수 있다. 여기에 입주자대표회의의 승인을 받고 관리사무소가 지원하는 협력체계가 잘 이루어진다면 성공적으로 운영될 수 있다. 각 주체별 역할은 다음과 같다.

① 공동체 활성화 단체

- 공동체적 어울림과 사랑을 위한 꿈을 전파시키는 역할을 한다.
- 공동체 형성을 위해 필요한 입주민들의 욕구를 파악하고, 단지의 특성을 분석한다.
- 수렴한 의견을 토대로 가능한 한 많은 사람들이 참여할 수 있는 프로그램을 기획, 제안한다.
- 입주자대표회의에 구성 신고 및 사업비지원을 승인받아 프로그램을 추진한다.
- 입주민의 많은 참여, 봉사, 상호 돌봄을 유도하고 차질 없이 프로그램이 진행될 수 있도록 체계적으로 지원한다.
- 사업비 및 활동비를 투명하게 지출하고 입주자대표회의에 보고한다.

② 입주자대표회의

- 공동체 형성이 왜 필요한지 인식하고, 이를 적극 홍보하고 협조한다.
- 입주자대표회의 이사 중에 공동체지원이사를 선임하여 단지 내 공동체 활성화 활동을 지원한다.
- 공동체 활성화 단체 및 입주민의 공동체 활성화 사업계획을 검토하여 처리하고 필요시 사업비를 지원한다.
- 입주민이 자생단체에 공동체 사업을 자유롭게 제안할 수 있도록 지원한다.
- 공동체 활성화 계획에 의해 공동체 사업이 잘 이루어졌는지 모니터링하고 확산시킨다.

③ 관리사무소

- 입주민 특성 및 아파트 공유공간에 대한 정보를 제공한다.
- 활동비 지출 및 물품, 공간 활용에 대한 행정적 지원을 한다.

- 지역자원 연계를 위한 협조 공문을 협의한다.
- 공동체 활성화를 위한 단지 내 방송 및 홍보물 부착을 지원한다.

공동주택에서의 공동체 활성화를 위해서는 국토교통부의 공동체 활성화 운영 매뉴얼 (국토교통부, 2015)을 참고로 할 수 있다.

2
단독주택의 관리

단독주택이라 함은 하나의 택지 위에 1채의 주택을 짓는 형태가 기본이지만, 단독주택 용지에 지어지는 660m² 이하의 분할등기가 되지 않은 다가구주택이나 도시형 생활주택 도 법적으로는 단독주택에 속한다. 단독주택의 관리책임은 기본적으로 집을 소유하거 나 살고 있는 개별가구에게 있으므로 제도적인 지원은 현재 '해피하우스 사업' 이외에는

해피하우스 사업

2009년 대통령 직속 국가건축정책위원회 주관으로 추진한 뉴하우징 운동의 핵심 사업의 하나로, 아파트 주거서비스 문화를 단독주택 등 기존 주택에까지 확산시켜, 기존 주택의 에너지 효율 개선, 관리비용 절 감 및 주거 향상을 도모하는 지역밀착형 주거서비스 지원 사업이다.
- 주택 에너지 효율개선 서비스
  - 주민 수요조사를 통해 에너지 성능검사·개선 컨설팅과 유지관리비 절감방안 등을 제시(에너지관리 공단, 사업자)
  - 주택에 태양광, 태양열 등 신재생에너지 설비설치 비용의 80% 이내에서 무상지원(기획재정부, 에너 지관리공단, 사업자)
- 주택 유지관리 서비스
  - 누수, 동파, 누전, 배관 막힘, 가스유출 등 긴급한 하자에 대해 응급조치를 시행하는 긴급서비스 지원 (한국토지주택공사)
- 센터 직원의 조치가 불가능한 경우에는 민간 사업자에게 연결

표 11-5 주거의 질 구성요인과 주거관리 행위

구 분	주거의 질	주거의 요건	고려시점		관리행위
			계획단계	관리단계	
주택의 물리적 측면	안전성	• 자연조건·재해로부터의 안전 • 일상적 사용(누전, 가스누출 등)에 대한 안전	○ ○	○ ○	유지관리
	보건성	• 주택의 보건성능 설비 　− 급배수·급탕설비, 환기설비, 냉난방설비, 전기·가스설비, 쓰레기 처리시설, 수세설비, 취사설비, 세면·세탁설비, 욕실설비	○	○	유지관리
		• 건축물의 보건성 　− 단열, 차음, 흡음, 결로 방지, 통풍, 방습, 일조, 채광, 차광 　− 청결	○	○ ○	유지관리
거주자의 주생활 측면	편리성	• 합리적인 관리계획의 수립 • 주거관리에 대한 각종 제도적 지원의 활용 • 공간 활용을 위한 적절한 수납공간 확보 • 적절한 기구의 사용 : 취사, 세탁, 청소기기 등 • 주택건축 시 적절한 주거공간의 구성과 배치	○ ○ ○	○ ○ ○ ○	생활관리
경제적 측면	경제성	• 주거비(각종 세금) • 유지관리비 • 시설설비 개보수비	○ ○ ○	○ ○ ○	운영관리

자료 : 주거학연구회(2013) 개정판. p.304.

없다. 단독주택 관리의 목적은 주택을 안전하면서도 쾌적하고 능률적이게 되도록 물리적으로 청소, 손질을 통해 유지 보수하며, 주택의 각종 전기, 냉난방 등의 시설과 설비를 관리하여 제 기능을 하도록 하며, 물건을 적절히 수납하여 편리하게 이용하고 찾기 쉽게 관리하고, 적절한 유지 관리를 통해 주거비를 절감하기 위한 장단기 노력 등이 포함된다. 주택을 제대로 관리하지 않아 효율이 낮아진다든가 적절히 보수하지 않아 제 기능을 발휘하지 못하게 되는 것도 문제지만, 적정한 유지관리 비용을 들여 최적의 효과를 내는 것도 중요하다. 재투자를 하여 시대에 맞는 시설설비로 교체함으로써 장기적인 삶의 질 향상을 위해 노력하는 것도 관리의 기능에 속한다고 볼 수 있다.

단독주택에서 삶의 질을 결정하는 요인들은 주거건축 단계에서 고려하는 부분과 지속적인 관리를 통해서 개선하고 향상시킬 수 있는 부분, 주거계획과 건축, 관리단계에서 모두 고려해야 하는 부분으로 나눌 수 있다.

표 11-5는 주거의 질 구성요인에 따라 주거의 요건을 계획단계와 관리단계로 구분하고 주거관리행위의 내용으로 분류한 것이다.

단독주택의 관리 내용에서 가장 기본적인 것은 안전성이며 홈오토메이션과 보안, 지역 방범 서비스 등을 활용하여 방범상의 안전을 도모해야 한다. 시설설비는 한 번 설치하고 난 후 방치할 것이 아니라 올바르게 사용하고 청소와 점검을 잘하는 유지 관리를 통해 주생활을 쾌적하게 지원한다. 또한 단독주택에 살면서 전기, 난방, 가스 등의 주거비는 적정한지, 시설설비 등의 유지관리비는 어떠한지, 시설설비의 성능 개선을 위한 투자비 등의 계획과 각종 주택 관련 세금과 주택의 기회비용 및 수익창출도 포함하여 경제성을 추구하는 운영관리도 중요하다.

단독주택을 개인이 독자적으로 적절히 관리한다는 것은 쉬운 일이 아니다. 주택은 각종 재료가 사용되므로 재료에 따른 적절한 보수와 관리가 필요하고, 청소와 손질이 필요한 시설과 설비를 포함하고 있으며, 대지의 부동침하, 급배수와 하수와 같이 외부적 상황에 따라 영향을 받기도 하고, 계절적으로 장마나 태풍에 따른 배수와 토사 문제가 나타나고 추운 겨울에는 수도가 동파되는 등 특수하게 관리해야 할 사항들도 발생한다. 또한 주택 내에서 각종 안전사고를 미연에 방지할 수 있도록 디자인과 재료 면에서 각종 위험요인을 최소화하여 예방하는 것이 중요하다. 예를 들어, 추락사고 예방을 위해 베란다 수직 레일 폭을 준수하여 설치, 유리문에 가드레일 설치, 예기치 않은 곳에 돌출창이나 계단 설치 금지, 욕조와 욕실 바닥에 미끄럼 방지재료 및 보조장치 설치, 현관이나 계단 등에 어두운 곳이 없도록 조명을 활용하는 등 다양한 안전사고 예방을 위한 디자인과 재료 사용, 예방수칙들을 준수하는 것이 좋다.

안전관리를 위해 민간 경비업체의 각종 보안서비스security service의 도움을 받을 수도 있다. 주택에 각종 감지기를 설치하고 통신네트워크를 이용하여 무인방범 서비스, 비상 통보 서비스, 화재감지 서비스, 가스누출 통보 서비스, 설비 이상 통보 서비스, 구급통보 서비스, 생활리듬 감지 서비스 등을 제공받는 것인데 민간서비스를 이용할 수도 있고, 112 혹은 119와 연계하여 각종 방범과 안전사고를 처리할 수도 있다. 뿐만 아니라 홈오토메이션 시스템을 이용하여 집안에 카메라와 모니터를 전화기 및 컴퓨터와 연결하여 각종 방재문제, 즉 방범, 화재, 가스 누출을 감시하고 원격 조정할 수 있으며 전기기구, 조명기기를 제어할 수 있다. 이러한 홈오토메이션시스템은 스마트 홈smart home으로 점차 발전 중이며, 생활자의 상태를 스스로 판단하여 조명과 냉난방기기의 작동, 건강상태를 점검하고 자동 통보하는 등 안전 차원을 넘어 생활자의 쾌적한 생활을 지원하는 방향으로 진화하고 있다.

　단독주택의 각종 시설설비의 내용연수는 구조적 원인(구조와 재료의 특징), 사회적 원인(부적응, 파괴), 경제적 원인(비효율성), 자연적 원인(각종 재해)으로 결정된다. 중요한 것은 적절히 관리함으로써 각종 시설설비의 기능을 유지시키고 내용연수를 연장하는

자료 : 두레생협 울림 홈페이지.

동네책방

방과후 교실이 있는 협동조합 주택

그림 11-4　성미산 마을

것도 중요하지만 적절한 시기에 점검 교체하여 생활자의 삶의 질이 향상될 수 있도록 한다.

그밖에 능률적으로 주생활을 영위하기 위해 수납관리를 잘하는 것도 중요하다. 적절한 수납을 위해서는 적어도 전체 주거면적의 10%는 확보해야 하며 충진율 80%를 넘지 않도록 잘 사용하지 않는 물건은 제때 처분하여 수납의 효율을 높일 필요가 있다. 수납에는 일정한 원칙을 준수하여 가능하면 모든 가족이 찾기 쉽도록 수납지도나 열람표를 작성한다든가, 사용 후에는 반드시 손질한 후 수납을 한다든가 사용 장소에 가깝게 수납하여 효율적으로 관리한다.

단독주택지역은 이웃관계가 임의적이고, 개방적인 골목길의 구성이 다양하며, 주민자치센터도 공동체의 중심역할을 소화하지 못하므로 공동체 활성화가 쉽지 않다. 이러한 상황에서 서울 마포의 '성미산 마을'과 같은 지역공동체는 시사점이 많다. 공동육아를 위한 모임으로 처음 시작했지만 성미산 둘레의 느슨한 경계를 가지고 지역화폐와 방송국이 있고, 생활협동조합, 카페, 동네 반찬가게와 학교와 극장, 마을축제를 여는 발전적인 실험이 이어지면서 단독주택지역 공동체 관리의 모범 사례가 되고 있다.

3
주거서비스

우리나라는 2015년에 국민의 주거 안정과 주거수준의 향상에 이바지하는 것을 목적으로 주거권을 보장하는 주거기본법이 제정되었다. 주거권이란 국민은 관계법령 및 조례로 정하는 바에 따라 물리적·사회적 위험으로부터 벗어나 쾌적하고 안정적인 주거환경에서 인간다운 주거생활을 할 권리를 갖는다(주거기본법 제2조)는 것을 의미한다. 주거기본법에 따라 정부는 주거정책의 기본원칙 9가지를 제시하고 있는데 이를 실현하기 위해서는 주택이라는 물리적 공간인 하드웨어 공급뿐 아니라 주거 생활을 안전하고 쾌적하고 편리하게 할 수 있는 다양한 소프트웨어 제공의 서비스가 동반되어야 함을 의미한다. 주거서비스는 바로 이러한 총체적인 개념이며 주택을 통해 창출되는 은신처로의 기능과 인간으로서 일상적 생활을 영위할 수 있게 하는 기능을 충족시키는 기본적인 특징뿐 아니라 지역, 도시와의 사회적 네트워크와 밀접하게 연결됨으로써 주거권을 보장하는 복지 개념과 연계되는 사회적 서비스의 특징도 있다.

1) 주거서비스의 개념과 구성요소

주거서비스라는 용어는 주택 정책 분야와 저소득층을 위한 복지 분야에서 처음 사용되었다. 주택 정책 수립을 위해 주택의 양적·질적 지표로서의 주거서비스 용어를 사용한 것이다. 주거서비스는 가구household라는 소비자가 주택이라는 물리적 매개체를 통해 거주행위의 과정에서 제공받을 수 있는 모든 재화services를 의미한다. 주거서비스는 1차적으로 주택이라는 건물 내에서 발생하는 서비스로 한정되지만, 2차적으로 건물이 속해 있는 토지로서 주거단지, 그리고 3차적으로 환경적인 입지로 확장된 요소들로 구성된 서비스 재화라 할 수 있다(그림 11-5). 가구는 거주 행위를 통하여 주택이 제공하는 주거서비스를 소비하고 그 대가로 주거비를 지불하는 것이다. 따라서 주거복지는 주거서비스의 개념과도 연계되는데 그 이유는 주거복지는 바로 주거서비스를 소비함으로써 얻어지

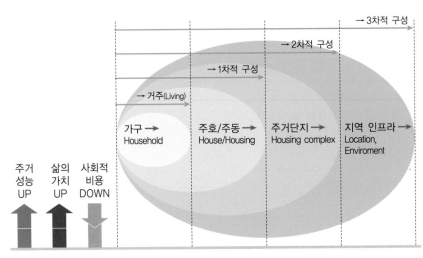

그림 11-5 주거서비스 체계
자료 : 윤영호(2016). p.12.

는 상태이기 때문이다(윤주현 외 1인, 2005).

이 외에 산업계에서도 주거서비스 용어를 사용한다. 산업계에서는 2016년 민간임대주택 활성화를 위한 뉴스테이New Stay 정책이 대두되면서 주거서비스 용어를 사용하였다. 뉴스테이는 민간 기업이 정부로부터 주택도시기금으로 저리융자, 택지 할인 공급 및 인허가 특례 등의 지원을 받아 건설하되 입주자에게는 최소 8년의 거주기간을 보장하고 임대료 상승률도 연 5% 이하로 제한하는 주택이다. 정부로부터 지원을 받고자 하는 민간사업자는 2016년 11월부터 한국토지주택공사와 한국감정원으로부터 주거서비스 인증

표 11-6 협의의 주거서비스 정의 및 범주

정 의	주거서비스 제공	범 주
거주자가 주거안정과 주거수준 향상을 위하여 지역사회 내에서 주택을 구매·임대하기 위한 과정과 주택에 거주하기 위하여 필요한 서비스	공공·민간	하드웨어적 측면 : 공간개량, 유지관리 등
		소프트웨어적 측면 : 주택 관련(물리적 조건, 금융 등) 정보 제공 및 상담, 생활(이사, 육아, 청소, 세탁 등 편의)에 대한 정보 제공과 상담, 주거실태조사, 평가 등

자료 : 박경옥 외 2인(2017). p.14.

을 받아 공급하여야 한다. 주거서비스 인증의 평가 항목에는 주택 품질을 위한 시설 및 관리체계부터 보육, 세탁 등의 가사지원과 취미, 여가 등의 서비스, 단지 내 공동체 형성까지 복합적인 분야를 포함하고 있다(표 11-7).

이러한 평가 항목으로 구성된 근거는 주거서비스의 범주를 민간임대주택에 제공하는 서비스로 국한시켜 거주자를 위한 생활지원 서비스와 주택 자산의 물리적 유지관리 서비스의 두 영역으로 보았기 때문이다. 결국 산업계에서 사용하는 주거서비스는 주거를 소유, 임대하고 거주하며 사용하는 전 과정을 통해 물리적·심리적 만족감을 얻기 위해 지원해 주는 모든 것으로 보고 있다.

이상을 종합하면 주거서비스는 넓은 의미로는 주택 건설 공급과 주택을 구매·임대하기 위한 과정 및 주택에 거주하기 위하여 필요한 서비스들의 총체라 할 수 있다. 반면 산업계에서 사용하고 있는 주거서비스는 전술한 바와 같이 주택 공급의 개념이 빠진 협의의 개념으로 설정하고 있다. 한국주거학회에서도 주거서비스의 국가직무능력표준 National Competency Standard 분류체계 마련을 위하여 주거서비스를 정의하고 분류체계를 정비하였는데, 이때는 주거서비스를 협의로 보고 있다. 즉 주거서비스는 "거주자가 주거 안정과 주거수준 향상을 위하여 지역사회 내에서 주택을 구매, 임대하기 위한 과정과 주택에 거주하기 위하여 필요한 서비스"라고 정의 내리고 있다(박경옥 외 2인, 2017).

2) 주거서비스 인증제 및 평가 내용

주거서비스 인증제도는 뉴스테이 사업을 추진하는 민간임대사업자가 주거서비스를 마케팅의 일환으로만 계획하지 않고 지속성이 유지될 수 있도록 하는 정책 수단이다. 즉 뉴스테이 사업을 위해 민간사업자가 기금 출자 등으로 주택도시보증공사HUG의 보증지원을 받고자 하는 경우 주거서비스 인증을 받아야 하며, 기금 출자 없이 자체적으로 추진하는 임대사업자도 주거서비스 인증을 희망한다면 신청할 수 있다. 주거서비스 인증이란 임대사업자가 사업계획단계에서 주거서비스계획을 평가하는 예비인증과 입주 후 1년 이내에 계획이행 여부와 실제 입주민 만족도 등을 평가하는 본인증으로 구분된다. 인증기준관리, 인증기관 지정 등의 제도는 국토교통부가 담당하지만 실제 인증심사 및 인증

표 11-7 주거서비스 예비인증평가 항목 내용

구 분	평가항목(배점)
1. 입주자 맞춤형 주거서비스 특화전략 및 운영계획(10)	1) 입주계층 맞춤형 주거서비스 특화전략의 타당성 및 운영계획의 충실성(6)
	2) 입주예정자 소통프로그램(4)
2. 주거서비스 시설계획과 운 영계획의 구체성(35)	1) 주거서비스 시설계획과 프로그램의 정합성 및 적정성(10)
	2) 무인택배 보관함 설치(3)_ (필수항목)
	3) 공동체 활동 공간 설치 및 지원계획의 구체성(5)_ (필수항목)
	4) 카셰어링 주차공간 설치 및 운영계획 수립의 구체성(5)_ (필수항목)
	5) 입주자 건강증진시설 설치 및 운영계획의 구체성(6)_ (필수항목)
	6) 국·공립 어린이집 또는 보육시설 유치계획의 구체성 및 운영가능성(6)_ (필수항목)
3. 입주자 참여 및 공동체 활 동 지원계획(20)	1) 임차인대표회의 구성 및 지원계획의 구체성(5)_ (필수항목)
	2) 입주자참여 모니터링 계획의 구체성(5)
	3) 재능기부 입주자 선정 및 운영계획의 구체성(5)_ (필수항목)
	4) 주거지원서비스 코디네이터 활용 및 운영계획의 구체성(5)_ (필수항목)
4. 임대주택 운영 및 관리계획 (15)	1) 임대 및 시설관리 운영계획의 구체성(10)
	2) 긴급대응서비스 계획 및 서비스 전달체계의 구체성(5)_ (필수항목)
5. 주택성능 향상계획(15)	녹색건축인증계획(15)_ (필수항목)
6. 특화 고유서비스 제공계획(5)	특화된 고유서비스(5)

자료 : 서수정 외 2인(2016). p.14 재정리.

결과 모니터링 등 운영은 인증기관(현재는 한국토지주택공사와 한국감정원)이 담당한다.

인증 평가항목(16개 세부항목으로 구성)은 보육시설(국공립어린이집), 카셰어링, 건강 증진시설 등 선호도가 높은 주요 서비스에 해당하는 핵심항목(60점)과 단지별 특화 서 비스를 제공할 수 있는 일반항목(40점)으로 되어 있으며, 인증 기준은 핵심항목은 40점 이상을 받되 일반항목을 포함한 총 100점에서 70점 이상을 획득하여야 한다.

인증기준 내용은 표 11-7과 같다.

3) 주거서비스 프로그램

뉴스테이 수요자의 주거서비스 요구도를 분석한 연구(강순주 외 1인, 2017)에서는 기존

표 11-8 주거서비스 프로그램의 유형별 종류

유형	종류
생활지원편의 서비스	• 코인 세탁실 설치 및 이불 빨래 등의 세탁 서비스 • 세대 내부 청소 지원 등 가사도우미 서비스 • 개인 심부름, 택배 및 장보기 대행 컨시어지 서비스 • 조식 배달 등 식사 서비스 • 건강 검진 등의 입주자 건강 증진 서비스 • 단지 내 이사 지원 서비스(업체 알선 및 비용 지원) • 자동차, 자전거 등 셰어링 서비스 • TV, 냉장고, 세탁기, 정수기 등의 생활가전 렌탈 서비스 • 창고 보관 서비스 • 불용품 회수 및 재생용품 알선 서비스 • 제휴사를 통한 월세 및 관리비 카드결제 혜택 서비스 • 애완동물 전용 펫 카페 제공 • 단기 혹은 장기 외출 시 반려동물 보호 서비스 • 정비업체와 연계한 차량 점검 및 관리 서비스 • 게스트룸 설치 및 운영 • 주택 관련 세무 / 법률 상담 서비스
공동체활동 지원 서비스	• 헬스장, 골프장 등 피트니스센터 운영 • 입주민 전용 캠핑장 운영 • 사우나 시설 운영 • 어린이집 운영(단지 내 국공립 어린이집 등) • 공용 컴퓨터, 공부방 제공 및 문고 대여 서비스 • 출산, 육아 멘토링 서비스 • 늦은 시간까지 아이 돌봄 서비스 • 텃밭 제공, 가드닝 스쿨 운영 • 방과 후 학교 등 마을공동체 운영 • 재능기부를 통한 공동체 프로그램 운영 • 생활용품 등 공동구매 서비스 • 열린 장터, 단지 내 축제 등 단지 행사 운영 • 반찬가게, 공동조리 등 모두에게 열린 부엌 운영 • 공동 사무실 공간, 각종 소모임 공간 제공 서비스 • 창업교육 및 정보 제공 등의 창업지원 서비스
주거성능 향상 서비스	• 실시간 에너지 모니터링 시스템 • 세대 내 전기요금이 절감되는 LED 조명 • 난방 에너지 절감 시스템 • 대기전력을 차단할 수 있는 스마트 스위치 • 단지 내 공동현관에 외부인 침입 차단 무인경비 시스템 • 지하주차장 내 차량 위치 확인 차량위치인식 시스템 • 공용부 전기요금 절감 지하주차장 LED 조명 제어 • 긴급상황에 대처 가능한 스마트 비상벨 • 스마트폰으로 세대 내 전등, 난방 등 원격제어시스템 • 24시간 보안 서비스

자료 : 강순주 외 1인(2017), p.173 재정리.

연구들과 민간건설사들이 주거서비스 인증을 위해 제시한 프로그램들을 참고하여 41개의 주거서비스 프로그램을 제시하고 그에 대한 수요자들의 요구도를 분석하였다(표 11-8). 그 결과를 보면 수요자 대부분이 보완시스템 등의 안전과 에너지 절감, 육아교육 관련 서비스의 요구도는 높았으며 상대적으로 '애완동물 전용 펫 카페 제공', '입주민 전용 캠핑장 운영', '조식 배달 등 식사 서비스' 등의 요구는 보통 정도의 수준으로 나타났다. 이러한 주거서비스는 수요자의 성별, 연령, 가구형태에 따라서 요구도에 차이가 있었는데, 여성은 '세대 내부 청소 지원 등 가사도우미 서비스', '단지 내 이사 지원 서비스', '창고 보관 서비스', '불용품 회수 및 재생용품 알선 서비스', '단기 혹은 장기 외출 시 반려동물 보호 서비스', '지하주차장 내 차량 위치를 확인하는 차량위치인식 시스템', '긴급 상황에 대처 가능한 스마트 비상벨'의 주거서비스 요구도가 높은 것으로 나타났다. 연령층에 따라서도 차이가 있었는데 30대는 '불용품 회수 및 재생용품 알선 서비스', '제휴사를 통한 월세 및 관리비 카드결제 혜택 서비스', '어린이집 운영(단지 내 국공립 어린이집 등)', '늦은 시간까지 아이 돌봄 서비스'가 높았으며, 40대는 '재능기부를 통한 공동체 프로그램 운영', 50대 이상은 '헬스장, 골프장 등 피트니스 센터 운영', '정비업체와 연계한 차량 점검 및 관리 서비스', '창업교육 및 정보 제공 등의 창업지원 서비스' 등의 항목에서 요구도가 높았다. 가구 구성 형태에 따라서도 차이를 보였는데, 1인 가구의 경우는 '단지 내 이사 지원 서비스업체(알선 및 비용 지원)', '반찬가게, 공동조리 등 모두에게 열린 부엌 운영'의 주거서비스 요구가 높은 것으로 나타났다. 이러한 결과는 수요자의 특성에 따라 주거서비스 요구에 차이가 있다는 것을 의미하므로 다양한 맞춤형 주거서비스 프로그램 개발과 운영시스템이 필요함을 시사한다.

1. 공동주택관리 수준이 실제 거주자에게 어떠한 이점을 가져오고 피해를 가져올 수 있는지 사례를 중심으로
   토론해 보자.

2. 공동주택에서 공동체 활성화를 위해 어떤 프로그램들을 어떻게 운영하면 주민들의 참여를 이끌어 내고 공
   동체 의식을 높일 수 있을지 토론해 보자.

3. 단독주택 지역의 공동체 모범사례인 성미산 마을을 직접 방문 하거나 웹사이트를 통해 그 중요성에 대해 생각
   해 보자.

4. 주거서비스 프로그램에 어떠한 것들이 있을 수 있는지 생각해 보자.

참고문헌

1장

손세관(2011). 한옥, 우리건축문화의 원점. auriM(3), 10-23.

이경희 외 2인(1992). 주거학 개설. 문운당.

윤재신(2011). 한옥의 진화. auri 지식경제총서 7. 건축도시공간연구소.

전상인(2009). 아파트에 미치다. 이숲.

전남일 외 2인(2009). 한국 주거의 미시사. 돌베개.

주거학연구회(2000). 더불어 사는 이웃, 세계의 코하우징. 교문사.

최두호외 1인(2010). 아파트를 새롭게 디자인하라. auri 지식경제총서 2. 건축도시공간연구소.

Wentling, J. W.(1990). Housing by Life Style.(2nd ed.). N.Y.: McGraw-Hill. Inc.

White. B. J.(1986). Housing as a field of study. Housing and Society. 13(3). 188-204.

2장

송보영·최형식 역(1989). 환경과 행태. 명보문화사.

이강주(1997). 환경지각-인지적 차원의 평가요소에 대한 이론연구. 대한건축학회논문집, 13(6), 13-
    19.

이경희·김정태 역(1983). 개인의 공간. 기문당.

이경희(1987). 도시가구의 주거과밀이 가정생활에 미치는 영향에 관한 연구. 이화여자대학교 대학원
    박사학위 논문.

이진환·홍기원 역(2008). 환경심리학. 센게이지러닝코리아.

임승빈(2012). 환경심리와 인간행태. 보문당.

최희태 역(1991). 건축환경심리. 도서출판국제.

통계청(2010). 인구주택총조사(전국편).

Fisher, J. D., Bell, P. A., Baum, A., and Greene, T. E.(1996). Environmental Psychology, Holt,
    Rinehart and Winston.

Holahan, C.J.(1982). Environmental Psychology, Random House.

Kelling, G. L. and Coles, C. M.(1998). Fixing Broken Windows: Restoring Order and Reducing
    Crime in Our Communities, Free Press.

3장

김대년(1993). 대도시 가족의 주거생활주기 유형분석. 경희대학교 대학원 박사학위논문.

김승권 외 8인(2012). 2012년 전국출산력 및 가족보건·복지실태조사. 한국보건사회연구원.

김이선·김영란·이해응(2016). 다문화가족의 구성변화와 정책대응 다각화 방안. 한국여성정책연구원.

김정석(2002). 가족과 가구, 247-281. 김두섭·박상태·은기수 편, 한국의 인구1. 통계청.

은기수(2002). 경제활동 : 직업 및 산업, 315-348, 김두섭·박상태·은기수 편, 한국의 인구1. 통계청.

이경희 외 2인(1997). 주거학개설. 문운당.

이연복(1999). 대도시 가족의 주생활양식 유형에 관한 연구, 경희대학교 대학원 박사학위 논문.

통계청(2016.9.7). 2015 인구주택총조사 등록센서스 방식 집계결과. 보도자료.

통계청(2017). 2016 한국의 사회지표.

통계청(2017.6.26). 2017 통계로 보는 여성의 삶.

통계청(2017.8.21). 장래가구추계 시도편: 2015~2045년. 보도자료.

통계청(2017.8.30). 2016 인구주택총조사 등록센서스 방식 집계결과. 보도자료.

LH(2017.4.28). 가족 간의 정을 이어주는 "3세대 동거형". 주택 확대 공급, 보도자료.

日本家政學會編(1990). 住まいと住み方. 東京 : 朝倉書店.

4장

국토교통부(2011). 최저주거기준(국토교통부공고 제2011-490호).

국토교통부(2016). 2016 주거실태조사(일반가구): 연구보고서.

국토교통부(2017a). 주거기본법.

국토교통부(2017b). 주택법.

국토교통부(2017c). 주택보급률. 시계열조회: e-나라지표.

서은국(2014). 행복의 기원. 21세기북스.

주거학연구회(2013). 넓게 보는 주거학(개정판). 교문사.

통계청(1993). 1993 한국의 사회지표. 통계청.

통계청(2011). 2010 인구주택총조사 전수집계 결과(가구·주택부문). 보도자료.

통계청(2017a). 2015 인구주택총조사 조사표_워터마크 삽입버전.

통계청(2017b). 2016년 국내인구이동통계연보(주민등록에 의한 집계).

통계청(2017c). 2016 한국의 사회지표.

통계청(2017d). 2016 인구주택총조사 전수 집계 결과 보도자료. (최종) 2016 인구주택총조사 전수집
계 결과_170831(합본).pdf

Beamish. J. O., Goss, R. C., & Emmel, J.(2006). Influences on housing choice and behavior.
In J. Merrill, S. Crull, K.R. Tremblay, Jr., L. Tyler, & A.T. Cerswel(Eds.). Introduction to
Housing(pp. 25-53). Upper Saddle River, NJ: Pearson Education, Inc.

Crull, S., Bruin, M. J., & Hinnant-Bernard, T. H.(2006). Homeownership. In J. Merrill, S. Crull,
K.R. Tremblay, Jr., L. Tyler, & A.T. Cerswell(Eds.). Introduction to Housing(pp. 257-289).
Upper Saddle River, NJ: Pearson Education, Inc.

Morris, E. W. & Winter, M.(1978). Housing, family, & Society. New York, NY: John Willy &
Sons.

Morris, E. W. & Winter, M.(1996). Housing, family, & Society.(2nd ed.). Unpublished
manuscript.

5장

강순주 외 1인(1997). 현대주거학. 교문사.

강영환(2002). 새로 쓴 한국주거문화의 역사. 기문당.

강인호 외 1인(2000). 주거의 문화적 의미. 세진사.

박영순 외 7인(1998). 우리 옛집 이야기. 열화당.

손세관(2001). 깊게 본 중국의 주택. 열화당.

신영숙(2004). 주거와 문화. 신광출판사.

윤복자(2000). 세계의 주거 문화. 신광출판사.

윤용기(2001). 주거건축학. 기문당.

이경희 외 2인(1996). 주거학개설. 문운당.

장보웅(1976). 한국 선사시대의 원시 민가연구. 한국학연구(1). 동국대학교 한국학연구소.

주거학연구회(1999). 새로 쓰는 주거문화. 교문사.

주거학연구회(2004). 안팎에서 보는 주거문화. 교문사.

주남철(2000). 한국주택건축. 일지사.

Choi Jae-Soon et al.(2000). Hanoak: Traditional Korea Homes. Hollym International Corporation.

Irwin Altman & Martin M. Chermers(1980). Culture and Environment. Brooks/Cole Publishing Company.

Johannes Widodo(2004). The Boat and the city; Chinese diaspora and the Architecture of Southeast Asian coastal cities. Marshall Cavendish Academic.

Paul Oliver(2007). Dwellings: The Vernacular House Worldwide. Phaidon Press.

Rapoport. A.(1969). House Form and Culture. Prentice-Hall. 이규목 역(1987). 주거형태와 문화. 열화당.

Reimar Schefold & Gaudenz Domenig, Peter J. M. Nas(Eds.)(2003). Indonesian Houses; Tradition and Transformation in Vernacular Architecture, KITLV Press Leiden.

Roxana Waterson(1997). The Living House; An Anthropology of Architecture in South-East Asia. Oxford University Press.

Seo Ryeung Ju(Ed.)(2012). Houses in Southeast Asia; A Glimpse of Tradition and Modernity. USD Publishing Co.

Seo Ryeung Ju(Ed.)(2017). Southeast Asian Houses; Expanding Tradition. Seoul Selection.

Syed Iskandar Ariffin(2001). Order in Traditional Malay House Form. Oxford Brookes University. Doctor of Philosophy.

6장

최정신 외 2인(2010). 실내디자인. 교문사.

주거학연구회(2004). 안팎에서 본 주거문화. 교문사.

Marry Gilliatt(2004). The Complete Book of Home Design. Little Brown and Company.

Ray Faulkner(2006). In LuAnn Nissen, Sarah Faulkner, Inside Today's Home.(5th ed.). Holt Rinehart and Winston.

Robert T. Packard(1981). Architectural Graphic Standards.(7th ed.). John Wiley and Sons.

7장

최정신 외 2인(2011). 실내디자인. 교문사.

8장

강순주 외 1인(1997). 현대주거학. 교문사.

김신도(2005). 친환경 건축인증 워크숍. 대한건축학회.

신동천(2004). 2004년 환경친화형 건설과 산업발전을 위한 전문가 정책포럼. 한국생태환경건축학회.

윤동원(2004). 2004년 실내환경개선을 위한 국제심포지움. 한국공기청정협회·한국실내환경학회.

윤정숙 외 1인(2011). 주거실내환경학. 교문사.

한국실내디자인학회(2000). 색채디자인. 기문당.

한창섭(2004). 실내환경 법규 시행에 따른 전문가 토론 마당. 대한건축학회.

岸本幸臣 외 7인(1999). 住まいと生活. 東京: 章國社.

大野治代 외 5인(1999). 住まいの環境. 東京: 章國社.

藤井正一(1988). 健康に住まう. 東京: 章國社.

中根芳一(2002). 生活と住まい. 東京: コロナ社.

図解住居学編集委員会(2007). 住まいの環境. 東京: 彰国社.

환경부(1999). 실내공기질 관리방안에 관한 연구.

환경부(2012.9.3). 2011년도 전국다중이용시설 및 신축공동주택 관리점검실태 발표 보도자료.

환경부·국립환경과학원 주택 실내공기질 관리를 위한 매뉴얼(2012). 6.

환경부·국립환경과학원(2012). 주택 실내공기질 관리를 위한 매뉴얼.

블로그 http://blog.naver.com/housing6

9장

곽인숙(2003). 주택법개정에 따른 공동주택관리영역에서의 지방자치단체의 역할, 한국가정관리학회지, 21(5), 145-153.

국토교통부(2015). 뉴스테이정책 보도자료.

국토교통부(2016). 기업형 주택임대사업 육성을 통한 중산층 주거혁신 방안. NEW STAY 정책.

국토교통부(2017). 2017년 주거종합계획.

국토교통부(2017.11). 사회통합형 주거사다리 구축을 위한 주거복지 로드맵 발표자료.

국토교통부(2018). 2010년도 주거실태조사.

김우진(1996). 사회정책으로서의 주택정책, 주택연구, 4(1), 5-28.

김태섭(2017). 새정부의 주택정책 과제와 구현방안. 주택산업연구소.

봉인식 외 1인(2009). 한국과 유럽연합 국가의 주거수준 비교 연구. 주택연구, 17(1), 23-42.

이종원(2010). 한국 부동산정책 변천사. 한국행정사학지, 27, 135-161.

이창무(2012). 한국임대주택시장의 특성과 변화 전망. 부동산포커스 vol. 44, 4-11.

임채현 외 3인(2010). 주택정책론. 부연사.

장대원 외 1인(2004). 분양주택사업과의 수익성 비교를 통한 임대주택 지원정책 개선방안 연구. 주택연구, 12(1), 97-126.

통계청(각 연도). 가계금융복지조사.

한국감정원. 각 연도 전국주택가격 동향조사.

국토교통부 http://www.myhome.go.kr

한국토지주택공사 http://www.lh.or.kr

10장

국토교통부(각 연도). 주거실태조사.

국토교통부(2011). 최저주거기준. 국토교통부 공고 제2011-490호.

국토교통부(2015). 2015년도 주거급여 사업 안내.

국토교통부(2016). 2016 주택업무편람.

김선미(2007). 쪽방주민 욕구에 부응하는 거주지원책 모색. 쪽방주민의 주거안정을 위한 열린 포럼, 5-41.

남원석(2017). 서울의 지원주택 공급사례와 제도화 방안. 지원주택의 정책과 실천사례 세미나 발표자료. 139.

대한건축학회(2010). 주거론. 기문당.

보건복지부·한국보건사회연구원(2014). 2014년도 노인실태조사.

보건복지부·한국보건사회연구원(2014). 2014년 장애인실태조사.

서종균 외 6인(2009). 비주택 거주민 인권상황 실태조사. 한국도시연구소·국가인권위원회.

소방방재청(2017). 2017 예방소방행정 통계자료.

이태진(2009). 취약계층의 주거복지. (사)한국주거학회 인증 제3회 주거복지사 자격 연수 자료집. 한국주거학회, 179-215.

정소이 외 5인(2016). 생애주기별 주거수요 대응형 공공주택 공급방향 연구.

조승연 외 1인(2012.12). 매입임대주택 공급현황과 주거실태 진단. 2016 한국주택학회 정기학술대회.

통계청(2017). 가계동향조사.

통계청(각 연도). 인구주택총조사.

국가통계포털 http://kosis.kr

국토교통부 http://www.molit.go.kr
마이홈포털 https://www.myhome.go.kr
보건복지데이터포털 https://www.data.kihasa.re.kr
조선일보 http://news.chosun.com
주거복지사 자격검정사업단 http://www.housingwp.or.kr
통계청 http://kostat.go.kr

11장

강순주 외 1인(2017). 기업형 임대아파트 수요자들의 주거서비스 요구분석. 한국주거학회 추계학술발
　　표대회논문집, 171-174.

강순주 외 1인(2015). 아파트의 공동체 활성화를 위한 주민 참여형프로그램 운영 매뉴얼 개발 연구.
　　국토교통부.

강순주 외 1인(2015). 아파트 공동체 활성화 프로그램 운영 매뉴얼. 국토교통부.

박경옥 외 2인(2017). 주거서비스의 NCS 설정을 위한 분류체계 개발연구. 한국주거학회.

서수정 외 2인(2016). 기업형임대주택 주거서비스 활성화 방안-주거서비스 예비인증을 위한 평가기
　　준 마련 및 운영방안-, 건축도시공간연구소.

손세관 외 1인(2009). 아파트 단지내 커뮤니티 시설의 이용실태 및 적정규모에 관한 연구. 한국주거학
　　회논문집, 20(6).

윤주현 외 2인(2005). 지역간·계층간 주거서비스 격차 완화 방안 연구-주거서비스의 지표의 개발 및
　　측정. 국토연구원.

윤병호(2016). 한국형 주거서비스 모델과 인증·평가 정책세미나. 한국주거서비스소사이어티 창립준
　　비위원회.

주거학연구회(2013). 넓게보는주거학 개정판. 교문사.

한국주택관리연구원(2014). 현대 공동주택관리론. 박영사. 162-189.

홍형옥 외 3인(2016). 주거관리. 한국방송통신대학교출판문화원.

저자 소개　　**주거학연구회**

강순주	건국대학교 건축대학 건축학과 교수
곽인숙	우석대학교 보건복지대학 실버복지학과 명예교수
권오정	건국대학교 건축대학 건축학과 교수
김대년	서원대학교 조형·환경학부 건축학과 명예교수
김선중	울산대학교 생활과학대학 주거환경학전공 교수
박경옥	충북대학교 생활과학대학 주거환경학과 교수
박정희	목포대학교 생활과학예술체육대학 아동학과 교수
이경희	중앙대학교 예술대학 실내환경디자인전공 명예교수
조재순	한국교원대학교 제3대학 가정교육과 교수
주서령	경희대학교 생활과학대학 주거환경학과 교수
최재순	인천대학교 자연과학대학 소비자아동학과 명예교수
최정신	가톨릭대학교 생활과학부 소비자주거학전공 명예교수
홍형옥	경희대학교 생활과학대학 주거환경학과 명예교수

3판
넓게 보는 주거학

2005년 8월 31일 초판 발행 | 2013년 2월 28일 2판 발행
2018년 4월 2일 3판 발행 | 2024년 1월 20일 3판 3쇄 발행

지은이 주거학연구회 | **펴낸이** 류원식 | **펴낸곳** 교문사

편집부장 성혜진 | **디자인** 신나리 | **본문편집** 벽호

주소 (10881)경기도 파주시 문발로 116 | **전화** 031-955-6111 | **팩스** 031-955-0955
홈페이지 www.gyomoon.com | **E-mail** genie@gyomoon.com
등록 1968. 10. 28. 제406-2006-000035호 | **ISBN** 978-89-363-1727-0(93590) | **값** 21,200원

예비 선생님을 응원합니다.

열린교문

www.opengyomoon.com

교문사의 선생님 응원 프로젝트~!!!

01 | 선생님만을 위한 **수업 지원 서비스,**
교수 학습 자료에서 확인하세요.

02 | 학습 결과보다는 과정을 중시하는 **과정중심 수행평가,**
교문사가 함께합니다.

03 | 수동적 듣기보다 적극적 참여가 가능한 **플립 러닝,**
교문사가 시작합니다.

ⓘ **교과서에 대해서 직접 하실 말씀이나 궁금한 점이 있으시면**

메일을 보내셔도 됩니다.
전화를 하셔도 됩니다.
직접 찾아 오시는 것도 환영합니다.

✉ gyom_textbook@naver.com
📞 교과서팀 직통 전화번호 031-955-0952
🏠 경기도 파주시 문발로 116